新工科建设·电子信息类精品教材

信息论与通信原理导论

唐　岚　朱鹏程　主　编

電子工業出版社

Publishing House of Electronics Industry

北京·BEIJING

内容简介

本书结合信息论基本理论，全面、系统地介绍了数字通信的原理与技术。全书共 13 章。第 1 章和第 2 章介绍了通信系统和与数字通信相关的数学基础知识；第 3～6 章结合信息论中关于信源编码的基本理论，介绍了信源编码的原理和方法等知识；第 7～9 章结合信息论中关于信道容量和信道编码定理的基本理论，介绍了信道编解码的原理和方法等知识；第 10～12 章介绍了数字基带信号和调制信号的表示方法，并根据最佳接收机设计准则，分析了在加性高斯白噪声（AWGN）信道和存在符号间干扰（ISI）的带限信道这两种典型信道条件下的最佳检测问题；第 13 章介绍了通信系统中的复用与多址技术。

本书在保持一定理论深度的基础上，尽可能地简化了数学分析过程，突出了对基本概念和定理的介绍，致力于帮助读者了解信息论中的基本定理和通信系统设计的内在关联。本书介绍了很多国内外通信原理教学的基本内容，还介绍了部分通信系统的新技术。

本书可作为普通高等院校通信类、电子类专业的教材，也可供工程技术人员参考。

图书在版编目（CIP）数据

信息论与通信原理导论 / 唐岚，朱鹏程主编.
北京 : 电子工业出版社，2024. 8. -- ISBN 978-7-121
-48704-0

Ⅰ. TN911

中国国家版本馆 CIP 数据核字第 2024215ZC4 号

责任编辑：杜　军
印　　刷：三河市君旺印务有限公司
装　　订：三河市君旺印务有限公司
出版发行：电子工业出版社
　　　　　北京市海淀区万寿路 173 信箱　　　　邮编：100036
开　　本：787×1092　1/16　印张：12.75　字数：335 千字
版　　次：2024 年 8 月第 1 版
印　　次：2025 年 5 月第 2 次印刷
定　　价：45.00 元

前 言

1948 年，香农的论文《通信的数学理论》奠定了信息论的基础，也建立起了信息化时代背后的整个通信基础架构。在现有的大部分教学体系中，“通信原理”和“信息论”被作为两门独立课程分别讲授，“通信原理”课程中只对部分信息论基础进行简要介绍，导致初学者无法建立起两门课程之间的逻辑关系。将信息论的基本理论和通信系统设计的基本方法融会贯通，有助于了解通信系统设计背后的数学原理，实现通信技术的创新。本书以通信系统的基本架构为脉络，结合香农信息论的基本原理，深入浅出地介绍了通信系统设计的数学原理及关键技术，同时紧密联系现代通信技术的发展情况，融入了和 5G 相关的新技术和新知识。

本书共 13 章。前两章为通信系统概论和对与数字通信相关的数学基础知识的回顾。第 3～6 章主要结合香农第一定理和香农第三定理，介绍了信源编码的原理，并结合具体的信源编码技术，阐述了信源编码定理对信源编码技术的指导意义。信源编码主要和信源特性相关，而信道编解码及调制解调技术则主要和信道特性相关。因此，本书在第 7 章中从信息论的角度介绍了离散信道和连续信道（波形信道）的数学模型，以及几类典型信道的信道容量的计算方法。第 8 章通过分析有噪信道中的错误概率和传输速率，以及引入香农第二定理，阐明了信道容量和信道编解码方法之间的关系，从而为第 7 章和第 9 章的内容搭建了一座桥梁。第 9 章具体介绍了几种常用的信道编解码方法。第 10 章介绍了数字基带信号的波形、功率谱密度，以及调制信号的产生和表示方法。第 11 章和第 12 章分别介绍了在 AWGN 信道和存在 ISI 的带限信道中，解调器的设计方法及检测错误概率的分析方法。在多用户通信系统中，需要采用多址技术区分不同通信用户的信号，而码分多址（CDMA）、正交频分复用（OFDM）等技术是在目前的通信系统中被广泛应用的新型调制技术，第 13 章介绍了这些技术的基本概念，并给出了不同多址方式的信道容量。

本书第 1～9 章由唐岚编写，第 10～13 章由朱鹏程编写。全书由唐岚统稿。张兴敢教授、柏业超教授、阮雅端副教授审阅了本书并提出了宝贵意见，南京大学电子科学与工程学院的研究生吴双、张龙辉、赵俊彤等也为本书的出版做了大量工作，在此一并表示诚挚的谢意。

目 录

第1章　通信系统概论

1.1　现代通信技术的发展

信息是构成社会的基本要素之一，没有由信息促成的沟通与交流，社会就无从谈起，更谈不上社会发展及现代文明，因而现代社会又被称为信息社会。现代通信技术的发展从1837年莫尔斯发明有线电报开始算起，迄今已有100多年的历史，而现代通信技术的面貌早已焕然一新，回顾其发展历程将有助于我们对其有一个更全面的了解。现将通信及其相关技术发展中的一些重大事件罗列如下：1837年，莫尔斯发明了有线电报；1844年，莫尔斯建立了第一条实验型电报线路；1876年，贝尔发明了有线电话；1896年，马可尼发明了无线电报；1906年，真空电子管出现并首先应用于通信；1920年，出现无线电广播；1938年，出现电视广播；1940年，研制出雷达与微波通信系统；1946年，第一台电子管计算机诞生；1948年，香农提出信息概念，奠定了经典信息论的基础；1958年，第一颗通信卫星上天；1958年，集成电路问世，这对通信技术的发展产生了巨大的影响；1963年，第一颗地球同步通信卫星上天；1965年，第一颗国际通信卫星实现商业运行，并从20世纪70年代开始广泛地投入商业应用。

20世纪70年代以来，由于大规模及超大规模集成电路在通信领域内的运用，以及计算机技术与通信技术的结合，通信领域的各个分支得以迅猛发展，例如程控交换、卫星通信、移动通信和光纤通信等技术均成为现代通信技术的热点。

20世纪80年代到90年代，在各种通信技术发展到一定程度后，通信网现代化成为必然趋势。网络程控化、数字化、智能化及各种网络技术［如综合业务数字网（ISDN）、国际互联网、宽带接入网技术］的发展成为通信领域发展的热点。

进入21世纪以来，通信技术向个人化、移动化、宽带无线运用发展的特征日益突出。无线通信技术焕发出新的活力，各种新无线技术的研究、综合运用成为推动通信技术发展的新动力。

1.2　通信系统的构成

1.2.1　通信系统的基本构成

通信的目的是传送消息，这些消息可以是语言、数字、符号、数据或图像等表征媒体的集合，在通信系统中是先被转换成电信号的形式再传送的。电信号是电压、电流等物理量与消息内容相对应的变化形式，可以简称为信号。信号可用以时间（t）为自变量的某一函数来表示。在通信系统中，将消息转变成信号的装置叫作信源，在接收端完成相反功能的装置则叫作信宿，例如电话通信中的话筒（信源）及耳机（信宿）。

信号传输需要通过信道。狭义的信道指的是传输媒体，如电缆、光纤、自由空间等。因此，信道也是通信系统中的一部分。信号在信道中传输时会受到干扰和噪声的影响，从而降低接收信号的质量。

为了使信号适应信道的特性，顺利地传送，并实现有效的、高质量的通信，在发送端、接收端需要有相应的发送设备、接收设备。针对不同的信道特性，相应的收发设备的技术特点及实现手段也是不同的。不同通信系统的差异往往很大，这样便形成了各种不同的通信系统及不同的技术体制。但不论怎样的通信系统，都具有共同的通信原理及许多相同的基本技术。

图 1-1 所示为通信系统的组成框图。发送端包括产生消息的信源和保证消息在信道中可靠传输的发送设备，接收端包括恢复消息的接收设备和接收消息的信宿。在图 1-1 中，噪声仅指向信道，只是为了表示和理论分析的方便，并不代表只有信道这一部分才能产生噪声。

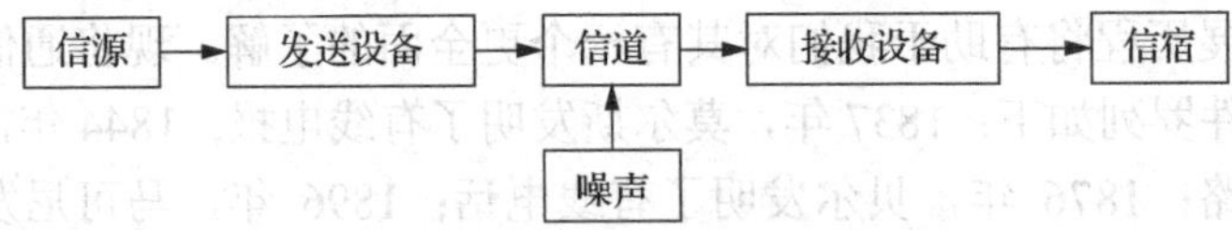

图 1-1 通信系统的组成框图

1.2.2 模拟通信系统与数字通信系统

通信系统可分为模拟通信系统与数字通信系统。模拟通信系统主要传输模拟信号，而数字通信系统则传输数字信号。

模拟通信系统的组成框图如图 1-2 所示，其中发送设备及接收设备是用调制解调器代替的。这是因为调制解调技术对系统的性能有重要的影响。在收发设备中，其他电路（如功率输出电路等）均被视为理想化的电路。模拟通信系统是按照模拟信号的特点设计的。其基本特点是发送的信号波形会在接收端无失真地恢复。

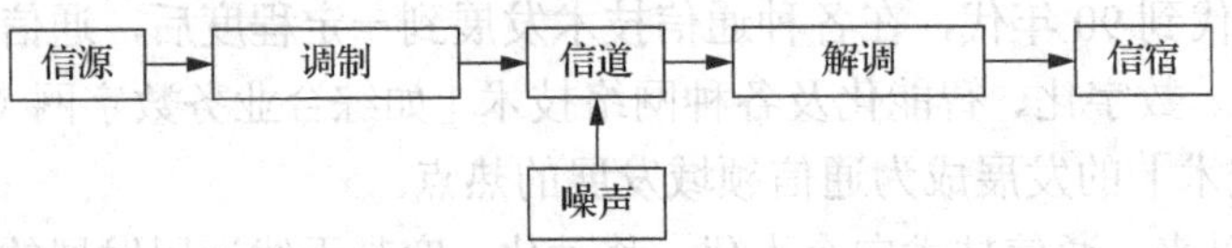

图 1-2 模拟通信系统的组成框图

数字通信系统则是专门为传送数字信号而设计的。若其信源为模拟信源，则该信源需先经过信源编码转变为数字信号，再在系统中传输。数字通信系统的组成框图如图 1-3 所示。数字通信系统的发送设备包括信源编码器、信道编码器和调制器，接收设备包括信源解码器、信道解码器和解调器。

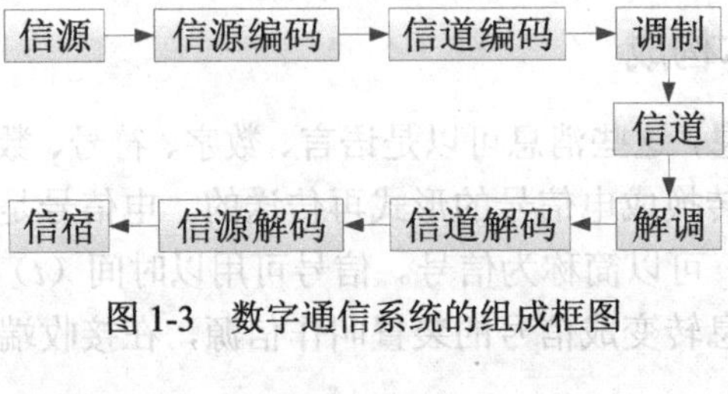

图 1-3 数字通信系统的组成框图

从结构上看，数字通信系统要比模拟通信系统复杂一些。其信源输出可以是模拟信号，如音频或视频信号；也可以是数字信号，如计算机的输出。数字信号在时间和取值上都是离散的。在数字通信系统中，由信源产生的消息被变换成二进制数字序列。从理论上讲，应当用尽可能少的二进制数字表示信源输出（消息）。换句话说，就是寻求一种有效的信源输出的表示方法，使其产生尽可以少的冗余。通常将模拟信源或数字信源的输出有效地变换成二进制数字序列的过程称为信源编码或数据压缩。

由信源编码器输出的二进制数字序列叫作信息序列。它被传送给信道编码器。采用信道编码器的目的是在二进制信息序列中以受控的方式引入一些冗余，以便在接收设备中克服信号在信道中传输时所遭受的噪声和干扰的影响。因此，所增加的冗余是用于提高接收数据的可靠性及接收信号的质量的。

信道编码器输出的二进制信息序列被传送给数字调制器，它是信道的接口。因为在实际中遇到的信道几乎都能够传输信号（波形），所以采用数字调制技术的主要目的是将二进制信息序列映射成可在信道中传输的信号波形。比如，数字调制器可以简单地将二进制数字“0”映射成 $s_0(t)$ 波形，而将二进制数字“1”映射成 $s_1(t)$ 波形。

信道是用来传输发送信号的物理媒体。在无线传输中，信道可以是大气（自由空间）。电话信道通常使用各种各样的物理媒体，包括有线线路、光缆和无线（微波）等。无论用什么物理媒体传输信息，发送信号都会随机地遭受各种可能因素的不良影响。这些因素包括由电子器件产生的加性热噪声、人为噪声（如汽车点火噪声）及大气噪声等。

在数字通信系统的接收端，数字解调器对受到信道影响的发送波形进行处理，并将该波形还原成一个数字序列。这个数字序列被送至信道解码器。信道解码器根据信道编码器所采用的编码方法，试图重构初始的信息序列。度量解调器工作性能好坏的一个指标为序列中比特或符号发生错误的概率。一般情况下，错误概率受到下面各种因素的影响：发送波形、发送功率、信道特征（噪声的大小、干扰的性质等），以及解调和译码的方法等。

当需要模拟输出时，信源解码器从信道解码器处接收其输出序列，并根据所采用的信源编码方法的有关知识，重构由信源发出的原始信号。由于信道解码器的差错及信源编解码器可能引入的失真，在信源解码器输出端的信号通常只是原始信源输出的一个近似信号。

从结构上看，数字通信系统要比模拟通信系统复杂，那么为什么还要发展数字通信呢？这是因为数字通信具有模拟通信不可比拟的优点，主要包括以下 4 点。

（1）抗噪声性能好。在模拟通信系统中，通信传输的目的是不失真地恢复原始信号的波形，但信号与噪声叠加后的波形在接收端是无法将其中的噪声部分完全滤除掉的，结果是输出信噪比减小。在数字通信系统中，虽然这种噪声叠加现象也存在，但数字通信系统的发送信号集合为有限符号集，因此数字通信系统可以从噪声中恢复原始信号，如图 1-4 所示。

（2）数字通信系统可以通过信道编码方式更有效地提高通信质量，例如通过差错控制编码技术来减小系统的误码率，进一步提高信号传输质量。

（3）数字信号便于运用计算机技术、数字信号处理技术进行处理、存储和交换。计算机及大规模集成电路在通信中的广泛应用又极大地促进了数字通信技术的发展，同时可以满足各种复杂技术的要求。

（4）数字信号便于各种信号（如语音、数据、图像信号）的综合，所以今后通信网各种业务形式（如综合业务数字网、多媒体通信网等）的综合必定在数字化的前提下才能实现。模拟通信系统是不可能实现这个目标的。

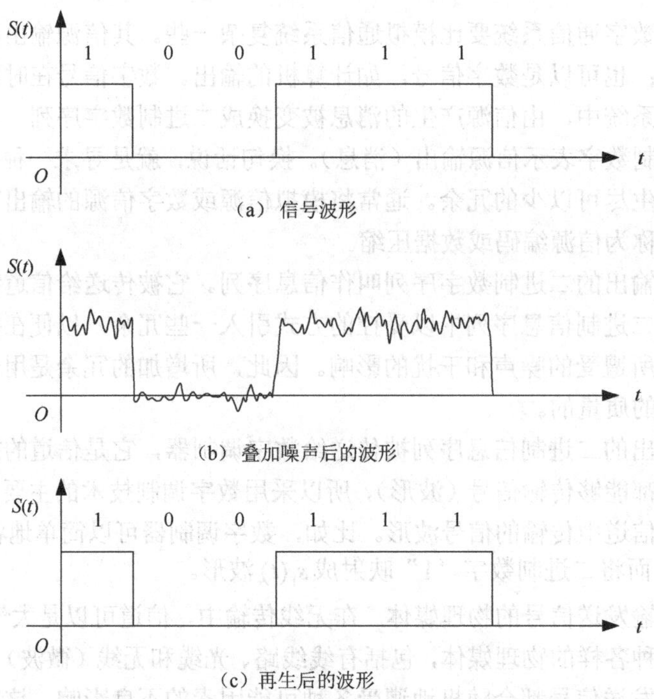

（a）信号波形

（b）叠加噪声后的波形

（c）再生后的波形

图 1-4 数字通信系统可以从噪声中恢复原始信号

当然，数字通信系统也有不足之处。比如，数字通信系统的技术较为复杂，该系统需要采用同步技术，这提高了系统的复杂性。同时，数字信号一般都需要占用较大的带宽。例如，一路标准的模拟话路占用的带宽为 4kHz，一路脉冲编码调制（PCM）数字电路的传输速率为 64kbit/s，数字信号占用的带宽少则数十千赫。随着大规模、超大规模电路技术的发展和计算机技术的广泛运用，上述不足之处似乎已不成问题。比如，许多专用集成电路芯片的开放及运用使数字通信产品的成本迅速下降，价格也变得越来越低。同时，数字通信技术通过创新发展，信号占用的带宽也在迅速减小。现在的数字电话采用语音压缩编码技术，所需传输速率迅速减小。例如，在多媒体通信采用的 G.723.1 及 G.729 标准中，语音的传输速率分别为 6.3kbit/s（或 6.5kbit/s）及 8kbit/s，其实际占用的带宽已相当于模拟语音信号占用的频带资源，通信质量也可以得到一定的保证。

1.3 通信频段

在通信系统中，信号的传输是在一定的频段内进行的。在有线通信中，每种传输媒体都有自己特定的频率特性，这主要取决于该媒体的材质、物理尺寸、生产工艺等。比如，电话双绞线的工作频率为 0 到数百千赫，有线电视广播的同轴电缆的频率经处理后为 0～1GHz，光纤的工作频带是光波波段。目前开发的、用于通信的光波波段主要是红外光谱中的部分波段（波长为 0.85～1.55μm）。在无线通信中，信号是以电磁波的形式通过空间（大气和真空）传播的。不同的频段，其传输特性也不尽相同，适用于不同的通信应用系统。表 1-1 所示为通信使用的频率。

表 1-1　通信使用的频率

频率范围	波长	符号	频段名称	应用领域
30～300Hz	10^4～10^3km	ULF	特低频	海底通信
0.3～3kHz	10^3～10^2km	VF	音频	音频电话、低速数据通信
3～30kHz	10^2～10km	VLF	甚低频	导航、电报电话载波通信、时标
30～300kHz	10～1km	LF	低频	导航、电力通信
0.3～3MHz	10^3～10^2m	MF	中频	广播、业余无线电通信
3～30MHz	10^2～10m	HF	高频	广播、无线通信
30～300MHz	10～1m	VHF	甚高频	电视、调频广播、移动通信
0.3～3GHz	10^2～10cm	UHF	特高频	电视、移动通信、雷达、遥测
3～30GHz	10～1cm	SHF	超高频	微波中继通信、空间通信、雷达
30～300GHz	10～1mm	EHF	极高频	卫星通信、射电天文雷达
10^2～10^6 GHz	红外光、可见光、紫外光		光波	光纤通信、光波直视通信

1.4　信道的分类

正如在前面指出的，信道在发送机与接收机之间提供了连接。物理信道可以是携带信号的一对明线，可以是在已调光波束上携带信息的光纤，可以是水下海洋信道，也可以是自由空间。

信号通过任何信道传输的一个共同的影响因素是加性噪声。一般来讲，加性噪声是由通信系统内部的元器件（如电阻和固态器件）引起的，有时将这种噪声称为热噪声。其他噪声和干扰源也许是系统外因引起的，例如来自信道上其他用户的干扰。当这样的噪声和干扰源与期望信号占用同样的频率时，可通过对发送信号和接收机中解调器的适当设计来使噪声和干扰源产生的影响最小。信号在信道上传输时，可能会遇到的其他类型的损伤包括信号衰减、幅度与相位失真、多径失真等，可以通过增大发送信号功率的方法来使噪声产生的影响最小。然而，设备和其他实际因素限制了发送信号的功率电平。另一种基本的限制因素是可用的信道带宽。带宽的限制通常是由于媒体，以及发送机、接收机中器件和部件的物理限制而产生的。这两种限制因素限制了能在任何信道上可靠传输的数据量，后续章节中会讲述这种情况。下面对几种信道的重要特征进行介绍。

1）有线信道

双绞线和同轴电缆是基本的导向电磁信道，能提供比较合适的带宽。通常，用来连接用户和中心机房的电话线的带宽为几千赫，同轴电缆的可用带宽是几兆赫。信号在这样的信道上传输时，其相位和幅度都会失真，还会受到加性噪声的不良影响。双绞线信道还易受到来自物理邻近信道的串音干扰。

2）光纤信道

光纤提供的信道带宽比同轴电缆提供的高几个数量级。在过去的 20 年中，科技工作者已经研发出具有较少信号衰减的光缆，以及用于信号检测的高可靠性光子器件。这些技术上的进展导致了光纤信道应用的快速发展，光纤信道不仅应用于国内通信系统中，而且应用于跨大西洋和跨太平洋的通信中。由于光纤信道具有大的可用带宽，因此电话公司有可能为用户提供一系列宽带业务，包括语音、数据、传真和视频等业务。

在光纤通信系统中，发送机或调制器是一个光源，可以是发光二极管（LED）或激光。通过消息信号改变（调制）光源的强度，可以发送信息。光通过光纤传播，并沿着传输路径被周期性地增强，以补偿信号衰减（在数字传输中，光由中继器检测和再生）。在接收机中，光的强度由光电二极管检测，它的输出信号的变化与照射到光电二极管上的光功率成正比。光纤信道中的噪声源是光电二极管和电子放大器。

3）无线电信道

在无线通信系统中，电磁能是通过作为辐射器的天线耦合到传播媒介中的。为了获得有效的电磁能量，天线必须比波长的1/10更长。例如，在调幅（AM）频段发射电磁波的无线电台，当载频 $f_c = 1\,\text{MHz}$（波长 $\lambda = c / f_c = 300\text{m}$，其中 c 为光速）时，要求天线长度至少为30m。在大气和自由空间中，电磁波传播的模式可以划分为三种类型，即地波传播、天波传播和视线传播。

- 地波传播指无线电波沿地面传播。地波传播的特点是信号比较稳定，基本上不受天气的影响，但随着电波频率的升高，传输损耗也迅速增大。地面的导电性能越好，电波的频率越低，地波传播的损耗也越小。因此，地波传播更加适合频率为几十千赫以下的低频传输。
- 天波传播是由于电离层和地面对发送信号的反射而形成的，电离层由位于地球表面之上高度为50～400km的几层带电粒子组成。在白天，太阳给较低的大气层加热，引起高度在120km以下的电离层的形成。电离层最高可反射40MHz的信号。军事中常用的短波通信的工作频段为1.6～30MHz。短波通信可以使电波通过电离层和地面间的多次反射传播得很远。在天波传播过程中，路径衰耗、大气噪声、多径效应、电离层衰落等因素都会造成信号的弱化和畸变，从而影响通信效果。
- 电磁波的频率为30MHz以上时，穿过电离层的损耗较小，这使得卫星通信成为可能。因此，在甚高频频段和更高的频率上，电磁传播的最主要模式是视线传播。由于这个原因，在甚高频和特高频频段发射电磁波的电视台的天线安装在高塔上，以获得更大的覆盖区域。对于工作在甚高频和特高频频率范围内的通信系统，限制性能的最主要的噪声是接收机前端所产生的热噪声和宇宙噪声。在频率为10GHz及以上的超高频频段，大气层环境在信号传播中扮演主要角色。例如，在频率为10GHz时，信号的衰减范围为小雨时的0.003dB/km左右到大雨时的0.3dB/km；在频率为100GHz时，信号的衰减范围为小雨时的0.1dB/km左右到大雨时的6dB/km左右。因此，在10GHz及以上的频率范围内，大雨会引起很大的传输损耗，易导致业务中断。

1.5 通信系统的评估指标

从技术角度来看，通信系统的目标是更好地传递信息。因此，通信系统的有效性、可靠性是其性能指标中最根本的两项。设计一个通信系统，首先要关注的也是这两项指标。而通信系统的有效性要求和可靠性要求是矛盾的（通过后面的学习，便可以了解到这一点）。有时为了提高系统的通信效率而不得不降低对其可靠性的要求，而有时为了提高系统的可靠性又不得不降低一定的通信效率。

数字通信中对数字信号的计算单位采用“符号”这个概念。一个符号指的是一个固定时长的数字信号波形。该时长被称为符号周期，可以用 T_s 表示。它的倒数表示每秒传送的符号个数，称作符号速率，可以用 R_s 表示，$R_s=\dfrac{1}{T_s}$（Baud）。信息传输速率（可以用 R_t 表示）的单位为 bit/s，表示单位时间内传输的比特数。R_s 和 R_t 之间的关系由具体的编码调制方式决定。

在数字通信系统中，传输效率可用频带利用率（η_b）表示，$\eta_b=\dfrac{R_s}{B}$［bit/（s·Hz)]，其中 B 为系统带宽。频带利用率代表系统在单位频带上的传输能力。

在通信质量方面，数字通信更强调数字代码的正确恢复，因此常用误码率（P_e）来反映系统的通信质量。误码率 $P_e=\dfrac{\text{错误的码元个数}}{\text{传输的总码元个数}}$，反映了所接收数字信号的错误概率。它是一个与编码调制方式和信噪比密切相关的物理量。

第2章　确知信号与随机信号分析

信号可分为确知信号和随机信号两大类。凡是能用时间函数表达式准确表示出来的信号即为确知信号，确知信号与时间的对应关系是确定的。反之，即为随机信号。通信中传输的信号和噪声都是随机信号。研究信号的方法有时域法和频域法。对于随机信号，主要在随机过程理论的基础上进行分析。

2.1　确知信号分析基础

确知信号分析的基础为信号与系统。在研究信号带宽、功率谱密度等频域特性时，需要借助信号与系统中的方法将信号从时域变换到频域。如果信号是周期信号，则其函数关系式在满足狄利克雷条件时可以展开为傅里叶级数，其复指数级数展开式如下：

$$f(t)=\sum_{n=-\infty}^{\infty}c_n\mathrm{e}^{\mathrm{j}n\omega_1 t} \tag{2-1}$$

$$c_n=\frac{1}{T}\int_{-\frac{T}{2}}^{\frac{T}{2}}f(t)\mathrm{e}^{-\mathrm{j}n\omega_1 t}\mathrm{d}t \tag{2-2}$$

式中，n 为整数；T 为信号周期；ω_1 为基波角频率，$\omega_1=\dfrac{2\pi}{T}$；c_n 为各频率分量的系数。

非周期函数的傅里叶变换和傅里叶逆变换的公式如下：

$$f(t)=\frac{1}{2\pi}\int_{-\infty}^{\infty}F(\omega)\mathrm{e}^{\mathrm{j}\omega t}\mathrm{d}\omega \tag{2-3}$$

$$F(\omega)=\int_{-\infty}^{\infty}f(t)\mathrm{e}^{-\mathrm{j}\omega t}\mathrm{d}\omega \tag{2-4}$$

$F(\omega)$ 一般是复指数，用指数形式表示时，为

$$F(\omega)=\left|F(\omega)\right|\mathrm{e}^{\mathrm{j}\varphi(\omega)} \tag{2-5}$$

其中，$\left|F(\omega)\right|$ 是 $F(\omega)$ 的幅频函数，$\varphi(\omega)$ 是 $F(\omega)$ 的相频函数。研究一个信号，既可以在它的时域内研究，又可以在它的频域内研究。比如，通过对系统幅频特性的观察，可以看出各频率分量的幅度变化情况；通过对系统相频特性的观察，可以看出各频率分量的相位变化情况，进而得出系统对不同频率分量延时的多少。应注意的是，通过傅里叶变换得到的是双边谱。负频率是数学处理（傅里叶变换）的结果。实际上，物理频率只能是正值，所以一些实际的概念，如带宽等，应只考虑正频率部分。

数字通信系统中常用的波形是矩形。矩形脉冲及其频谱如图 2-1 所示。若一矩形脉冲［见图 2-1（a）］的函数关系式为

$$f(t)=\begin{cases}A, & -\frac{\tau}{2}<t<\frac{\tau}{2}\\ 0, & 其他\end{cases}$$

则其频谱函数 $F(\omega)$ 的表达式为

$$F(\omega)=A\tau\frac{\sin\frac{\omega\tau}{2}}{\frac{\omega\tau}{2}}=A\tau\mathrm{Sa}\left(\frac{\omega\tau}{2}\right) \tag{2-6}$$

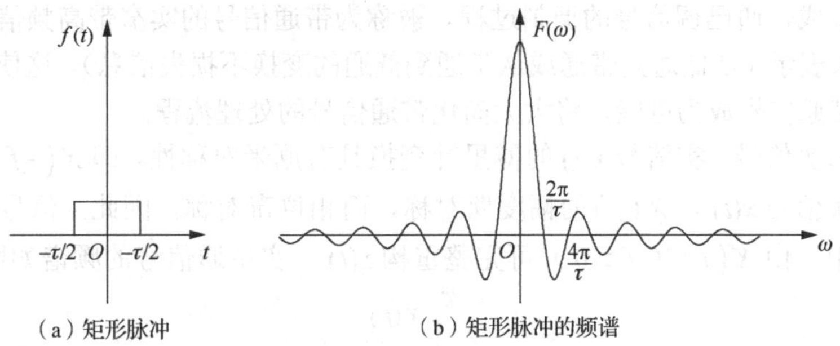

（a）矩形脉冲　（b）矩形脉冲的频谱

图 2-1　矩形脉冲及其频谱图

抽样函数 $\mathrm{Sa}\left(\frac{\omega\tau}{2}\right)$ 的波形是收敛的正弦波，并且矩形波的频谱分布在整个频率轴上。实际的系统不可能有无限的带宽，只能传送矩形波的主要能量部分。例如，在数字微波通信中，考虑所接收信号的功率及相邻信道的影响等因素，通常将第一个与第二个零点之间的宽度作为有效带宽。假如按第一个零点宽度定义，则该信号的带宽为 $\frac{1}{\tau}$ Hz。理想矩形脉冲通过带限系统输出的波形会略有失真，因为高频分量已被滤除掉。

在通信中常用到的傅里叶变换性质还有时域卷积定理［见式（2-7）］和频域卷积定理［见式（2-8）］。

$$f_1(t)*f_2(t)\leftrightarrow F_1(\omega)\cdot F_2(\omega) \tag{2-7}$$

$$f_1(t)\cdot f_2(t)\leftrightarrow\frac{1}{2\pi}[F_1(\omega)*F_2(\omega)] \tag{2-8}$$

式（2-7）主要用于信号通过线性系统，输出信号即输入信号与系统冲激函数的卷积结果。在频域卷积定理［见式（2-8）］中，当 $f_2(t)$ 是正弦波信号时，该定理又被称为调制定理，其表达式为

$$\begin{aligned}f(t)\cos\omega_c t&\leftrightarrow\frac{1}{2\pi}\left\{F(\omega)*\pi\left[\delta(\omega-\omega_c)+\delta(\omega+\omega_c)\right]\right\}\\&=\frac{1}{2}\left[F(\omega-\omega_c)+F(\omega+\omega_c)\right]\end{aligned} \tag{2-9}$$

其中，ω_c 为载波角频率，$\delta(\omega)$ 为单位冲激函数。任何信号在经过连续波载波调制后（调制器实际上是一个乘法器），其频谱都将被搬移到 $\pm\omega_c$ 位置上。

2.2 带通信号与低通信号

2.2.1 带通信号与低通信号的表示

在许多情况下，信源产生的信息信号为低频（基带）信号，而信道的可用频谱在较高的频段。所以，在发送机中，数字基带信号必须变换成高频信号，以匹配信道的特性，这就是将数字基带信号转换成带通已调信号的调制过程。被称为带通信号的实窄带高频信号可以用等效的复低频信号来表示（从低通到带通或从带通到低通的变换不损失信息）。这使处理等效低通信号替代处理带通信号成为可能，将大大简化带通信号的处理流程。

带通信号为实信号，实信号 $x(t)$ 的傅里叶变换具有厄米对称性，即 $X(-f)=X^*(f)$。也就是说，对于实信号 $x(t)$，$X(f)$ 的幅度偶对称，而相位奇对称，因此，信号的全部信息都包含在正频域中，由 $X(f)$（$f>0$）可完整重构 $x(t)$。实带通信号的频谱如图 2-2 所示。

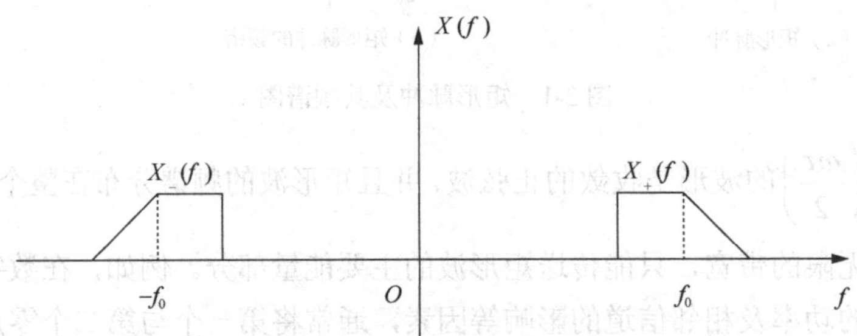

图 2-2 实带通信号的频谱

接下来，将证明如何利用带通信号来得到和它等效的低通信号。将带通信号位于正频率部分的频谱定义为 $X_+(f)$，将与其对应的时域信号定义为 $x_+(t)$，$x_+(t)$ 通常为复信号，即

$$
\begin{aligned}
x_+(t) &= F^{-1}\left[X_+(f)\right] \\
&= F^{-1}\left[X(f)u(f)\right] \\
&= x(t) * \left(\frac{1}{2}\delta(t) + \mathrm{j}\frac{1}{2\pi t}\right) \\
&= \frac{1}{2}x(t) + \frac{\mathrm{j}}{2}\hat{x}(t)
\end{aligned} \tag{2-10}
$$

其中，$u(f)$ 为单位阶跃函数；$\hat{x}(t)=x(t)*\dfrac{1}{\pi t}$，表示 $x(t)$ 的希尔伯特变换。在图 2-2 中，将 $X_+(f)$ 向左平移 f_0，可得到 $x(t)$ 的等效低通信号的频谱，即 $X_1(f)=2X_+(f+f_0)$。对 $X_1(f)$ 进行傅里叶逆变换，可得到等效低通信号 $x_1(t)$ 的表达式，即

$$
\begin{aligned}
x_1(t) &= F^{-1}\left[X_1(f)\right] \\
&= 2x_+(t)\mathrm{e}^{-\mathrm{j}2\pi f_0 t} \\
&= \left[x(t) + \mathrm{j}\hat{x}(t)\right]\mathrm{e}^{-\mathrm{j}2\pi f_0 t} \\
&= \left[x(t)\cos 2\pi f_0 t + \hat{x}(t)\sin 2\pi f_0 t\right] + \mathrm{j}\left[\hat{x}(t)\cos 2\pi f_0 t - x(t)\sin 2\pi f_0 t\right]
\end{aligned} \tag{2-11}
$$

由上式可得出

$$\begin{aligned}x(t)&=\mathrm{Re}\left[x_l(t)\mathrm{e}^{\mathrm{j}2\pi f_0 t}\right]\\&=x_i(t)\cos 2\pi f_0 t-x_q(t)\sin 2\pi f_0 t\\&=r_x(t)\cos\left[2\pi f_0 t+\theta_x(t)\right]\end{aligned}\tag{2-12}$$

式中，$x_i(t)$ 和 $x_q(t)$ 分别表示 $x_l(t)$ 的实部和虚部；$r_x(t)$ 和 $\theta_x(t)$ 分别表示 $x_l(t)$ 的幅度和相位。该式表明：任何带通信号都可以用其等效低通信号来表示。根据式（2-11）和式（2-12），将低通信号变换成带通信号的调制过程的框图（调制器框图）和将带通信号变换成低通信号的解调过程的框图（解调器框图）分别如图 2-3 和图 2-4 所示。在图 2-4 中，$\mathscr{H}$ 表示对 $x(t)$ 进行希伯尔特变换。

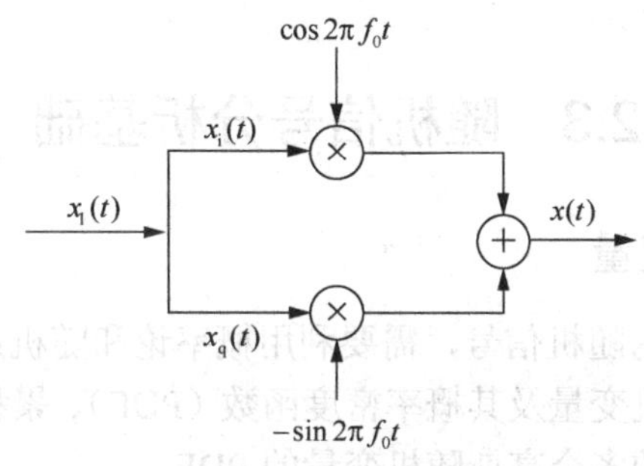

图 2-3　调制器框图

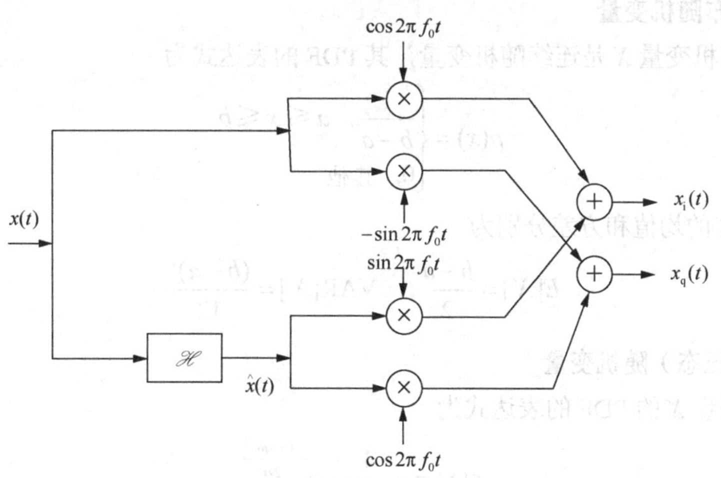

图 2-4　解调器框图

2.2.2　带通系统的等效低通信号

带通系统是传递函数位于频率 f_0 附近的系统。令 $h(t)$ 表示带通系统的传递函数，其等效低通冲激响应记为 $h_l(t)$，$h(t)=\mathrm{Re}\left[h_l(t)\mathrm{e}^{-\mathrm{j}2\pi f_0 t}\right]$。带通信号 $x(t)$ 通过冲激响应为 $h(t)$ 的带通系统，输出为带通信号 $y(t)$，输入与输出的频谱函数关系式为

$$Y(f)=X(f)H(f)\tag{2-13}$$

式中，$X(f)$、$H(f)$ 和 $Y(f)$ 分别为 $x(t)$、$h(t)$ 和 $y(t)$ 的频谱函数。由式（2-13）可推导出 $y(t)$、$x(t)$ 和 $h(t)$ 的等效低通信号存在如下关系：

$$\begin{aligned}Y_1(f) &= 2Y(f+f_0)u(f+f_0)\\ &= 2X(f+f_0)H(f+f_0)u(f+f_0)\\ &= \frac{1}{2}[2X(f+f_0)u(f+f_0)][2H(f+f_0)u(f+f_0)]\\ &= \frac{1}{2}X_1(f)H_1(f)\end{aligned} \tag{2-14}$$

式中，$Y_1(f)$为$y(t)$的等效低通信号的频谱函数；$Y(f+f_0)$、$X(f+f_0)$、$H(f+f_0)$、$u(f+f_0)$分别是$Y(f)$、$X(f)$、$H(f)$、$u(f)$向左平移f_0后的频谱函数；$X_1(f)$是$x(t)$的等效低通信号的频谱函数；$H_1(f)$是$h(t)$的等效低通信号频率响应。可以看出，当带通信号通过带通系统时，等效低通信号的输入、输出关系与带通信号的输入、输出关系很相似。

2.3 随机信号分析基础

2.3.1 某些有用的随机变量

通信中的信号和噪声均为随机信号，需要利用概率论和随机过程的知识对其进行分析。本节将列出一些常遇到的随机变量及其概率密度函数（PDF）、累积分布函数（CDF），重点介绍高斯随机变量及由其导出的多个高斯随机变量的 PDF。

1）均匀分布随机变量

均匀分布随机变量X是连续随机变量，其 PDF 的表达式为

$$p(x)=\begin{cases}\dfrac{1}{b-a}, & a\leqslant x\leqslant b\\ 0, & \text{其他}\end{cases} \tag{2-15}$$

式中，$b>a$；X的均值和方差分别为

$$E[X]=\frac{b-a}{2},\quad \mathrm{VAR}[X]=\frac{(b-a)^2}{12} \tag{2-16}$$

2）高斯（正态）随机变量

高斯随机变量X的 PDF 的表达式为

$$p(x)=\frac{1}{\sqrt{2\pi\sigma^2}}\mathrm{e}^{-\frac{(x-m)^2}{2\sigma^2}} \tag{2-17}$$

式中，m和σ^2分别表示X的均值和方差。通常用简洁形式$X\sim\mathcal{N}(m,\sigma^2)$表示服从高斯分布的随机变量。该随机变量的均值和方差分别为

$$E[X]=m,\quad \mathrm{VAR}[X]=\sigma^2 \tag{2-18}$$

高斯随机变量的 CDF 可用Q函数表示，即

$$F(x)=1-Q\left(\frac{x-m}{\sigma}\right) \tag{2-19}$$

其中，$Q(x)=\dfrac{1}{\sqrt{2\pi}}\displaystyle\int_x^{\infty}\mathrm{e}^{-\frac{t^2}{2}}\mathrm{d}t$。

N 个独立的高斯随机变量的和是一个高斯随机变量，其均值与方差分别为所有随机变量的均值的总和与方差的总和。

3）χ^2 随机变量

如果$\{X_i,\ i=1,2,\cdots,n\}$是独立同分布（IID）的，并具有零均值和共同方差σ^2的高斯随机变量，定义

$$X=\sum_{i=1}^{n}X_i^2 \tag{2-20}$$

式中，X 为具有 n 个自由度的 χ^2 随机变量，其 PDF 的表达式为

$$p(x)=\begin{cases}\dfrac{1}{2^{\frac{n}{2}}\Gamma\left(\dfrac{n}{2}\right)\sigma^n}x^{\frac{n}{2}-1}\mathrm{e}^{-\frac{x}{2\sigma^2}}, & x>0\\ 0, & \text{其他}\end{cases} \tag{2-21}$$

式中，$\Gamma(x)=\int_0^\infty t^{x-1}\mathrm{e}^{-t}\mathrm{d}t$ 是伽马函数。具有两个自由度的 χ^2 随机变量的 PDF 的表达式为

$$p(x)=\begin{cases}\dfrac{1}{2\sigma^2}\mathrm{e}^{-\frac{x}{2\sigma^2}}, & x>0\\ 0, & \text{其他}\end{cases} \tag{2-22}$$

4）瑞利随机变量

如果 X_1 和 X_2 是两个 IID 高斯随机变量，每个变量服从 $\mathcal{N}(0,\sigma^2)$ 分布，那么

$$X=\sqrt{X_1^2+X_2^2} \tag{2-23}$$

是瑞利随机变量。瑞利随机变量的 PDF 的表达式为

$$p(x)=\begin{cases}\dfrac{x}{\sigma^2}\mathrm{e}^{-\frac{x^2}{2\sigma^2}}, & x>0\\ 0, & \text{其他}\end{cases} \tag{2-24}$$

5）莱斯随机变量

如果 X_1 和 X_2 是两个独立的高斯随机变量，分别服从 $\mathcal{N}(m_1,\sigma^2)$ 分布和 $\mathcal{N}(m_2,\sigma^2)$ 分布（方差相等，均值可以不同），那么

$$X=\sqrt{X_1^2+X_2^2} \tag{2-25}$$

是莱斯随机变量，其 PDF 的表达式为

$$p(x)=\begin{cases}\dfrac{x}{\sigma^2}\mathrm{I}_0\left(\dfrac{sx}{\sigma^2}\right)\mathrm{e}^{-\frac{x^2+s^2}{2\sigma^2}}, & x>0\\ 0, & \text{其他}\end{cases} \tag{2-26}$$

式中，$s=\sqrt{m_1^2+m_2^2}$；$\mathrm{I}_0(x)$ 为 0 阶修正贝塞尔函数。

6）联合高斯随机变量

对于一个 n 维高斯随机向量 $\boldsymbol{x}$ 的分量，其联合 PDF 的表达式为

$$p(\boldsymbol{x})=\frac{1}{(2\pi)^{n/2}(\det\boldsymbol{C})^{1/2}}\mathrm{e}^{-\frac{1}{2}(\boldsymbol{x}-\boldsymbol{m})^{\mathrm{T}}\boldsymbol{C}^{-1}(\boldsymbol{x}-\boldsymbol{m})} \tag{2-27}$$

式中，$\boldsymbol{m}$ 和 $\boldsymbol{C}$ 分别为 $\boldsymbol{x}$ 的均值和协方差矩阵，即

$$\boldsymbol{m}=E[\boldsymbol{x}],\quad \boldsymbol{C}=E[(\boldsymbol{x}-\boldsymbol{m})(\boldsymbol{x}-\boldsymbol{m})^{\mathrm{T}}] \tag{2-28}$$

在 $n=2$ 的特殊情况下，有

$$\boldsymbol{m}=\begin{bmatrix} m_1 \\ m_2 \end{bmatrix},\quad \boldsymbol{C}=\begin{bmatrix} \sigma_1^2 & \rho\sigma_1\sigma_2 \\ \rho\sigma_1\sigma_2 & \sigma_2^2 \end{bmatrix} \tag{2-29}$$

式中，σ_1^2 和 σ_2^2 是两个随机变量的方差；ρ 是两个随机变量的相关系数，$\rho=\dfrac{\mathrm{cov}[X_1,X_2]}{\sigma_1\sigma_2}$。当两个随机变量不相关时，有

$$p(x_1,x_2)=\mathcal{N}(m_1,\sigma_1^2)\mathcal{N}(m_2,\sigma_2^2)$$

这意味着两个随机变量是独立的，因此对于这种情况，独立与不相关是等价的。这个性质对一般的联合高斯随机变量都成立。联合高斯随机变量具有下列重要性质。

（1）对于联合高斯随机变量，不相关等价于独立。

（2）联合高斯随机变量的线性组合也是联合高斯的。

（3）联合高斯随机变量的任何子集中的随机变量都是联合高斯的。

2.3.2 随机变量总和极限定理

如果 $\{X_i,\ i=1,2,\cdots,n\}$ 表示一个 IID 随机变量序列，那么对该序列的求平均值运算，即

$$Y_n=\frac{1}{n}\sum_{i=1}^{n}X_i \tag{2-30}$$

在某种意义上收敛于随机变量的平均值。大数定律（LLN）和中心极限定理（CLT）准确地阐述了当 $n\to\infty$ 时，随机变量平均值的表现。

（强）大数定律：如果 $\{X_i,\ i=1,2,\cdots,n\}$ 是一个 $E[X_i]<\infty$ 的 IID 随机变量序列，则

$$\frac{1}{n}\sum_{i=1}^{n}X_i\to E[X_i] \tag{2-31}$$

中心极限定理：如果 $\{X_i,\ i=1,2,\cdots,n\}$ 是一个 $E[X_i]<\infty$ 且 $\sigma^2=\mathrm{VAR}[X_i]<\infty$ 的 IID 随机变量序列，则有

$$\frac{\frac{1}{n}\sum_{i=1}^{n}X_i-E[X_i]}{\frac{\sigma}{\sqrt{n}}}\to\mathcal{N}(0,1) \tag{2-32}$$

2.3.3 复随机变量

复随机变量 $Z=X+\mathrm{j}Y$，可将其视为具有分量 X 和 Y 的二维随机向量，即 $\boldsymbol{Z}=\begin{bmatrix} X \\ Y \end{bmatrix}$。将复随机变量的 PDF 定义为其实部和虚部的联合 PDF。如果 X 和 Y 是联合高斯随机变量，则 $\boldsymbol{Z}$ 是复高斯随机变量。实部和虚部 IID 的零均值复高斯随机变量 $\boldsymbol{Z}$ 的 PDF 的表达式为

$$p(z)=\frac{1}{2\pi\sigma^2}\mathrm{e}^{-\frac{x^2+y^2}{2\sigma^2}}=\frac{1}{2\pi\sigma^2}\mathrm{e}^{-\frac{|z|^2}{2\sigma^2}} \tag{2-33}$$

将复高斯随机变量 $\boldsymbol{Z}$ 的均值和方差分别定义为

$$E[\boldsymbol{Z}]=E[X]+\mathrm{j}E[Y] \tag{2-34}$$

$$\mathrm{VAR}[\boldsymbol{Z}]=E[|\boldsymbol{Z}|^2]-|E[\boldsymbol{Z}]|^2=\mathrm{VAR}[X]+\mathrm{VAR}[Y] \tag{2-35}$$

在通信系统中，高斯噪声和信道系数通常被表示为复高斯变量。若 X 和 Y 都是均值为 0 的 IID 高斯随机变量，则 $\boldsymbol{Z}$ 的模和相位分别服从瑞利分布和均匀分布；若 X 和 Y 都是均值非 0、方差相同的独立高斯随机变量，则 $\boldsymbol{Z}$ 的模和相位分别服从莱斯分布和均匀分布。

2.4 随机过程

随机过程和随机信号是研究通信系统的基础。本节将介绍随机过程的基本概念和几类常见的随机过程。

客观世界中的随机系统千差万别，其输出样本也是多种多样的。在很多情况下，随机系统输出的样本点是时间的函数，这样的函数被称为样本函数。所有样本函数的集合是一个随机过程。

随机过程的定义：设某随机系统输出的样本点为定义于参数集 T 上的函数，所有可能的样本函数在 t（$t\in T$）点都是一个随机变量 $X(t)$，则称集合 $\{X(t)|t\in T\}$ 为一个随机过程。

在上述定义中，T 具有时间的意义。当 T 是可数集时，该随机过程为离散时间随机过程；当 T 是连续实数集时，该随机过程为连续时间随机过程。由上述定义可以看出，可将随机过程看作若干随机变量的集合。因此，在数学上，可将随机过程表示成由若干随机变量构成的随机向量。要刻画一个随机过程，必须了解概率分布函数族的概念。设 $t_1,t_2,\cdots,t_k\in T$，并且 $X_1,X_2,\cdots,X_k$ 为随机过程 $X(t)$ 在时刻 $t=t_1,t=t_2,\cdots,t=t_k$ 的样值，则该随机过程在 k 个时刻的联合行为由随机向量 $(X_1,X_2,\cdots,X_k)$ 的联合概率分布函数所确定。

设 k 为任意自然数，$t_1,t_2,\cdots,t_k$ 为任意取自参数集 T 的 k 个元素，则将随机过程 $X(t)$ 的 k 维概率分布函数定义为

$$F_X(x_1,x_2,\cdots,x_k;t_1,t_2,\cdots,t_k)=P(X_1\leqslant x_1,X_2\leqslant x_2,\cdots,X_k\leqslant x_k) \tag{2-36}$$

若序列的统计性质与时间的推移无关，即符号序列的概率分布与时间起点无关，则该随机过程为严平稳随机过程。对于任意 $t_1,t_2,\cdots,t_k$ 和任意 τ，严平稳随机过程的 k 维概率分布函数满足条件

$$F_X(x_1,x_2,\cdots,x_k;t_1,t_2,\cdots,t_k)=F_X(x_1,x_2,\cdots,x_k;t_1+\tau,t_2+\tau,\cdots,t_k+\tau)$$

即在时间轴上对 $\{x_1,x_2,\cdots,x_k\}$ 进行整体平移，不改变向量的联合 PDF。

对严平稳随机过程而言，任意两个不同时刻样值的一维 PDF 完全相同，即对于任意不同的时刻 i、j，有 $f(x_i)=f(x_j)$。严平稳随机过程的二维联合概率分布 $f(x_ix_j)$ 也与时间起点无关，有 $f(x_ix_j)=f(x_{i+k}x_{j+k})$。

将随机过程 $X(t)$ 的均值 $m_X(t)$ 和**自相关函数** $R_X(t_1,t_2)$ 定义为

$$m_X(t)=E[X(t)] \tag{2-37}$$

$$R_X(t_1,t_2)=E[X_1X_2^*] \tag{2-38}$$

其中，X_2^* 表示 X_2 的共轭，*为共轭符号。将两个随机过程 $X(t)$ 和 $Y(t)$ 的互相关函数定义为

$$R_{XY}(t_1,t_2)=E[X_1Y_2^*] \tag{2-39}$$

对于相关函数，有 $R_X(t_2,t_1)=R_X^*(t_1,t_2)$，$R_{YX}(t_2,t_1)=R_{XY}^*(t_1,t_2)$。

2.4.1 广义平稳随机过程

若随机过程 $X(t)$ 的均值 $m_X(t)$ 为常数，即 $m_X(t)=m_X$，并且 $R_X(t_1,t_2)=R_X(\tau)$，其中 $\tau=t_2-t_1$，则该随机过程是广义平稳随机过程。对于广义平稳随机过程，有 $R_X(-\tau)=R_X^*(\tau)$。如果两个过程 $X(t)$ 和 $Y(t)$ 都是广义平稳随机过程且 $R_{XY}(t_1,t_2)=R_{XY}(\tau)$，则这两个过程是**联合广义平稳随机**过程。对于联合广义平稳随机过程，有 $R_{YX}(-\tau)=R_{XY}^*(\tau)$。

广义平稳随机过程 $X(t)$ 的**功率谱密度**（PSD，又称**功率谱**）是描述功率分布函数的频谱函数 $S_X(f)$。功率谱密度的单位是 W/Hz，**维纳-欣钦定理**阐明了广义平稳随机过程的功率谱密度是自相关函数 $R_X(\tau)$ 的傅里叶变换，即

$$S_X(f)=\mathcal{F}[R_X(\tau)] \tag{2-40}$$

类似地，将两个联合广义平稳随机过程的互谱密度定义为它们的互相关函数的傅里叶变换，即

$$S_{XY}(f)=\mathcal{F}[R_{XY}(\tau)] \tag{2-41}$$

互谱密度满足下列对称性：

$$S_{XY}(f)=S_{YX}^*(f) \tag{2-42}$$

其中，$S_{YX}(f)$ 为 $R_{YX}(\tau)$ 的傅里叶变换。由自相关函数的性质不难证明，任何实广义平稳随机过程 $X(t)$ 的功率谱密度都是实的、非负的，也是 f 的偶函数。复过程的功率谱密度是实的、非负的，但不一定是偶函数。互谱密度可能是复函数。当 $X(t)$ 和 $Y(t)$ 是实过程时，互谱密度为偶函数。

如果 $X(t)$ 和 $Y(t)$ 是联合广义平稳随机过程，则 $Z(t)=aX(t)+bY(t)$（a、b 为任意常数）是广义平稳随机过程，其自相关函数和功率谱密度分别为

$$R_Z(\tau)=|a|^2R_X(\tau)+|b|^2R_Y(\tau)+ab^*R_{XY}(\tau)+ba^*R_{YX}(\tau) \tag{2-43}$$

$$S_Z(f)=|a|^2S_X(f)+|b|^2S_Y(f)+2\mathrm{Re}[ab^*S_{XY}(f)] \tag{2-44}$$

其中，$R_Y(\tau)$ 和 $S_Y(f)$ 分别为平稳随机过程 $Y(t)$ 的自相关函数和功率谱密度。当一个广义平稳随机过程 $X(t)$ 通过一个冲激响应为 $h(t)$、传输函数为 $H(f)=F[h(t)]$ 的线性时不变系统时，输出过程 $Y(t)$ 与 $X(t)$ 是联合广义平稳随机过程，并且下列关系式成立：

$$m_Y=m_X\int_{-\infty}^{\infty}h(t)\mathrm{d}t=m_XH(0)$$

$$R_Y(\tau)=R_X(\tau)*h(\tau)*h^*(-\tau)$$

$$S_Y(f)=S_X(f)|H(f)|^2$$

$$R_{XY}(\tau)=R_X(\tau)*h^*(-\tau)$$

$$S_{XY}(f)=S_X(f)H^*(f) \tag{2-45}$$

其中，m_Y 为平稳随机过程 $Y(t)$ 的均值。在广义平稳随机过程 $X(t)$ 中，功率是所有频率功率的总和，所以它是功率谱密度在所有频率上的积分，可表示为

$$P_X=E\left[|X(t)|^2\right]=R_X(0)=\int_{-\infty}^{\infty}S_X(f)\mathrm{d}f \tag{2-46}$$

离散时间随机过程的性质类似于连续时间随机过程。将离散时间随机过程的功率谱密度定义为其自相关函数 $R_X(m)$ 的傅里叶变换，即

$$S_X(f)=\sum_{m=-\infty}^{\infty}R_X(m)\mathrm{e}^{-\mathrm{j}2\pi fm} \tag{2-47}$$

自相关函数 $R_X(m)$ 可以由功率谱密度的傅里叶逆变换得到，即

$$R_X(m)=\int_{-1/2}^{1/2}S_X(f)\mathrm{e}^{\mathrm{j}2\pi fm}\mathrm{d}f \tag{2-48}$$

对于随机过程 $X(t)$，如果其均值和自相关函数是以 T_0 为周期的周期函数，则该过程是**循环平稳**的。对于循环平稳过程，有

$$m_X(t+T_0)=m_X(t) \tag{2-49}$$

$$R_X(t_1+T_0,t_2+T_0)=R_X(t_1,t_2) \tag{2-50}$$

循环平稳过程在通信系统的研究中经常遇到，因为许多已调制过程可以建模为循环平稳过程。对于循环平稳过程，其平均自相关函数被定义为自相关函数在一个周期上的平均值，即

$$\overline{R_X(\tau)}=\frac{1}{T_0}\int_0^{T_0}R_X(t+\tau,t)\mathrm{d}t \tag{2-51}$$

将循环平稳过程的（平均）功率谱密度定义为平均自相关函数的傅里叶变换，即

$$S_X(f)=\mathscr{F}\left[\overline{R_X(\tau)}\right] \tag{2-52}$$

例 2-1 令 $\{a_n\}_{n=-\infty}^{+\infty}$ 表示离散时间随机过程，其均值为 $m_a(n)=E[a_n]=m_a$，自相关函数为 $R_a(m)=E\left[a_{n+m}a_n^*\right]$。对于任意确定函数 $g(t)$，将随机过程定义为

$$X(t)=\sum_{n=-\infty}^{\infty}a_n g(t-nT) \tag{2-53}$$

则

$$m_X(t)=E[X(t)]=m_a\sum_{n=-\infty}^{\infty}g(t-nT) \tag{2-54}$$

显然，该函数是以 T 为周期的周期函数。$X(t)$ 的自相关函数为

$$R_X(t+\tau,t)=\sum_{n=-\infty}^{\infty}\sum_{m=-\infty}^{\infty}E\left[a_n a_m^*\right]g(t+\tau-nT)g^*(t-mT) \tag{2-55}$$

不难证明

$$R_X(t+\tau+T,t+T)=R_X(t+\tau,t) \tag{2-56}$$

2.4.2 高斯随机过程和白过程

如果对于所有正整数 n 和所有 $(t_1,t_2,\cdots,t_n)$，随机向量 $(X(t_1),X(t_2),\cdots,X(t_n))^{\mathrm{T}}$ 是高斯随机

向量，则实随机过程 $X(t)$ 是高斯的。类似于联合高斯随机变量，高斯随机过程的线性滤波的结果仍然是高斯随机过程。

对于两个不相关的联合高斯随机过程 $X(t)$ 和 $Y(t)$，有

$$R_{XY}(t+\tau,t)=E\left[X(t+\tau)\right]E\left[Y(t)\right],\quad \forall t,\tau \tag{2-57}$$

如果 $X(t)$ 和 $Y(t)$ 是联合高斯随机过程，则复过程 $Z(t)=X(t)+\mathrm{j}Y(t)$ 是高斯的。

如果随机过程的功率谱密度对于所有的频率都是常数，则称该随机过程为**白过程**。对于平稳白过程，功率谱密度为常数，自相关函数为冲激函数。虽然白过程不是物理上可实现的过程，但常用它对一些重要的物理现象（如热噪声）进行建模。

2.4.3 马尔可夫随机过程

马尔可夫随机过程是具有一阶记忆长度的随机过程。

定义：设 $X(t)$ 为一个随机过程，若对于任意时刻 $t_1<t_2<\cdots<t_{k+1}$ 的随机变量 $X(t_1),X(t_2),\cdots,X(t_k)$，有

$$\begin{aligned}&P(X(t_{k+1})\leqslant x_{k+1}\mid X(t_k)=x_k,X(t_{k-1})=x_{k-1},\cdots,X(t_1)=x_1)\\&=P(X(t_{k+1})\leqslant x_{k+1}\mid X(t_k)=x_k)\end{aligned} \tag{2-58}$$

则称 $X(t)$ 为马尔可夫随机过程。

在马尔可夫随机过程中，以过去若干时刻的状态为条件的条件分布函数或条件密度函数，总是可以简化为以最近时刻的状态为条件的条件分布函数或条件密度函数。

马尔可夫链是状态值离散可数的马尔可夫随机过程。令 X_n 为离散时间马尔可夫链；$S\in\{1,2,\cdots,N\}$ 为离散状态集；$p_i(n)=P(X_n=i)$ 为马尔可夫随机过程在时刻 n 出现状态 i 的概率，称为 X_n 的状态概率；$\boldsymbol{P}(n)=\left(p_1(n),p_2(n),\cdots,p_N(n)\right)$ 表示马尔可夫随机过程 X_n 的状态概率向量，显然 $\sum_{i=1}^{N}p_i(n)=1$。

令 $\alpha_{ij}(m,n)=P\left\{X_n=j\mid X_m=i\right\}$ 表示从时刻 m 的状态 i 转移到时刻 n 的状态 j 的条件概率。由 $\prod(m,n)=\left[\alpha_{ij}(m,n)\right]_{i=1,j=1}^{i=N,j=N}$ 构成的矩阵为从时刻 m 到时刻 n 的状态转移矩阵。该矩阵中的元素满足如下关系：

$$\alpha_{ij}(m,n)\geqslant 0,\quad \sum_{j=1}^{N}\alpha_{ij}(m,n)=1 \tag{2-59}$$

由全概率公式可得

$$\boldsymbol{P}(n)=\boldsymbol{P}(m)\prod(m,n) \tag{2-60}$$

在马尔可夫链中，若转移概率 $\alpha_{ij}(m,n)$ 只和时间间隔 $m-n$ 相关，而和时间起点 m 无关，则称此马尔可夫链为齐次马尔可夫链。在齐次马尔可夫链中，$\prod(m,n)=\prod^{n-m}$。

在马尔可夫链达到稳态后，状态概率向量 $\boldsymbol{P}(n)$ 将不随时间 n 变化，可表示为常数概率向量 $\boldsymbol{P}$。稳态时的概率向量 $\boldsymbol{P}$ 可由下列方程解得：

$$\boldsymbol{P}\boldsymbol{\Pi}=\boldsymbol{P} \tag{2-61}$$

其中，$\boldsymbol{\Pi}$ 为稳态转移矩阵。该方程满足条件 $p_i\geqslant 0$ 和 $\sum_i p_i=1$。

习题

1．已知 $f(t)$ 为题图 2-1 所示的函数。

（1）写出 $f(t)$ 的傅里叶变换表达式。

（2）画出 $f(t)$ 的频谱函数图。

2．已知 $f(t)$ 为题图 2-2 所示的周期函数，令 $\tau = 0.002\text{s}$，$T = 0.008\text{s}$。

（1）写出 $f(t)$ 的指数型傅里叶级数展开式。

（2）画出 $f(t)$ 的幅度频谱图。

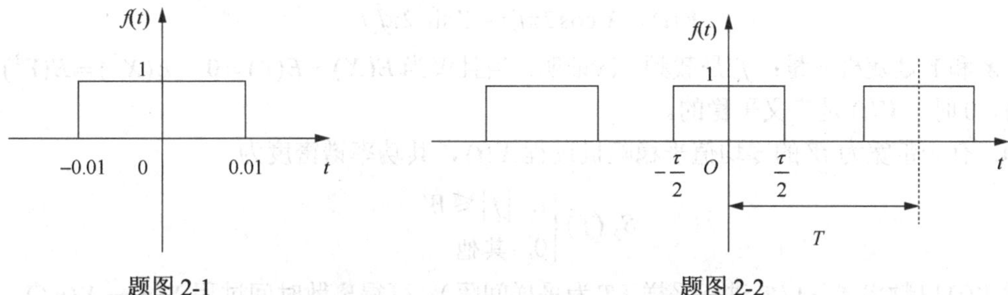

题图 2-1　　题图 2-2

3．考虑随机过程 $Z(t) = X(t)\cos\omega_0 t - Y(t)\sin\omega_0 t$。式中，$X(t)$、$Y(t)$ 是两个独立的高斯随机过程，均值都为 0，自相关函数 $R_X(\tau) = R_Y(\tau)$。试证明：$Z(t)$ 也是高斯随机过程，并且均值为 0，自相关函数 $R_Z(\tau) = R_X(\tau)\cos\omega_0\tau$。

4．将一个均值为 0、功率谱密度为 $n_0/2$ 的高斯白噪声加到一个中心频率为 f_c、带宽为 B 的理想带通滤波器上，滤波器传递函数如题图 2-3 所示。

（1）求该滤波器输出噪声的自相关函数。

（2）写出该滤波器输出噪声的一维 PDF。

5．某 RC 低通滤波器如题图 2-4 所示。求当输入均值为 0、功率谱密度为 $n_0/2$ 的白噪声时，输出过程的功率谱密度和自相关函数。

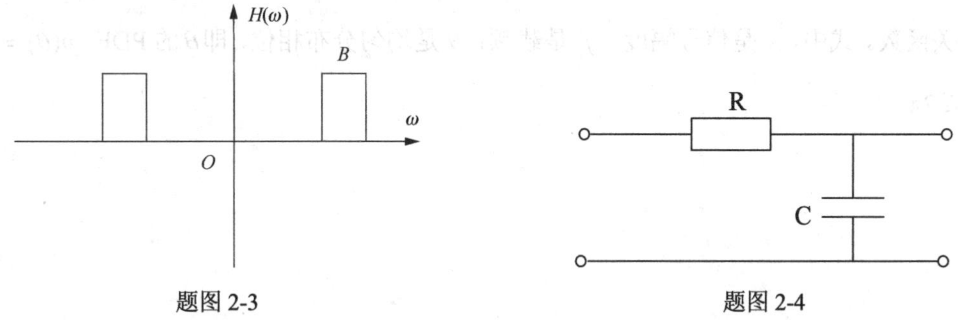

题图 2-3　　题图 2-4

6．若 $\xi(t)$ 是平稳随机过程，其自相关函数为 $R_\xi(t)$，试求 $\xi(t)$ 通过题图 2-4 所示系统后的自相关函数及功率谱密度。

7．题图 2-5 所示电路的输入为随机过程 $X(t)$，其均值 $E[X(t)] = 0$，自相关函数 $R_X(\tau) = \sigma^2\delta(\tau)$（$\sigma^2$ 为随机过程 $X(t)$ 的方差），即 $X(t)$ 为白噪声过程。

（1）求功率谱密度 $S_Y(f)$。

（2）试求自相关函数 $R_Y(\tau)$ 和均值 $E\left[Y^2(t)\right]$。

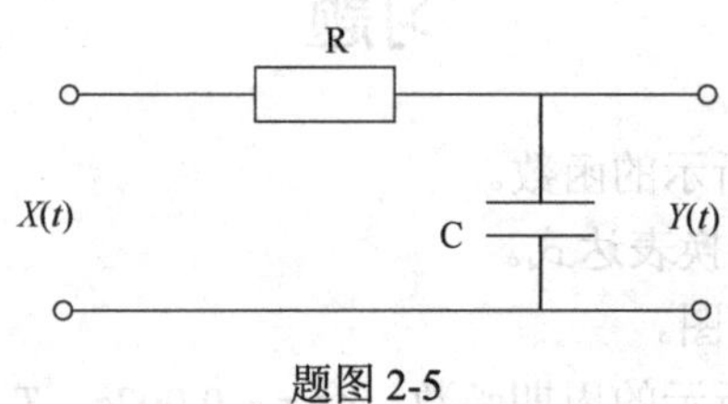

题图 2-5

8．一个离散时间随机过程的自相关函数是 $R(k)=(1/2)^{|k|}$，试求其功率谱密度。

9．随机过程 $V(t)$ 的定义式为

$$V(t)=X\cos 2\pi f_c t-Y\sin 2\pi f_c t$$

式中，X 和 Y 是随机变量；f_c 是载频。试证明：当且仅当 $E(X)=E(Y)=0$、$E(X^2)=E(Y^2)$ 和 $E(XY)=0$ 时，$V(t)$ 是广义平稳的。

10．有一带宽为 W 的零均值平稳随机过程 $X(t)$，其功率谱密度为

$$S_X(f)\begin{cases}1, & |f|\leqslant W\\0, & \text{其他}\end{cases}$$

对 $X(t)$ 以频率 $f_s=1/T$ 进行采样（T 为采样间隔），可得离散时间过程 $X(n)=X(nT)$，其中 n 为抽样时刻。

（1）试求 $X(n)$ 的自相关序列表达式。

（2）为了得到一个白色（谱平坦）序列，试求 T 的最小值。

（3）如果 $X(t)$ 的功率谱密度为

$$S_X(f)\begin{cases}1-|f|/W, & |f|\leqslant W\\0, & \text{其他}\end{cases}$$

试重复（2）。

11．试求随机过程

$$X(t)=A\sin(2\pi f_c t+\theta)$$

的自相关函数。式中，A 是信号幅度；f_c 是载频；θ 是均匀分布相位，即 θ 的 PDF $p(\theta)=\dfrac{1}{2\pi}$，$0\leqslant\theta\leqslant 2\pi$。

第3章　信源及信息测度

3.1　信源的分类

信源是信息的来源，可以产生消息或消息序列。信息是抽象的，而消息是具体的。消息不是信息本身，但它携带着信息。根据信源输出信号的取值的不同，可将信源分为离散信源和连续信源。

1）离散信源

如果信源在任意时刻的输出消息的取值是有限的或可数的，则这种信源被称为**离散信源**。文字、计算机代码、电报符号、阿拉伯数字码等取值离散的变量都可被看作离散信源的输出。离散信源在任意时刻的输出符号可用一维离散随机变量 X 来表示，其数学模型是离散型的概率空间：

$$\begin{bmatrix} X \\ P(x) \end{bmatrix} = \begin{bmatrix} a_1 & a_2 & \cdots & a_q \\ P(a_1) & P(a_2) & \cdots & P(a_q) \end{bmatrix} \tag{3-1}$$

并满足条件

$$\sum_{i=1}^{q} P(a_i) = 1 \tag{3-2}$$

式中，$\{a_i\}$ 是离散信源的输出符号；$P(a_i)$ 是离散信源输出符号为 a_i 的概率，$0 \leqslant P(a_i) \leqslant 1$（$i = 1, 2, \cdots, q$）。

2）连续信源

如果信源在任意时刻的输出消息的取值是连续的，则这种信源被称为**连续信源**。语音信号、热噪声信号等测量数据都是取值连续的随机变量。连续信源在任意时刻的输出符号可用一维连续随机变量 X 来表示，其数学模型是连续型的概率空间：

$$\begin{bmatrix} X \\ p(x) \end{bmatrix} = \begin{bmatrix} \mathbf{R} \\ p(x) \end{bmatrix} \tag{3-3}$$

并满足条件 $\int_{\mathbf{R}} p(x)\mathrm{d}x = 1$。在式（3-3）中，$\mathbf{R}$ 是 X 的取值区间，$p(x)$ 是 X 的 PDF。

信源在任意时刻的输出信号的统计特性可用式（3-1）中的离散随机变量或式（3-3）中的连续随机变量的统计特性来描述。若要研究信源在一段时间内输出信号的统计特性，则需要对信源在一段时间内的输出信号进行建模。如果信源输出的消息 $X(t)$ 是时间的连续函数，同时在任意固定时间的样值为连续随机变量，则信源的输出可用随机过程来描述。例如，语音信号、热噪声信号、电视图像信号都可建模为随机过程。根据第 2 章中的内容，在数学上，可将随机过程表示成由若干随机变量构成的随机向量。根据抽样定理，可以把随机过程用一系列时间上的离散样值来表示，每个样值都是连续随机变量。这样就可把连续时间随机过程转换成时间上离散的随机序列 $\boldsymbol{X}=(X_1,X_2,\cdots,X_N)$。若再对每个样值进行量化处理，则可将连续样值转换成离散样值。

若信源输出的随机序列 $\boldsymbol{X}=(X_1,X_2,\cdots,X_N)$ 或 $X(t)$ 为严平稳随机过程，则该信源为**平稳信源**。若每个随机变量 X_i（$i=1,2,\cdots,N$）的可能取值是有限的，则该信源为**离散平稳信源**；若每个随机变量 X_i（$i=1,2,\cdots,N$）的取值为连续的，则该信源为**连续平稳信源**。比如，若某信源输出的语音信号 $\{X(t)\}$ 为平稳随机过程，$\{X(t)\}$ 在时间上离散化后可表示为随机向量 $\boldsymbol{X}=(X_1,X_2,\cdots,X_N)$，每个样值 X_i（$i=1,2,\cdots,N$）的取值都是连续的，则该信源为连续平稳信源。

根据不同时刻符号间的相关性，信源又分为**无记忆信源**和**有记忆信源**。若信源先后发出的一个个符号彼此之间是统计独立的，则该信源为无记忆信源。在无记忆信源输出的随机向量 $\boldsymbol{X}=(X_1,X_2,\cdots,X_N)$ 中，各随机变量 X_i（$i=1,2,\cdots,N$）之间是统计独立的，即 N 维随机向量的联合概率分布满足以下条件：

$$P(\boldsymbol{X})=P(X_1,X_2,\cdots,X_N)=P_1(X_1)P_2(X_2)\cdots P_N(X_N) \tag{3-4}$$

如果信源是平稳的，由离散平稳随机序列的统计特性可知，各随机变量 X_i（$i=1,2,\cdots,N$）的一维概率分布都相同，即 $P_1(X_1)=P_2(X_2)=\cdots=P_N(X_N)=P(X)$，则有

$$P(\boldsymbol{X})=\prod_{i=1}^{N}P(X_i) \tag{3-5}$$

若信源在不同时刻发出的符号之间是相互依赖的，则该信源为有记忆信源。例如，若信源输出的是一段文字，则前后文字的出现应该是有关联的，不能认为是彼此不相关的。对于有记忆信源，需要在 N 维随机向量的联合概率分布中引入条件概率，来表明随机向量中元素之间的相关性。有记忆信源的输出可建模为马尔可夫随机过程，即假设信源的输出只与最近的几个符号相关，而与更前面的符号无关。

3.2 离散信源的信息熵

首先研究最基本的单符号离散信源。单符号离散信源的数学模型为式（3-1）和式（3-2）。这样的信源能输出多少信息？每个消息又包含多少信息呢？下面来讨论这些问题。

通信信源发出的信号往往被建模为随机变量或随机向量。而消息所包含的信息量和事件发生的概率有关。事件发生的概率越小，消息所含的信息量就越大。令 $P(a_i)$ 表示事件 a_i 发生的概率，则该事件所包含的信息量为

$$I(a_i)=\log_2\frac{1}{P(a_i)} \tag{3-6}$$

其中，$I(a_i)$ 被称为自信息，它有两种含义：事件 a_i 发生以前，表示事件 a_i 发生的不确定性；事件 a_i 发生以后，表示事件 a_i 所包含的信息量。自信息采用的单位取决于对数所选取的底。式（3-6）中的对数以 2 为底，则自信息采用的单位为 bit。

自信息量是指某一信源发出某一消息所包含的信息量。发出的消息不同，所包含的信息

量就不同，所以自信息 $I(a_i)$ 是一个随机变量，不能用它作为整个信源的信息测度。将自信息的数学期望定义为信源的**平均自信息量**，即

$$H(X)=E\left[\log_2\frac{1}{P(a_i)}\right]=-\sum_{i=1}^{q}P(a_i)\log_2 P(a_i) \tag{3-7}$$

其中，$H(X)$ 为信源 X 的信息熵。信源的信息熵是从平均意义上表征信源的总体信息测度的一个量。信源 X 的信息熵 $H(X)$ 可以表示信源输出后，每个消息（或符号）提供的平均信息量；也可以表示信源输出前，信源的平均不确定性。

令 $\boldsymbol{P}=(p_1,p_2,\cdots,p_q)$ 表示信源概率空间中的概率向量。信源 X 的信息熵 $H(X)$ 为 $\boldsymbol{P}$ 的函数，可表示为 $H(X)=H(\boldsymbol{P})=H(p_1,p_2,\cdots,p_q)$。信源的信息熵具有下列性质。

1）确定性

在概率向量 $\boldsymbol{P}=(p_1,p_2,\cdots,p_q)$ 中，当某分量 $p_i=1$（$i=1,2,\cdots,q$）时，$H(X)=0$。这个性质意味着，当信源是一个确知信源时，其信息熵等于 0。

2）非负性

$$H(\boldsymbol{P})\geqslant 0 \tag{3-8}$$

这个性质说明消息所包含的信息量不可能为负数。

3）可加性

统计独立信源 X 和 Y 的联合熵满足可加性，即

$$H(XY)=H(X)+H(Y) \tag{3-9}$$

式中，$H(Y)$ 为信源 Y 的信息熵。

4）强可加性

两个互相关联的信源 X 和 Y 的联合熵满足强可加性，即

$$H(XY)=H(X)+H(Y|X) \tag{3-10}$$

其中，$H(Y|X)$ 为条件熵。

5）最大离散熵定理

$$H(P)=H(p_1,p_2,\cdots,p_q)\leqslant H(1/q,1/q,\cdots,1/q)=\log_2 q \tag{3-11}$$

这个性质表明，对于具有 q 个符号的离散信源，只有在 q 个信源符号等概率出现的情况下，离散信源的信息熵才能达到最大值。这也表明，等概率分布信源的平均不确定性最大。

3.3 离散平稳信源的信息熵

根据不同时刻符号间的相关性，可将离散平稳信源分为离散平稳无记忆信源和离散平稳有记忆信源。下面介绍这两种信源的信息熵。

3.3.1 离散平稳无记忆信源的信息熵

首先，我们来研究离散平稳无记忆信源，此信源输出的消息序列是平稳随机序列，并且

符号之间是统计独立的。因此，离散平稳无记忆信源的数学模型与最简单的离散信源的数学模型基本相同，也用$[X,P(x)]$概率空间来描述，所不同的只是离散平稳无记忆信源输出的消息是一个符号序列（用随机向量来描述），并且随机向量的联合概率分布等于随机向量中各个随机变量的概率乘积。

如果有一个离散平稳无记忆信源X，其样本空间为$\{a_1,a_2,\cdots,a_q\}$，它的输出信息序列可以用一组长度为N的序列来表示，那么它就被等效成了一个新信源。新信源输出的符号是长度为N的消息序列，用N维离散随机向量来描述，写作$\boldsymbol{X}=(X_1,X_2,\cdots,X_N)$，其中每个分量$X_i$（$i=1,2,\cdots,N$）都是有$q$种可能取值的随机变量，并且分量之间统计独立。由这个随机向量$\boldsymbol{X}$组成的新信源被称为离散平稳无记忆信源X的N次扩展信源。离散平稳无记忆信源X的N次扩展信源被表示为X^N。

设一个离散平稳无记忆信源的概率空间为式（3-1），则信源X的N次扩展信源X^N是具有q^N个符号序列的离散信源，即

$$\begin{bmatrix} X^N \\ P(\alpha_i) \end{bmatrix} = \begin{bmatrix} \alpha_1 & \alpha_2 & \cdots & \alpha_{q^N} \\ P(\alpha_1) & P(\alpha_2) & \cdots & P(\alpha_{q^N}) \end{bmatrix} \tag{3-12}$$

式中，每个符号α_i都对应一个长度为N的序列。若$\alpha_i=(\alpha_{i_1},\alpha_{i_2},\cdots,\alpha_{i_N})$，则$P(\alpha_i)=P(\alpha_{i_1})P(\alpha_{i_2})\cdots P(\alpha_{i_N})$，并且$0\leqslant P(\alpha_i)\leqslant 1$，$\sum_{i=1}^{q^N}P(\alpha_i)=1$。

根据信息熵的定义，N次扩展信源X^N的信息熵为

$$H(X^N)=-\sum_{i=1}^{q^N}P(\alpha_i)\log_2 P(\alpha_i) \tag{3-13}$$

利用$P(\alpha_i)=P(\alpha_{i_1})P(\alpha_{i_2})\cdots P(\alpha_{i_N})$，可以证明$H(X^N)$等于离散信源$X$的信息熵的$N$倍，即

$$H(X^N)=NH(X) \tag{3-14}$$

例 3-1 有一个离散平稳无记忆信源，其概率空间为

$$\begin{bmatrix} X \\ P(x) \end{bmatrix} = \begin{bmatrix} a_1 & a_2 & a_3 \\ \dfrac{1}{2} & \dfrac{1}{4} & \dfrac{1}{4} \end{bmatrix}$$

求这个离散平稳无记忆信源的二次扩展信源，二次扩展信源的每个符号是信源X的输出长度为2的符号序列。因为信源X共有3个不同的符号，所以X的二次扩展信源包含9个符号序列，即

$$\begin{bmatrix} X^2 \\ P(x) \end{bmatrix} = \begin{bmatrix} a_1a_1 & a_1a_2 & a_1a_3 & a_2a_1 & a_2a_2 & a_2a_3 & a_3a_1 & a_3a_2 & a_3a_3 \\ 1/4 & 1/8 & 1/8 & 1/8 & 1/16 & 1/16 & 1/8 & 1/16 & 1/16 \end{bmatrix}$$

利用上述概率分布表中的概率分布，可以证明$H(X^2)=2H(X)$。

3.3.2 离散平稳有记忆信源的信息熵

当信源输出序列的符号之间有依赖性时，式（3-14）不再成立。接下来，考虑最简单的二

维离散平稳有记忆信源。二维离散平稳有记忆信源只有一维和二维联合 PDF 满足严平稳随机过程的要求，因此二维离散平稳有记忆信源并不一定是严平稳信源。设有一个二维离散平稳有记忆信源，其概率空间如式（3-1）所示。再设连续的两个信源符号 a_i、a_j 出现的联合概率分布为 $P(a_i a_j)$（$i,j=1,2,\cdots,q$）。它满足以下条件：

$$\begin{gathered} 0 \leqslant P\left(a_i a_j\right) \leqslant 1 \\ \sum_{i=1}^{q}\sum_{j=1}^{q} P\left(a_i a_j\right)=1 \end{gathered} \tag{3-15}$$

由于两个信源符号不独立，因此可计算已知 a_i 符号出现后，紧跟着 a_j 符号出现的条件概率，即

$$P\left(a_j \mid a_i\right)=\frac{P\left(a_i a_j\right)}{P\left(a_i\right)}, \quad i,j=1,2,\cdots,q \tag{3-16}$$

条件概率满足条件：$0 \leqslant P\left(a_j \mid a_i\right) \leqslant 1$，$\sum_{j=1}^{q} P\left(a_j \mid a_i\right)=1$，$\forall i$。

令 $X=X_1 X_2$ 表示二维离散平稳有记忆信源输出的长度为 2 的符号序列。由于该信源是二维平稳信源，所以符号序列的分布和时间无关。符号序列的联合概率分布可以表示为

$$\begin{bmatrix} X_1 X_2 \\ P\left(x_1 x_2\right) \end{bmatrix}=\begin{bmatrix} a_1 a_1, a_1 a_2, \cdots, a_{q-1} a_q, a_q a_q \\ P\left(a_i a_j\right)=P\left(a_j \mid a_i\right) P\left(a_i\right) \end{bmatrix} \tag{3-17}$$

且有 $\sum_{i=1}^{q}\sum_{j=1}^{q} P\left(a_i a_j\right)=1$ 。

根据信息熵的定义，可求得 X_1、X_2 的**联合熵**，即

$$H\left(X_1 X_2\right)=-\sum_{i=1}^{q}\sum_{j=1}^{q} P\left(a_i a_j\right) \log_2 P\left(a_i a_j\right) \tag{3-18}$$

联合熵描述的是信源输出的长度为 2 的序列所包含的平均信息量。因此，可用 $H\left(X_1 X_2\right)/2$ 作为二维离散平稳有记忆信源 X 的单符号信息熵的近似值。对于 N 维离散平稳有记忆信源，单符号的信息熵等于 $H\left(X^N\right)/N$，这个值不等于利用式（3-7）算出的 $H(X)$，即对 N 维离散平稳有记忆信源而言，式（3-14）不再成立。

由于 X_1 和 X_2 相互关联，因此其条件熵的定义式为

$$H\left(X_2 \mid X_1\right)=-\sum_{i=1}^{q}\sum_{j=1}^{q} P\left(a_i a_j\right) \log_2 P\left(a_j \mid a_i\right) \tag{3-19}$$

联合熵 $H\left(X_1 X_2\right)$ 和条件熵 $H\left(X_2 \mid X_1\right)$ 满足式（3-10）所示的强可加性。

例 3-2　某一个二维离散平稳有记忆信源的概率空间为

$$\begin{bmatrix} X \\ P(x) \end{bmatrix}=\begin{bmatrix} 0 & 1 & 2 \\ \dfrac{11}{36} & \dfrac{4}{9} & \dfrac{1}{4} \end{bmatrix}$$

相邻符号的联合概率分布 $P(a_i a_j)$ 如表 3-1 所示。

根据概率关系，可计算条件概率 $P\left(a_j \mid a_i\right)$，把计算结果列成表 3-2。

表 3-1 相邻符号的联合概率分布 $P(a_i a_j)$

a_j	a_i		
	0	1	2
0	$\frac{1}{4}$	$\frac{1}{18}$	0
1	$\frac{1}{18}$	$\frac{1}{3}$	$\frac{1}{18}$
2	0	$\frac{1}{18}$	$\frac{7}{36}$

表 3-2 条件概率 $P\left(a_j \mid a_i\right)$

a_j	a_i		
	0	1	2
0	$\frac{9}{11}$	$\frac{1}{8}$	0
1	$\frac{2}{11}$	$\frac{3}{4}$	$\frac{2}{9}$
2	0	$\frac{1}{8}$	$\frac{7}{9}$

当信源符号之间无依赖性时，二维离散平衡有记忆信源 X 的信息熵为

$$H(X)=-\sum_{i=1}^{3} P\left(a_i\right) \log_2 P\left(a_i\right)=1.542 \text{（bit/符号）}$$

当信源符号之间有依赖性时，X_1 和 X_2 的条件熵为

$$H\left(X_2 \mid X_1\right)=-\sum_{i=1}^{3} \sum_{j=1}^{3} P\left(a_i a_j\right) \log_2 P\left(a_j \mid a_i\right)=0.870 \text{（bit/符号）}$$

而 X_1、X_2 的联合熵为

$$H\left(X_1 X_2\right)=-\sum_{i=1}^{3} \sum_{j=1}^{3} P\left(a_i a_j\right) \log_2 P\left(a_i a_j\right)=2.410 \text{（bit/两个符号）}$$

以上 3 个公式验证了 $H\left(X_1 X_2\right)<H\left(X_1\right)+H\left(X_2 \mid X_1\right)$。

信源的条件熵比信源符号之间无依赖性时的信息熵 $H(X)$ 少了 0.672bit，这正是信源符号之间有依赖性所造成的结果。联合熵 $H\left(X_1 X_2\right)$ 表示平均每两个信源符号所携带的信息量。再结合熵的可加性原理，可知 $H\left(X_1 X_2\right) \leqslant H(X_1)+H(X_2)=2H(X)$。我们用 $\frac{1}{2} H\left(X_1 X_2\right)$ 作为二维离散平稳有记忆信源 X 的信息熵的近似值。那么，平均每个信源符号携带的信息量近似为 $H_2(X)=\frac{1}{2} H\left(X_1 X_2\right)=1.205$（bit/符号），可见 $H_2(X)<H(X)$。但二维离散平稳有记忆信源 X 的信息熵不等于 $H_2(X)$，此值只能作为 X 的信息熵的近似值。这是因为 $H_2(X)$ 只考虑了两个符号间的相关性，但在离散平稳有记忆信源中，符号间的相关性是可延伸到无穷的。除了用 $H_2(X)$，还可用条件熵 $H\left(X_2 \mid X_1\right)$ 作为二维离散平稳有记忆信源 X 的信息熵的近似值。这是因为条件熵正好描述了前后两个符号有依赖性时的平均不确定大小。

由于符号的相互依赖关系往往不仅存在于相邻的两个符号之间，而且存在于更多的符号之间，因此为了计算离散平稳信源的信息熵，将长度为 N 的信息符号序列中平均每个信源符号所携带的信息量定义为

$$H_N(X)=\frac{1}{N} H\left(X_1 X_2 \cdots X_N\right) \tag{3-20}$$

此值被称为平均符号熵。

在已知前面$(N-1)$个符号时，后面出现的 1 个符号所携带的平均信息量为条件熵

$$H\left(X_N \mid X_1X_2\cdots X_{N-1}\right)=-\sum_{i_1,i_2,\cdots,i_N} P\left(a_{i_1}a_{i_2}\cdots a_{i_N}\right)\log_2 P\left(a_{i_N} \mid a_{i_1}a_{i_2}\cdots a_{i_{N-1}}\right) \tag{3-21}$$

当$H_1\left(X\right)<\infty$时，离散平稳有记忆信源具有以下性质。

（1）条件熵$H\left(X_N \mid X_1X_2\cdots X_{N-1}\right)$和平均符号熵$H_N\left(X\right)$不随着$N$的增大而递增。

（2）N给定时，$H_N\left(X\right)\geqslant H\left(X_N \mid X_1X_2\cdots X_N\right)$。

（3）$H_\infty(X)=\lim\limits_{N\to\infty}H_N\left(X\right)$存在，并且

$$H_\infty(X)=\lim_{N\to\infty}H_N\left(X\right)=\lim_{N\to\infty}H\left(X_N \mid X_1X_2\cdots X_{N-1}\right) \tag{3-22}$$

式中，$H_\infty(X)$为离散平稳有记忆信源的极限熵。

3.4 离散马尔可夫信源的极限熵

3.3.2 节中研究了离散平稳有记忆信源的信息熵。有些信源虽然是非平稳信源，但在其输出的符号序列中，符号之间的依赖关系是有限的，即任何时刻信源符号产生的概率都只与前面已经输出的若干符号有关，而与这些符号前面输出的符号无关，此类信源被称为马尔可夫信源。若信源的输出为离散值，则此类信源被称为离散马尔可夫信源。离散马尔可夫信源可用马尔可夫链来描述。

设离散马尔可夫信源所处的状态$S\in\left\{E_1,E_2,\cdots,E_J\right\}$。在每种状态下，可能输出的符号$X\in A=\left\{a_1,a_2,\cdots,a_q\right\}$，并认为在每一时刻，信源输出一个符号后，它所处的状态将发生转移。

离散马尔可夫信源输出的符号序列和信源所处的状态满足下列两个条件。

（1）某一时刻信源符号的输出只与此刻信源所处的状态有关，而与以前的输出符号无关，即

$$\begin{aligned}&P\left(x_l=a_k \mid s_l=E_i,x_{l-1}=a_{k_1},s_{l-1}=E_j,x_{l-2}=a_{k_2},\cdots\right)\\&=P\left(x_l=a_k \mid s_l=E_i\right)\ (k=1,2,\cdots,q,\ i=1,2,\cdots,J)\end{aligned} \tag{3-23}$$

其中，x_l和s_l分别表示时刻l的信源输出符号和信源状态。当离散马尔可夫信源具有时齐性时，有

$$P\left(x_l=a_k \mid s_l=E_i\right)=P\left(a_k \mid E_i\right)\text{及}\sum_{a_k\in A}P\left(a_k \mid E_i\right)=1 \tag{3-24}$$

（2）信源在时刻l所处的状态由当前的输出符号和时刻$l-1$信源的状态唯一决定。

一些常见的离散马尔可夫信源可能所处的状态E_i $(i=1,2,\cdots,J)$与符号序列有关。例如m阶有记忆离散信源，它在时刻l，符号发生的概率只与前面m个符号有关，可以把这m个符号的序列看作信源在此刻所处的状态。若信源符号集共有q个符号，则信源可以有q^m个不同的状态，它们分别对应q^m个长度为m的、不同的符号序列。这时，信源输出的长度为$m+1$的随机符号序列就可转换成对应的状态随机序列，而这个状态随机序列符合马尔可夫链的性质，因此m阶有记忆离散信源可用马尔可夫链来描述。

一般情况下，状态转移概率和已知状态输出符号的概率均与时刻l有关。若这些概率与时刻l无关，则该马尔可夫链被称为时齐马尔可夫链。若信源处于某一状态E_i，则它在输出

一个符号后，所处的状态将发生变化。由于状态的转移依赖于输出的信源符号，因此在条件概率 $P(a_k \mid E_i)$ 给定的条件下，可求得状态的一步转移概率 $P(E_j \mid E_i)$。

例 3-3 有一个二元二阶离散马尔可夫信源，其信源符号集为{0,1}，条件概率为

$$P(0|00)=P(1|11)=0.8$$
$$P(1|00)=P(0|11)=0.2$$
$$P(0|01)=P(0|10)=P(1|01)=P(1|10)=0.5$$

可见，此信源在任何时刻输出什么符号都只与前两个符号有关，与更前面的符号无关。因此，此信源有 $q^m=2^2=4$ 种可能的状态，即 00、01、10、11，分别用 E_1、E_2、E_3、E_4 表示。如果原来的状态为 00，则此刻只可能发出符号 0 或 1，下一时刻将转移到 00 或 01 状态。由于处在 00 状态时发出符号 0 的概率为 0.8，所以从 00 状态转回 00 状态的概率为 0.8；而处在 00 状态时发出符号 1 的概率为 0.2，所以从 00 状态转移到 01 状态的概率为 0.2。根据给定的条件概率，可以求得状态之间的转移概率（一步转移概率），即

$$\begin{aligned}P(E_1 \mid E_1)&=P(E_4 \mid E_4)=0.8\\P(E_2 \mid E_1)&=P(E_3 \mid E_4)=0.2\\P(E_3 \mid E_2)=P(E_2 \mid E_3)&=P(E_4 \mid E_2)=P(E_1 \mid E_3)=0.5\end{aligned} \tag{3-25}$$

除此之外，其他的状态转移概率都为 0。由此可见，状态转移概率的大小取决于给定的条件概率。

有了上述关于离散马尔可夫信源的定义和描述，就可以讨论一般离散马尔可夫信源的极限熵了。根据式（3-22）中极限熵的定义，m 阶离散马尔可夫信源的极限熵的计算公式如下：

$$\begin{aligned}H\left(X_N \middle| X_1X_2\cdots X_{N-1}\right)&=-\sum_{i_1=1}^{q}\sum_{i_2=1}^{n}\cdots\sum_{i_N=1}^{q}P\left(a_{i_1}a_{i_2}\cdots a_{i_N}\right)\log_2 P\left(a_{i_N}\middle|a_{i_1}a_{i_2}\cdots a_{i_{N-1}}\right)\\&=-\sum_{i_N=1}^{q}\sum_{j=1}^{q^m}P(E_j)P(a_{i_N}\middle|E_j)\log_2 P(a_{i_N}\middle|E_j)\end{aligned} \tag{3-26}$$

$P(E_j)$ 是时齐、遍历马尔可夫链的状态稳态概率，满足以下条件：

$$\sum_{j=1}^{q^m}P(E_j)P(E_i \mid E_j)=P(E_i)，\quad i=1,2,\cdots,q^m \tag{3-27}$$

$$\sum_{i=1}^{q^m}P(E_i)=1 \tag{3-28}$$

一般离散马尔可夫信源的状态极限概率与初始状态概率分布有关。而时齐、遍历的离散马尔可夫信源在状态转移步数（N）足够大以后，状态的极限概率分布存在，并且它已与初始状态概率分布无关。这意味着时齐、遍历的离散马尔可夫信源在经过足够长时间之后，每种状态出现的概率达到一种稳定分布，这种稳定分布由式（3-27）和式（3-28）决定。

时齐、遍历的 m 阶离散马尔可夫信源并非是记忆长度为 m 的离散平稳信源。只有在 N 足够大以后，信源所处的状态链达到稳定状态，并且由 m 个符号组成的各种状态达到一种稳定分布，才可将时齐、遍历的 m 阶离散马尔可夫信源作为记忆长度为 m 的离散平稳信源。

下面举例说明离散马尔可夫信源的极限熵的计算过程。

例 3-4（续例 3-3）　在例 3-3 中，我们得到了状态之间的转移概率，根据式（3-27）和式（3-28），可进一步计算状态概率：

$$\begin{cases} P(E_1)=0.8P(E_1)+0.5P(E_3) \\ P(E_2)=0.2P(E_1)+0.5P(E_3) \\ P(E_3)=0.5P(E_2)+0.2P(E_4) \\ P(E_4)=0.8P(E_4)+0.5P(E_2) \\ P(E_1)+P(E_2)+P(E_3)+P(E_4)=1 \end{cases} \tag{3-29}$$

求出

$$P(E_1)=P(E_4)=\frac{5}{14}，P(E_2)=P(E_3)=\frac{1}{7}$$

由式（3-26）得到的信源的极限熵为

$$\begin{aligned} H_\infty(X) &= -\sum_{i=1}^{4}P(E_i)H(X\mid E_i) \\ &= \frac{5}{14}H(0.8,0.2)+\frac{1}{7}H(0.5,0.5)+\frac{1}{7}H(0.5,0.5)+\frac{5}{14}H(0.8,0.2) \\ &\approx 0.8\text{bit/符号} \end{aligned} \tag{3-30}$$

3.5　连续信源的差熵

3.2～3.4 节中研究了各种离散信源的熵。本节中将研究连续信源的差熵。若信源的输出是时间的连续函数，并且在任意时刻的样值连续，则信源的输出可以用随机过程 $\{x(t)\}$ 来描述。

对于确知的模拟信号（连续信号），可以通过抽样和量化的方法，将连续信号变成数字信号（时间和取值都是离散的）。根据时域的抽样定理，如果某一时间连续函数 $f(t)$ 的频带受限（上限频率为 F），$f(t)$ 完全可以由间隔 $\varDelta \leqslant \frac{1}{2F}$ 的一系列瞬时样值确定。如果 $f(t)$ 在时间上又受限（时间间隔为 T），则在 T 间隔内得到 $2FT$ 个样值，即 $f\left(\frac{1}{2F}\right),f\left(\frac{2}{2F}\right),\cdots,f(T)$。可见，频率限于 F、时间限于 T 的任何连续函数都可由 $2FT$ 个样值来描述（采样间隔 $\varDelta=\frac{1}{2F}$）。

对随机过程来说，只要是带限的，它的每个样本函数便可进行同样的抽样处理。每个样本函数都可以用一系列时刻 $t=\frac{n}{2F}$ 上的样值 $x\left(\frac{n}{2F}\right)$ 来表征（n 为采样点数），样值 $x\left(\frac{n}{2F}\right)$ 是一个随机变量。如果随机过程的持续时间为 T，则 $x(t)$ 可以转化为 $2FT$ 个有限维的随机序列。所以，可以通过抽样，把随机过程变换成时间离散的随机序列 $\boldsymbol{X}=(X_1,X_2,\cdots,X_N)$，其中每个样值都是连续随机变量。

在时间离散的随机序列中，每个随机变量 $x\left(\frac{n}{2F}\right)$ 都是连续随机变量（取值是连续的），可以通过量化，使它成为取值可数的离散随机变量。抽样加量化使随机过程转化为在时间和取值上都离散的随机序列。

量化必然带来量化噪声，引起信息损失。若时间 T 是有限的，则抽样会造成波形失真，使信息损失。因此，在允许一定误差或失真的条件下，随机波形信源可用抽样、量化后的离散信源来处理。

3.5.1 单维连续信源的差熵

这里讨论输出为单个连续变量的信源的信息测度。**基本连续信源**的输出是取值连续的单个随机变量。基本连续信源的数学模型为式（3-3）。若对连续信源的输出进行量化处理，并令量化级数趋于无穷大，则可利用计算离散信源的信息熵的方法，算出连续信源的信息熵：

$$H(X)=-\int_{\mathbf{R}}p(x)\log_2 p(x)\mathrm{d}x-\lim_{\Delta\to 0}\log_2\Delta \tag{3-31}$$

一般情况下，上式的第一项是定值。当 $\Delta\to 0$ 时，上式的第二项是趋于无穷大的常数。所以，避开第二项，将**连续信源的差熵**定义为

$$h(X)\triangleq-\int_{\mathbf{R}}p(x)\log_2 p(x)\mathrm{d}x \tag{3-32}$$

由式（3-32）可知，所定义的连续信源的差熵并不是实际信源输出的绝对熵。这一点是可以理解的，因为连续信源的可能取值有无限多个，若设取值等概率分布，则信源的不确定性为无穷大。由此，$h(X)$不能代表连续信源输出的信息量。将连续信源的差熵定义为式（3-32）的意义在于，在实际问题中常常讨论的是熵之间差值的问题，如平均互信息。在讨论两熵之差时，这两个无穷大项将互相抵消掉。因此，在任何涉及两熵之差的问题中，与式（3-32）相关的连续信源都具有信息的特性。由此可见，连续信源的差熵 $h(X)$ 具有相对性。

同理，可以定义两个连续变量 X、Y 的联合熵和条件熵，即

$$h(XY)=-\iint_{\mathbf{R}}p(xy)\log_2 p(xy)\mathrm{d}x\mathrm{d}y \tag{3-33}$$

$$h(Y|X)=-\iint_{\mathbf{R}}p(x)p(y|x)\log_2 p(y|x)\mathrm{d}x\mathrm{d}y \tag{3-34}$$

现在利用式（3-32）来计算两种常见的特殊单维连续信源的差熵。

1）单维均匀分布连续信源的差熵

当一维连续随机变量 X 在 $[a,b]$ 区间内均匀分布时，其 PDF 的表达式为

$$p(x)=\begin{cases}1/(b-a), & x\in[a,b]\\ 0, & \text{其他}\end{cases} \tag{3-35}$$

将式（3-35）代入式（3-32），算出的差熵为

$$h(X)=\log_2(b-a)\ \text{（bit/自由度）} \tag{3-36}$$

2）单维高斯连续信源的差熵

基本高斯信源是指信源输出的一维随机变量 X 的概率密度分布是正态分布，即

$$p(x)=\frac{1}{\sqrt{2\pi\sigma^2}}\exp\left(-\frac{(x-m)^2}{2\sigma^2}\right) \tag{3-37}$$

单维高斯连续信源的差熵为

$$h(X)=-\int_{-\infty}^{\infty}p(x)\log_2 p(x)\mathrm{d}x=\frac{1}{2}\log_2 2\pi e\sigma^2 \tag{3-38}$$

可见，正态分布的连续信源的差熵与一维随机变量 X 的数学期望（均值）m 无关，只与其方差 σ^2 有关。当均值 $m=0$ 时，方差 σ^2 就等于信源输出的平均功率 P。由式（3-38）可得

$$h(X)=\frac{1}{2}\log_2 2\pi eP \tag{3-39}$$

3.5.2 多维连续信源的差熵

假定信源的输出为平稳的随机过程 $\{x(t)\}$。它可以通过抽样获得取值连续的无穷维随机序列 $X_1,X_2,\cdots,X_N$。对于限频（带宽不大于 F）、限时（时间不大于 T）的平稳随机过程，可以近似地用有限维（$N=2FT$）的平稳随机序列来表示。这样，一个频带和时间有限的波形信源就可转化成多维连续平稳信源来处理。

令信源输出的随机序列为 $\boldsymbol{X}=(X_1,X_2,\cdots,X_N)$，$X_i$（$i=1,2,\cdots,N$）都是取值连续的随机变量。$\boldsymbol{X}$ 的 N 维 PDF 的表达式为 $p(\boldsymbol{x})=p(x_1,x_2,\cdots,x_N)$。$\boldsymbol{X}$ 的 N 维联合差熵为

$$h(\boldsymbol{X})=h(X_1,X_2,\cdots,X_N)=-\oint_{\mathbf{R}}p(\boldsymbol{x})\log_2 p(\boldsymbol{x})\mathrm{d}\boldsymbol{x} \tag{3-40}$$

式中，$\mathbf{R}$ 表示随机向量 $\boldsymbol{x}$ 的取值范围。若样值统计独立，即 $p(\boldsymbol{x})=\prod_i p(x_i)$，则式（3-40）可简化为

$$h(\boldsymbol{X})=\sum_{i=1}^{N}h(X_i) \tag{3-41}$$

$\boldsymbol{X}$ 的 N 维条件差熵为

$$\begin{aligned}&h(Y_1,Y_2,\cdots,Y_N\mid X_1,X_2,\cdots,X_N)\\&=-\int_{\mathbf{R}}\cdots\int_{\mathbf{R}}p(x_1,x_2,\cdots,x_N,y_1,y_2,\cdots,y_N)\log_2 p(y_1,y_2,\cdots,y_N|x_1,x_2,\cdots,x_{N-1})\\&\mathrm{d}x_1\mathrm{d}x_2\cdots\mathrm{d}x_N\mathrm{d}y_1\mathrm{d}y_2\cdots\mathrm{d}y_N\end{aligned} \tag{3-42}$$

当各符号对 $\{(X_i,Y_i)\}_{i=1}^{N}$ 间相互独立时，$\boldsymbol{X}$ 的 N 维条件差熵满足如下关系：

$$h(Y_1,Y_2,\cdots,Y_N\mid X_1,X_2,\cdots,X_N)=\sum_{i=1}^{N}h(Y_i|X_i) \tag{3-43}$$

若各符号对的条件差熵相同，则

$$h(Y_1,Y_2,\cdots,Y_N\mid X_1,X_2,\cdots,X_N)=Nh(Y_i|X_i) \tag{3-44}$$

现在利用式（3-40）来计算两种常见的特殊多维连续信源的差熵。

1）多维均匀分布连续信源的差熵

对于 N 维连续平稳信源，若其输出的 N 维向量 $\boldsymbol{x}=(X_1,X_2,\cdots,X_N)$，其分量分别在 $[a_1,b_1],[a_2,b_2],\cdots,[a_N,b_N]$ 区间内均匀分布，并且不同的 X_i（$i=1,2,\cdots,N$）统计独立，由式（3-41）可求得此 N 维连续平稳信源的差熵，即

$$h(\boldsymbol{x})=\sum_{i=1}^{N}h(\mathrm{X}_i)$$
$$=\log_2\prod_{i=1}^{N}(b_i-a_i)\ \text{(bit/}N\text{个自由度)} \tag{3-45}$$

若变量都在$[a,b]$区间内均匀分布，并且信源的输出为频率限于F、时间限于T的随机过程，则$N=2FT$，式（3-45）可简化为

$$h(\boldsymbol{x})=2FT\log_2(b-a)\ \text{(bit/}N\text{个自由度)} \tag{3-46}$$

在连续信源中，常用到单位时间内信源的差熵——熵率。多维均匀分布连续信源的熵率为

$$h_t(\boldsymbol{x})=\frac{h(\boldsymbol{x})}{T}=2F\log_2(b-a)\ \text{(bit/s)} \tag{3-47}$$

2）多维高斯连续信源的差熵

如果N维连续平稳信源输出的N维连续随机向量$\boldsymbol{x}=(X_1,X_2,\cdots,X_N)$服从正态分布，则称此信源为***N*维高斯信源**。令随机向量$\boldsymbol{x}$的均值为$\boldsymbol{m}$，协方差矩阵为$\boldsymbol{C}$，联合PDF的表达式为式（2-27）。将式（2-27）代入式（3-40），可得N维高斯连续信源的差熵，即

$$h(\boldsymbol{x})=-\oint_{\mathbf{R}}p(\boldsymbol{x})\log_2 p(\boldsymbol{x})\mathrm{d}\boldsymbol{x}$$
$$=\frac{1}{2}\log_2\left[(2\pi\mathrm{e})^N|\boldsymbol{C}|\right] \tag{3-48}$$

如果协方差矩阵$\boldsymbol{C}$的非对角线元素$\mu_{ij}=0$（$i\neq j$），那么各变量X_i（$i=1,2,\cdots,N$）之间一定统计独立。此时，$\boldsymbol{C}$为对角矩阵，并有$|\boldsymbol{C}|=\prod_{i=1}^{N}\sigma_i^2$（$\sigma_i^2$为$X_i$的方差）。所以，$N$维无记忆高斯连续信源的差熵为

$$h(\boldsymbol{X})=\frac{N}{2}\log_2\left[2\pi\mathrm{e}\left(\sigma_1^2\sigma_2^2\cdots\sigma_N^2\right)^{1/N}\right]=\sum_{i=1}^{N}h(X_i) \tag{3-49}$$

3.5.3 连续信源的差熵的性质

与离散信源的信息熵比较，连续信源的差熵具有以下性质。

1. 可加性

对于任意两个相互关联的连续信源X和Y，有

$$h(XY)=h(X)+h(Y|X)=h(Y)+h(X|Y) \tag{3-50}$$

对于类似的离散情况，可以证得

$$h(X|Y)\leqslant h(X) \tag{3-51}$$

当且仅当X与Y统计独立时，式（3-51）中的等式成立，同时得到

$$h(XY)\leqslant h(X)+h(Y) \tag{3-52}$$

2. 可取负值

由于差熵的定义中去掉了一项无穷大的常数项，所以差熵可取负值。由此性质可看出，差熵不能表达连续事物所包含的信息量。

3. 极值性

在不同的约束条件下，信源的最大差熵值也不同。下面分别给出两种常见条件下信源的最大差熵值。

1）峰值功率受限条件下信源的最大差熵值

若某信源输出信号的幅值被限定在$[a,b]$区间内，求信源输出信号的最大差熵值等价于求解如下问题：

$$\begin{aligned}&\max_{p(x)} h(X) = -\int_a^b p(x)\log_2 p(x)\mathrm{d}x \\ &\text{s.t.} \quad \int_a^b p(x)\mathrm{d}x = 1 \\ &\qquad a \leqslant x \leqslant b\end{aligned} \tag{3-53}$$

通过求解式（3-53），可得如下定理。

定理 3.1 若信源输出信号的幅值被限定在$[a,b]$区间内，则当输出信号的概率密度均匀分布时，信源具有最大差熵，其值为$\log_2(b-a)$。

定理 3.1 中的结论可以扩展到 N 维连续信源的差熵。若 N 维随机向量中各分量的取值均受限，即 $X_i \in [a_i, b_i]$，$i = 1,2,\cdots,N$，则只有当各分量 X_i 统计独立且均匀分布时，差熵 $h(\boldsymbol{x})$ 才具有最大值［见式（3-45）］。

2）平均功率受限条件下信源的最大差熵值

若某信源输出信号的平均功率被限定为 P，求信源输出信号的最大差熵值等价于求解如下问题：

$$\begin{aligned}&\max_{p(x)} h(X) = -\int_{-\infty}^{\infty} p(x)\log_2 p(x)\mathrm{d}x \\ &\text{s.t.} \quad \int_{-\infty}^{\infty} p(x)\mathrm{d}x = 1 \\ &\qquad \int_{-\infty}^{\infty} x^2 p(x)\mathrm{d}x \leqslant P\end{aligned} \tag{3-54}$$

通过求解式（3-54），可得如下定理。

定理 3.2 若一个连续信源输出信号的平均功率被限定为 P，则在其输出信号幅值的概率密度分布是高斯分布时，信源有最大差熵，其值为$\frac{1}{2}\log_2 2\pi \mathrm{e}P$。

定理 3.2 中的结论可以扩展到 N 维连续信源的差熵。对 N 维连续平稳信源来说，若其输出的 N 维随机序列的协方差矩阵 $\boldsymbol{C}$ 被限定，则在 N 维随机向量服从正态分布时，信源的差熵最大，也就是 N 维高斯信源的差熵最大，其值为式（3-48）的值。这一结论说明，当连续信源输出信号的平均功率受限时，只有在信号的统计特性与高斯噪声统计特性一样时，才会有最大差熵值。

习题

1．设离散平稳无记忆信源的概率空间为$\begin{bmatrix} X \\ p(x) \end{bmatrix} = \begin{bmatrix} 0 & 1 & 2 & 3 \\ 3/8 & 1/4 & 1/4 & 1/8 \end{bmatrix}$，其发出的消息为（202120130213201123 0）。

（1）此消息的自信息量是多少？

（2）在此消息中，平均每个符号携带的信息量是多少？

2．为了使电视图像获得良好的清晰度和规定的对比度，每帧图像需要用5×10^5个像素，每个像素有 10 种不同的亮度电平，设每秒传送 30 帧图像，并且所有亮度电平等概率出现。求传递此电视信号所需的信息率（单位为 bit/s）。

3．为了传输一个由字母 A、B、C、D 组成的符号集，把每个字母编码成两个二元码脉冲序列，以 00 代表 A，01 代表 B，10 代表 C，11 代表 D。每个二元码的脉冲宽度为 5ms。

（1）当不同字母等概率出现时，计算传输的平均信息速率。

（2）若每个字母出现的概率分别为$P(\text{A}) = 1/5$、$P(\text{B}) = 1/4$、$P(\text{C}) = 1/4$、$P(\text{D}) = 3/10$，试计算传输的平均信息速率。

4．设有一个信源 X，它产生 0,1 序列的消息，在任意时间，不论以前发出过什么符号，均按$P(0) = 0.4$、$P(1) = 0.6$发出符号。

（1）这个信源是否平稳？

（2）试计算$H(X^2)$、$H\left(X_3 \middle| X_1 X_2\right)$、$\lim\limits_{N \to \infty} H_N(X)$。

5．设有一个信源，它在开始时以$P(\text{a}) = 0.6$、$P(\text{b}) = 0.3$、$P(\text{c}) = 0.1$的概率发出X_1。如果X_1为 a，则X_2为 a、b、c 的概率均为 1/3；如果X_1为 b，则X_2为 a、b、c 的概率均为 1/3；如果X_1为 c，则X_2为 a、b 的概率均为 1/2，X_2为 c 的概率为 0。而且后面发出的X_i的概率只与X_{i-1}有关，又有$P\left(X_i \middle| X_{i-1}\right) = P\left(X_2 \middle| X_1\right)$。判断该信源是否为平稳信源，并计算该离散信源的极限熵。

6．一阶离散马尔可夫信源的状态转移图如题图 3-1 所示。信源 X 的符号集为{0,1,2}。

（1）求平稳后信源的概率分布。

（2）求信源 X 的极限熵$H_\infty(X)$。

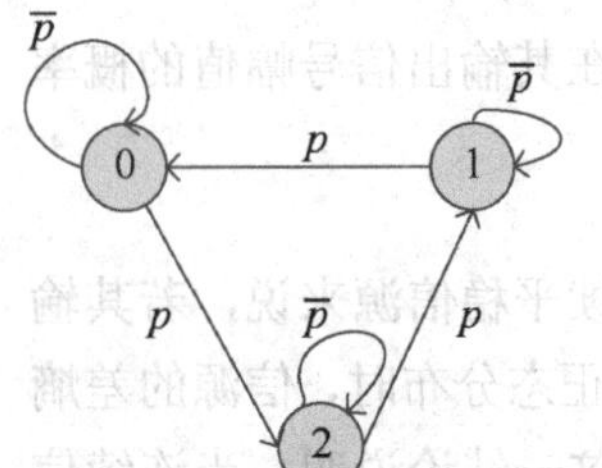

题图 3-1

7．黑白气象传真图的消息只有黑色和白色两种，即信源X={黑,白}，设黑色出现的概率为 0.3，白色出现的概率为 0.7。

（1）假设图上黑白消息出现前后没有关联，求信源 X 的信息熵$H(X)$。

（2）假设图上黑白消息出现前后有关联，其依赖关系为$P\left(\text{白} \middle| \text{白}\right) = 0.9$、$P\left(\text{黑} \middle| \text{白}\right) = 0.1$、$P\left(\text{白} \middle| \text{黑}\right) = 0.2$、$P\left(\text{黑} \middle| \text{黑}\right) = 0.8$，求此一阶离散马尔可夫信源的极限熵。

8．计算下述函数中连续变量 x 的差熵。

（1）指数 PDF：$p(x) = \lambda \mathrm{e}^{-\lambda x}$。

（2）拉普拉斯 PDF：$p(x)=\frac{1}{2}\lambda e^{-\lambda|x|}$。

9．设给定两随机变量 X_1、X_2，它们的联合 PDF 的表达式为

$$p(x_1x_2)=\frac{1}{2\pi}e^{-(x_1^2+x_2^2)/2},\quad -\infty<x_1,x_2<\infty$$

求随机变量 $Y=X_1+X_2$ 的 PDF，并计算 Y 的差熵 $h(Y)$。

10．连续随机变量 X 和 Y 的联合 PDF 的表达式为

$$p(xy)=\begin{cases}\frac{1}{\pi r^2}, & x^2+y^2\leqslant r^2\\ 0, & \text{其他}\end{cases}$$

计算 $h(x)$、$h(y)$、$h(xy)$、$I(x,y)$。

第 4 章　无失真信源编码的定理及方法

信源产生的数据中通常包含很多冗余数据。以一本 200 万字的中文百科书为例，每个汉字以 2B 计算，该书的数据量大约为 4MB。但如果采用后面介绍的哈夫曼编码方法，则可以将大约 2MB 的冗余数据找出来并压缩掉，从而节省大约 2MB 的存储空间。由于数据中存在大量冗余，因此说数据是可以被压缩的。在不同的数据信息中存在不同的冗余，例如，在图像中存在空间冗余，在视频或语音中存在时间冗余，在文本中存在信息熵冗余。在保证一定质量的前提下，尽可能地除去这些冗余是信源编码的目的。信源编码的主要性能指标是编码效率和失真度。本章主要介绍失真度为 0 的无失真信源编码的定理及方法。

4.1　无失真信源编码器

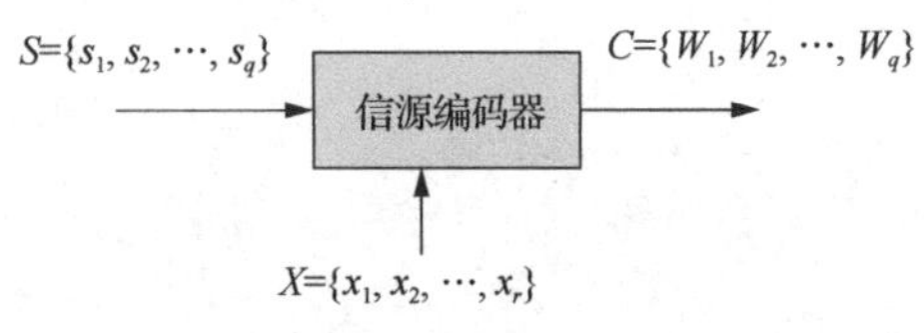

图 4-1　无失真信源编码器

无失真信源编码器如图 4-1 所示。

信源编码实质上是对信源的原始符号按一定的数学规则进行的一种变换。当研究信源编码时，将信道编解码看成是信道的一部分，只考虑信源编解码对信息传输的影响。图 4-1 中信源编码器的输入是信源符号集 $S=\{s_1,s_2,\cdots,s_q\}$ 中的元素。同时存在一个码符号集 $X=\{x_1,x_2,\cdots,x_r\}$，x_j（$j=1,2,\cdots,r$）被称为**码符号或码元，码符号集又称码元集**。编码器可以将信源符号集 S 中的符号 s_i 或长度为 N 的信源符号序列 α_i 变换成由 x_j（$j=1,2,\cdots,r$）组成的长度为 l_i 的序列，即

$$s_i \to W_i,\ \ i=1,2,\cdots,q$$

或

$$\alpha_i \to W_i,\ \ i=1,2,\cdots,q^N$$

其中，W_i 为由码元构成的**码字。码字中包含的码元的个数为码长**。这些码字的集合 C 被称为**码**。可见，编码就是从信源符号到码元的一种映射。若要实现无失真编码，这种映射必须是一一对应的、可逆的。

下面给出一些码的定义，并举例说明。

1）二元码

若码元集为 X={0,1}，所得码字都是二元序列，则这样的码被称为二元码。二元码是数字通信和计算机系统中最常用的一种码。

2）等长码（或固定长度码）

若一组码中所有码字的长度都相同，则这样的码被称为**等长码**。

3）变长码

若一组码中所有码字的长度各不相同，则这样的码被称为**变长码**。

4）非奇异码

若一组码中所有码字的长度都不相同，即所有信源符号映射到不同的码元序列

$$s_i \neq s_j \Rightarrow W_i \neq W_j, \ s_i, s_j \in S, \ W_i, W_j \in C$$

则称码 C 为**非奇异码**。

5）奇异码

若一组码中有相同的码字，即

$$s_i \neq s_j \Rightarrow W_i = W_j, \ s_i, s_j \in S, \ W_i, W_j \in C$$

则称码 C 为**奇异码**。

6）唯一可译码

若码的任意一串有限长的码元序列只能被唯一地译成所对应的信源符号序列，则此码被称为**唯一可译码**。

若要编的码是唯一可译码，则不但要求编码时将不同的信源符号变换成不同的码字，而且要求任意有限长的信源符号序列所对应的码元序列各不相同，即要求码的任意 N 次（有限次）扩展码都是非奇异码。只有任意有限长的信源符号序列所对应的码元序列各不相同，才能把该码元序列唯一地分割成一个个对应的信源符号，从而实现唯一地译码。所以，若某码的任意 N 次（有限次）扩展码都是非奇异码，则该码为唯一可译码。

下面分别讨论等长码和变长码的最佳编码问题，也就是使平均每个信源符号对应的码长最小的编码方法。

4.2　等长信源编码定理

若要实现无失真编码，所编的码必须是唯一可译码。对等长码来说，若等长码是非奇异码，则它的任意 N 次（有限次）扩展码一定也是非奇异码。因此，等长非奇异码一定是唯一可译码。在表 4-1 中，码 2 显然不是唯一可译码。因为信源符号 s_2 和 s_4 都对应同一码字 11，在接收到码元 11 后，既可将其译成 s_2，又可将其译成 s_4，所以不能唯一地译码。而码 1 是等长非奇异码，因此它是一个唯一可译码。

表 4-1　信源符号的等长码

信源符号	码 1	码 2
s_1	00	00
s_2	01	11
s_3	10	10
s_4	11	11

若对信源 S 进行等长编码，则必须满足以下条件：

$$q \leqslant r^l \tag{4-1}$$

式中，q是信源中的符号数；l是等长码的码长；r 是码元集中的码元个数。例如，在表 4-1 中，信源S共有q=4 个信源符号，现进行二元等长编码，其中码元个数为r=2。由式（4-1）可知，信源S存在唯一可译等长码的条件是码长l必须大于或等于 2。

对信源S的N次扩展信源进行等长编码。可以设信源$S=\{s_1,s_2,\cdots,s_q\}$中有q个符号，那么它的N次扩展信源$S^N=\{\alpha_1,\alpha_2,\cdots,\alpha_{q^N}\}$中共有$q^N$个符号，其中$\alpha_i$（$i=1,2,\cdots,q^N$）是长度为$N$的信源符号序列。还可以设码元集$X=\{x_1,x_2,\cdots,x_r\}$。现在需要把这些长度为$N$的信源符号序列$\alpha_i$（$i=1,2,\cdots,q^N$）变换成长度为$l$的码元序列$W_i$。根据前面的分析，若要求编得的等长码是唯一可译码，则必须满足以下条件：

$$q^N \leqslant r^l \tag{4-2}$$

对式（4-2）两边取对数，可得

$$\frac{l}{N} \geqslant \frac{\log_2 q}{\log_2 r} \tag{4-3}$$

式中，$\dfrac{l}{N}$是平均每个信源符号所需要的码元个数。请问，$\dfrac{\log_2 q}{\log_2 r}$是实现无失真编码的最小码长吗？

在前面介绍的等长编码中，采用的是对每个符号单独进行编码的方法。在编码过程中，没有考虑信源符号出现的概率，以及信源符号之间的依赖关系。如果考虑信源符号出现的概率，那么在等长编码过程中，平均每个信源符号所需的码长可以进一步减小。现通过下面一个特例来解释为什么平均每个信源符号所需的码长可以进一步减小。

某一个信源满足以下条件：

$$\begin{bmatrix} S \\ P(s) \end{bmatrix} = \begin{bmatrix} s_1 & s_2 & s_3 & s_4 \\ P(s_1) & P(s_2) & P(s_3) & P(s_4) \end{bmatrix},\quad \sum_{i=1}^{4} P(s_i)=1 \tag{4-4}$$

而其符号之间的依赖关系为$P(s_2\,|\,s_1)=P(s_1\,|\,s_2)=P(s_4\,|\,s_3)=P(s_3\,|\,s_4)=1$。此信源有 q=4 个信源符号，若不考虑符号之间的依赖关系，则进行等长二元编码时，码长l=2；若考虑符号之间的依赖关系，则此特殊信源的二次扩展信源满足以下条件：

$$\begin{bmatrix} S^2 \\ P(s_i s_j) \end{bmatrix} = \begin{bmatrix} s_1 s_2 & s_2 s_1 & s_3 s_4 & s_4 s_3 \\ P(s_1 s_2) & P(s_2 s_1) & P(s_3 s_4) & P(s_4 s_3) \end{bmatrix},\quad \sum_{i=1}^{4}\sum_{j=1}^{4} P(s_i s_j)=1$$

由上述依赖关系可知，除$P(s_1s_2)$、$P(s_2s_1)$、$P(s_3s_4)$和$P(s_4s_3)$不等于 0 外，其余s_is_j出现的概率皆为 0。所以，二次扩展信源S^2由$4^2=16$个符号缩减到只有 4 个符号。此时，对二次扩展信源S^2进行等长编码，所需码长为l'=2。但平均每个信源符号所需码元个数为$\dfrac{l'}{N}=1<2$。由此可见，如果考虑信源符号之间的依赖关系，有些信源符号序列就不会出现，这样会使信源符号序列的个数减少，再进行编码时，所需的平均码长就可以减小。

例如，英文电报有 32 个符号（26 个英文字母加上 6 个字符），即q=32。若对信源S的每个符号进行独立二元编码（$r=2$），则码长$l \geqslant \dfrac{\log_2 q}{\log_2 r}=\log_2 32=5$。也就是说，每个英文电报符号至少要用 5 位二元符号编码才行。而在考虑了英文字母之间的依赖关系后，每个英文电报所需的码长可以小于 5。英文字母之间有很强的关联性，当字母组合成不同的英文字母序列时，并不是所有的字母组合都是有意义的单字；当再把单字组合成更长的字母序列时，也不是任意的单字组合都是有意义的句子。所以，在考虑了这种关联性后，在长度（N）足够大的英文字母序列中，就有许多无用和无意义的序列。也就是说，这些信源符号序列出现的概率可以任意小。那么，当我们对长度为 N 的英文字母序列进行编码时，对于那些无用的字母组合、无意义的句子，都可以不进行编码。相当于在 N 次扩展信源中去掉一些字母序列，使扩展信源中的符号总数小于 q^N，这样平均每个信源符号所需的码元个数就可以大大减少，从而使传输效率提高。当然，这会引入一定的误差。但是，在 N 足够大后，这种误差出现的概率可以任意小，即可做到几乎无失真地编码。香农的等长信源编码定理给出了对信源进行等长编码所需码长的理论极限值。

定理 4.1（等长信源编码定理）　设有一个信息熵为 $H(S)$的离散无记忆信源，若对信源长度为 N 的符号序列进行等长编码，设码字是由从 r 个字母的码元集中选取的 l 个码元组成的，则对于任意 $\varepsilon>0$，只要满足条件

$$\frac{l}{N} \geqslant \frac{H(S)+\varepsilon}{\log_2 r} \tag{4-5}$$

当 N 足够大时，就可实现几乎无失真地编码，即译码错误概率可以任意小。反之，若

$$\frac{l}{N} < \frac{H(S)-2\varepsilon}{\log_2 r} \tag{4-6}$$

则不可能实现无失真编码，当 N 足够大时，译码错误概率近似等于 1。

离散无记忆信源的 N 次扩展信源可以分成互补的两类：ε 典型序列集和非典型序列集。当 N 足够大时，ε 典型序列集中的序列个数约为 $2^{N[H(S)+\varepsilon]}$，ε 典型序列集出现的概率接近 1。虽然非典型序列集中包含的元素较多，但非典型序列出现的概率随着 N 的增大而趋于 0。因此，只对 ε 典型序列集中的信源符号序列进行编码，而将非典型序列集中的信源符号序列舍弃。这样，所需的平均码长可以减小，而所引起的错误概率却很小。

定理 4.1 是在信源为离散平稳无记忆信源的条件下论证的。但它同样适合于离散平稳有记忆信源。对于离散平稳有记忆信源，式（4-5）中的 $H(S)$应改为极限熵 $H_\infty(S)$，即

$$\frac{l}{N} \geqslant \frac{H_\infty(S)+\varepsilon}{\log_2 r} \tag{4-7}$$

当进行二元编码（r=2）时，式（4-5）和式（4-7）分别变为

$$\frac{l}{N} \geqslant H(S)+\varepsilon \tag{4-8}$$

$$\frac{l}{N} \geqslant H_\infty(S)+\varepsilon \tag{4-9}$$

可见，定理 4.1 给出了进行等长编码时平均每个信源符号所需的二元码元的理论极限值，该极限值由信源的熵 $H(S)$ 或 $H_\infty(S)$ 决定。

将式（4-5）移项可得

$$\frac{l}{N}\log_2 r \geqslant H(S)+\varepsilon \tag{4-10}$$

令 $R'=\frac{l}{N}\log_2 r$，它是编码后平均每个信源符号所对应的码字能承载的最大信息量。可见，编码后，只有在码字能承载的最大信息量大于信源的信息熵时，才能实现几乎无失真地编码。为了衡量各种实际等长编码方法的编码效果，定义

$$\eta = \frac{H(S)}{R'} \tag{4-11}$$

为编码效率。

一般在已知信源的信息熵的条件下，信源符号序列长度（N）与最佳编码效率和允许错误概率有关系。当非典型序列出现时，会发生译码错误。当允许错误概率小于δ时，信源符号序列长度（N）必须满足以下条件：

$$N \geqslant \frac{D[I(s_i)]}{H^2(S)} \frac{\eta^2}{(1-\eta)^2 \delta} \tag{4-12}$$

式中，$D\left[I\left(s_i\right)\right]$表示信源自信息的方差。

式（4-12）给出了在已知信源自信息的方差和信源的信息熵的条件下，信源符号序列长度（N）与最佳编码效率和允许错误概率的关系。显然，若要求的允许错误概率越小，编码效率越高，则N必须越大。然而N越大，实际应用系统的编解码器的复杂性和延时性将大大提升。在实际情况下，要实现几乎无失真地等长编码，N需要大到难以实现的程度，下面进行举例说明。

例 4-1 有一个离散无记忆信源S，其概率空间为

$$\begin{bmatrix} S \\ P(s) \end{bmatrix} = \begin{bmatrix} s_1 & s_2 \\ \dfrac{3}{4} & \dfrac{1}{4} \end{bmatrix}$$

该信源的信息熵为

$$H(S) = \frac{1}{4}\log_2 4 + \frac{3}{4}\log_2 \frac{4}{3} \approx 0.811 \text{（bit/信源符号）} \tag{4-13}$$

该信源自信息的方差为

$$\begin{aligned} D[I(s_i)] &= \sum_{i=1}^{2} P(s_i)[\log_2 P(s_i)]^2 - [H(S)]^2 \\ &\approx \frac{3}{4}\left(\log_2 \frac{3}{4}\right)^2 + \frac{1}{4}\left(\log_2 \frac{1}{4}\right)^2 - 0.811^2 \approx 0.4715 \end{aligned} \tag{4-14}$$

若对信源S进行等长二元编码，要求编码效率$\eta = 0.96$，允许错误概率$\delta \leqslant 10^{-5}$，则根据式（4-12），求得

$$N \geqslant \frac{0.4715}{0.811^2} \times \frac{0.96^2}{0.04^2 \times 10^{-5}} \approx 4.13 \times 10^7 \tag{4-15}$$

即信源符号序列长度（N）需达到 4130 万，才能达到给定的要求，这在实际中是很难做到的。因此，一般来说，高传输效率的等长码往往要引入一定的失真和错误，它不能像变长码那样，可以实现无失真编码。

4.3 变长信源编码定理

本节讨论对信源进行变长编码的问题。往往在信源符号序列长度（N）不很大时，就可编出效率很高且无失真的码。

同样，变长码也必须是唯一可译码，才能实现无失真编码。对于变长码，要满足唯一可译性，不但码本身必须是非奇异的，其任意 N 次（有限次）扩展码也都必须是非奇异的。所以，唯一可译变长码的任意 N 次（有限次）扩展码都是非奇异码。

先观察表 4-2 中的各个码。

表 4-2　信源符号的码字

信源符号 s_i	符号出现的概率 $P(s_i)$	码 1	码 2	码 3	码 4
s_1	1/2	0	0	1	1
s_2	1/4	11	10	10	01
s_3	1/8	00	00	100	001
s_4	1/8	11	01	1000	0001

在表 4-2 中，码 1 和码 2 都不是唯一可译码。比如，对码 2 而言，s_1s_1 和 s_3 对应的码字相同，因此码 2 不是唯一可译码。码 3 和码 4 都是唯一可译码，这是因为它们本身是非奇异码，它们的 N 次（有限次）扩展码也都是非奇异码。虽然码 3 和码 4 都是唯一可译码，但它们还有不同之处。比较码 3 和码 4，会发现，在码 4 中，每个码字都以符号 1 为终端。这样，在接收码元序列的过程中，只要一出现符号 1，就知道一个码字终结了，新的码字就要开始，所以在出现符号 1 后，可立即将接收到的码元序列译成对应的信源符号。而码 3 的情况则不同，对于这类码，在收到一个或几个码元后，不能即时判断码字是否终结，必须在收到下一个或几个码元后，做出判断。因此，不能即时对码 3 进行译码。

定义 4.1　在唯一可译变长码中，有这样一类码，在译码时无须参考后续的码元就能立即对其做出判断，并将其译成对应的信源符号，这类码被称为即时码。

表 4-2 中的码 4 就是一种即时码。某码为即时码的充要条件是没有任何完整的码字是其他码字的前缀。事实上，如果没有一个码字是其他码字的前缀，则在译码过程中，当收到一个完整码字的码元序列时，能直接把它译成对应的信源符号，无须等待下一个符号到达后才进行判断，这类码就是即时码。即时码是唯一可译码的一类子码，所以即时码一定是唯一可译码。反之，唯一可译码不一定是即时码。这是因为有些非即时码具有唯一可译性，但不满足前缀条件（如码 3）。

从高效率传输信息的观点来考虑，人们希望变长码的平均码长尽可能小。某一个信源满足以下条件：

$$\begin{bmatrix} S \\ P(s) \end{bmatrix} = \begin{bmatrix} s_1 & s_2 & \cdots & s_q \\ P(s_1) & P(s_2) & \cdots & P(s_q) \end{bmatrix}, \quad \sum_{i=1}^{q} P(s_i) = 1, \quad P(s_i) \geqslant 0$$

编码后的码字为 $W_1, W_2, \cdots, W_q$，其码长分别为 $l_1, l_2, \cdots, l_q$，则这个码的平均码长为

$$\overline{L} = \sum_{i=1}^{q} P(s_i)\, l_i \tag{4-16}$$

对某一信源和某一码元集来说，若有一个唯一可译码，其平均码长 $\overline{L}$ 小于其他唯一可译码的平均码长，则该码被称为紧致码或最佳码。无失真信源编码的主要目的就是要找最佳码。定理 4.2 给出了对单符号进行编码时平均码长 $\overline{L}$ 可能达到的理论极限值。

定理 4.2　若一个离散无记忆信源 S 具有信息熵为 $H(S)$、码元个数为 r 的码元集

$$X = \{x_1, x_2, \cdots, x_r\}$$

则总可找到一种无失真编码方法来构成唯一可译码，并且其平均码长满足以下条件：

$$\frac{H(S)}{\log_2 r} \leqslant \overline{L} < 1 + \frac{H(S)}{\log_2 r} \tag{4-17}$$

定理 4.2 说明，在对单符号进行编码时，码的平均码长 $\overline{L}$ 不能小于极限值 $\frac{H(S)}{\log_2 r}$，否则唯一可译码不存在。定理 4.3 进一步说明了构造平均码长等于 $\frac{H(S)}{\log_2 r}$ 的编码方法。

定理 4.3（无失真变长信源编码定理，香农第一定理） 离散无记忆信源 S 的 N 次扩展信源 $S^N = \left\{\alpha_1, \alpha_2, \cdots, \alpha_{q^N}\right\}$，其信息熵为 $H(S^N)$，码元集 $X = \{x_1, x_2, \cdots, x_r\}$。对信源 S^N 进行编码，总可以找到一种编码方法来构成唯一可译码，使信源 S 中每个信源符号所需的平均码长 $\overline{L}_N$ 满足以下条件：

$$\frac{H(S)}{\log_2 r} + \frac{1}{N} > \frac{\overline{L}_N}{N} \geqslant \frac{H(S)}{\log_2 r} \tag{4-18}$$

当 $N \to \infty$ 时，可得到

$$\lim_{N \to \infty} \frac{\overline{L}_N}{N} = H_r(S) \tag{4-19}$$

式中，$\overline{L}_N$ 是无记忆扩展信源 S^N 中每个符号 α_i（$i = 1, 2, \cdots, q^N$）的平均码长；$\frac{\overline{L}_N}{N}$ 是信源 S 中每个单符号所需的平均码长。

由定理 4.3 可以看出，对符号序列进行变长编码可以使单符号的平均码长达到理论极限值。对于平稳有记忆信源，平均码长的极限值为 $\frac{H_\infty(S)}{\log_2 r}$。

设对信源 S 进行编码所得到的平均码长为 $\overline{L}$，编码效率 η 为平均码长的极限值与平均码长 $\overline{L}$ 之比，即

$$\eta = \frac{H(S)}{\overline{L} \log_2 r} \tag{4-20}$$

或

$$\eta = \frac{H_\infty(S)}{\overline{L} \log_2 r} \tag{4-21}$$

例 4-2 有一个离散无记忆信源 S，其概率空间为

$$\begin{bmatrix} S \\ P(s) \end{bmatrix} = \begin{bmatrix} s_1 & s_2 \\ p_1 = 3/4 & p_2 = 1/4 \end{bmatrix}$$

信息熵为

$$H(S) = \frac{1}{4}\log_2 4 + \frac{3}{4}\log_2 \frac{4}{3} \approx 0.811 \text{（bit/信源符号）} \tag{4-22}$$

现在，用二元码元 0、1 构造一个即时码 $s_1 \to 0$，$s_2 \to 1$。这时，平均码长为

$$\overline{L} = 1 \text{（二元码元/信源符号）}$$

编码效率为

$$\eta = \frac{H(S)}{\overline{L}} \approx 0.811$$

为了提高传输效率，根据香农第一定理的概念，可以对无记忆信源 S 的二次扩展信源 S^2 进行编码。

下面给出二次扩展信源 S^2 的概率分布及某一个即时码，如表 4-3 所示。

表 4-3　二次扩展信源 S^2 的概率分布及某一个即时码

α_i	$P(\alpha_i)$	即时码
s_1s_1	9/16	0
s_1s_2	3/16	10
s_2s_1	3/16	110
s_2s_2	1/16	111

这个码的平均码长为

$$\overline{L}_2=\frac{9}{16}\times 1+\frac{3}{16}\times 2+\frac{3}{16}\times 3+\frac{1}{16}\times 3=\frac{27}{16}\text{（二元码元/两个信源符号）}$$

二次扩展信源 S^2 中单符号的平均码长为

$$\overline{L}=\frac{\overline{L}_2}{2}=\frac{27}{32}\text{（二元码元/信源符号）}$$

编码效率为

$$\eta_2 \approx \frac{32\times 0.811}{27} \approx 0.961$$

将此例与例 4-1 相比较：对于同一信源，若要求编码效率达到 0.96，变长码只需对长度为 2 的序列进行编码，而等长码则要求 $N>4.13\times 10^7$。很明显，在用变长码进行编码时，N 不需要很大，就可以达到相当高的编码效率，而且可实现无失真编码。

4.4　无失真信源编码的方法

4.4.1　哈夫曼编码

香农第一定理指出了平均码长和信息熵的关系，同时指出了可以通过信源编码使平均码长达到极限值。但是，怎样构造出这种平均码长达到极限值的码呢？香农提出了一种使平均码长达到极限值的编码方法，即**香农编码方法**。

香农编码方法所选择的每个码长 l_i 满足以下条件：

$$l_i=\left\lceil \log_2 \frac{1}{P(s_i)} \right\rceil,\quad i=1,2,\cdots,q \tag{4-23}$$

按照这个码长 l_i，用树图法就可以编出相应的一组码——即时码。按照香农编码方法编出来的码，其平均码长 $\overline{L}$ 的取值范围为 $H_r(s)\leqslant \overline{L} < H_r(s)+1$。只有当信源符号的概率分布呈 $\left(\frac{1}{r}\right)^{\alpha_i}$（$\alpha_i$ 是正整数）形式时，$\overline{L}$ 才能达到极限值 $H_r(s)$。一般情况下，香农编码方法的 $\overline{L}$ 不是最小，即编出来的不是最佳码。

1952 年，哈夫曼提出一种构造最佳码的方法。它是一种最佳的逐个符号的编码方法。

下面给出二元哈夫曼码的编码方法。它的编码步骤如下。

（1）将 q 个信源符号按概率 $P(s_i)$ 的大小以递减次序排列起来，设

$$P(s_1) \geqslant P(s_2) \geqslant P(s_3) \geqslant \cdots \geqslant P(s_q)$$

（2）用 0 和 1 符号代表概率最小的两个信源符号，并将这两个信源符号合并成一个符号，从而得到只包含$(q-1)$个符号的新信源，即 S 信源的缩减信源 S_1。

（3）对于缩减信源 S_1 的符号，仍按概率的大小以递减次序进行排列，再将概率最小的两个缩减信源的符号合并成一个符号，并用 0 和 1 符号表示，这样就形成了$(q-2)$个符号的缩减信源 S_2。

（4）以此类推，直至信源只剩两个符号为止。将最后这两个信源符号分别用 0 和 1 符号表示。然后从最后一级缩减信源开始，向前返回，就得出各信源符号所对应的码元序列，即得出对应的码字。

现在，通过一个具体的例子来说明这种编码方法。

例 4-3　某一个离散无记忆信源 $S=\{s_1,s_2,s_3,s_4,s_5\}$。它的一种哈夫曼码如表 4-4 所示。

表 4-4　例 4-3 中的哈夫曼码

信源符号	码长	码字	概率	缩减信源		
s_i	l_i	W_i	$P(s_i)$	S_1	S_2	S_3
s_1	1	1	0.4	1　0.4	1　0.4	1　0.6
s_2	2	01	0.2	01　0.2	01　0.4	00　0.4
s_3	3	000	0.2	000　0.2	000　0.2	01
s_4	4	0010	0.1	0010　0.2	001	
s_5	4	0011	0.1	0011		

信源 S 的平均码长为

$$\overline{L}=\sum_{i=1}^{5}P(s_i)l_i=0.4\times1+0.2\times2+0.2\times3+0.1\times4+0.1\times4=2.2\ \text{（bit/信源符号）}$$

信源 S 的信息熵为

$$H(S)=-\sum_{i=1}^{5}P(s_i)\log_2 P(s_i)\approx 2.28\ \text{（bit / 信源符号）}$$

信源 S 的编码效率为

$$\eta=\frac{\overline{L}}{H(S)}\approx 0.965$$

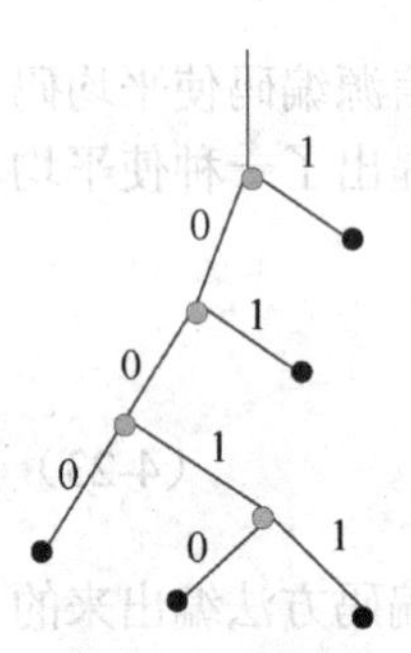

图 4-2　哈夫曼码树

由表 4-4 中的编码过程可以看出，利用哈夫曼编码方法得到的码一定是即时码，因为这种编码方法不会使任一码字为其余码字的前缀。哈夫曼码树如图 4-2 所示。

利用哈夫曼编码方法得到的码并非是唯一的。但它们只是码字的具体形式不同，码长 l_i 和平均码长 $\overline{L}$ 则不变，所以没有本质差别。当缩减信源中缩减合并后的符号的概率与其他符号

的概率相同时，从编码方法上来说，它们的概率排列次序（哪个放在上面，哪个放在下面）是没有区别的，虽然得到的码可能不同，但$\bar{L}$是相同的。

4.4.2 算术编码

算术编码不同于哈夫曼编码，它从符号序列出发，通过考虑符号之间的依赖关系来编码。虽然哈夫曼码是最佳码，但对于有记忆二元信源，只有在对信源的N次扩展信源进行哈夫曼编码时，才能使平均码长接近信源的极限熵。这就需要计算出所有长度为N的信源符号序列的概率分布，并按照哈夫曼编码方法构造码树，过程相当复杂。那么，对于很长的信源符号序列，是否存在简单有效的编码方法呢？答案是存在，即算术编码。

算术编码的基本思路是：先计算信源符号序列的 CDF，使每组符号序列对应 CDF 上不同的区间；再在区间内取一点，将其二进制数的小数点后$l=\left\lceil \log_2 \dfrac{1}{P(s)} \right\rceil$位作为符号序列的码字（$P(s)$为符号序列出现的概率）。

下面举例说明算术编码的具体过程。假设要传输一个消息，消息中各字符出现的概率如下：

$$P(\text{e})=0.3，P(\text{n})=0.3，P(\text{t})=0.2，P(\text{w})=0.1，P(\cdot)=0.1$$

在组成消息的每个字符串的末尾，发送一个已知符号——句号。接收端一旦检测到句号，就认为这是字符串（或消息）的结束。

不同于哈夫曼编码为每个字符提供不同的码字，算术编码为每个字符串提供一个码字。算术编码把 0～1 的数字域分配给所传送消息中的每个字符（包含结束字符），每个区间的长度等于对应字符出现的概率。图 4-3（a）给出了上例中 5 个字符的划分区间。

因为有 5 个字符，所以 0～1 被分成了 5 段，每个区间的长度等于每个字符出现的概率。字符 e 出现的概率是 0.3，因此它被分配到[0,0.3]区间；字符 n 的出现概率也是 0.3，因此它被分配到[0.3,0.6]区间，以此类推。分配结束后，编码过程开始。图 4-3（b）是一个例子，这里假设要编码的字符串是单词 went。

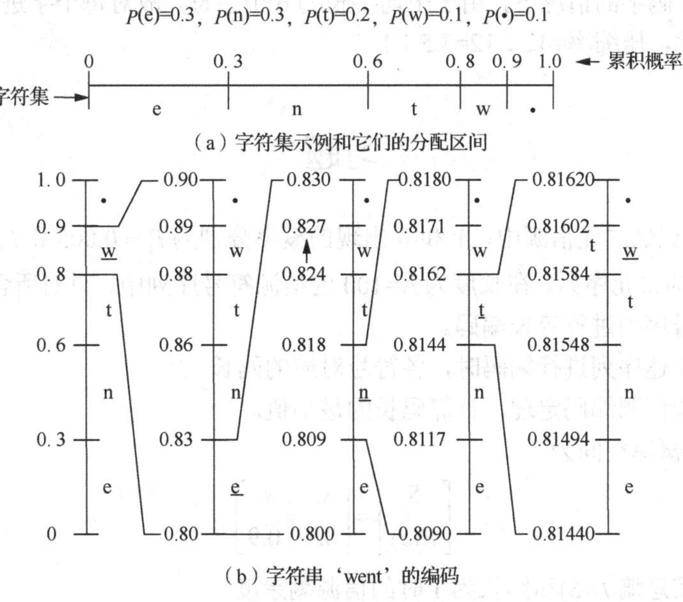

（a）字符集示例和它们的分配区间

（b）字符串‘went’的编码

图 4-3　算术编码的原理

由于 w 是字符串中的第一个字符，所以 0.8～0.9 将被细分为 5 个小段，每个小段的长度仍由每个字符的概率决定。字符串'we'出现的概率为 0.03，'we' 就被分配给[0.80,0.83]区间；字符串 'wn' 出现的概率也为 0.03，'wn' 就被分配给[0.83,0.86]区间，以此类推。

接下来的一个字符是 e。它的[0.80,0.83]区间将被进一步细分为 5 段，在新的分段中，字符串 'wee' 出现的概率是 0.009，它被分配给[0.800,0.809]区间；字符串 'wen' 出现的概率也是 0.009，它被分配给[0.809,0.818]区间，以此类推。这个划分过程会进行到为最后一个字符"•"编码再结束。这时，字符串 'went•' 的区间是[0.81602,0.81620]，所以这个字符串的最终码字是[0.81602,0.81620]区间内的一个数。将 0.8161 作为字符串的编码结果，将其二进制数的小数点后 $l=\left\lceil \log_2 \dfrac{1}{0.00018} \right\rceil=12$ 位作为符号序列的码字。

4.4.3 LZ 编码

LZ（Lempel-Ziv）算法不是针对单个字符，而是针对字符串进行编码的。例如，为进行文本压缩，编码器和解码器中都保持着一张表，该表包含了所有待传送的文本中可能出现的字符串（如字）。当每个字在文本中出现时，编码器不是发送一组独立的码字，而是发送这个字在表中存储位置的索引。解码器一旦收到索引，就会依此来访问表中相应的字或字符串，并重现原来的文本。该表是作为字典来使用的，所以 LZ 算法也被称为基于字典的压缩算法。

大部分字处理程序包都有一个相应的字典，该字典应用于文本压缩。一般情况下，字处理程序包中有 25000 个字，因此对索引进行编码需要 15bit 的码字（可以产生 32768 种组合）。使用该字典，发送"multimedia"这个字仅需 15bit 的码字，而不是 70bit 的 ASCII 码字。采用 LZ 算法，压缩率达到了 4.7∶1。显然，短字压缩率低，长字压缩率高。

例 4-4 对于某文本文件，在其发送前所采用的压缩方法是 LZ 算法压缩。如果平均字长为 6 个字符，所用的字典含 4096 个字，求相对于使用 7bit ASCII 码字的平均压缩率。

解：通常索引为 n bit 的字典所含词条可达 2^n 个，由于 $4096=2^{12}$，所以所需索引长是 12bit。在使用 7bit ASCII 码字的情况下，由于平均字长为 6 个字符，故对每个字进行编码需 42bit 的 ASCII 码字。因此，压缩率=42∶12=3.5∶1

习题

1．在某个无记忆二元信源中，1 和 0 出现的概率分别为 $P_1=0.005$ 和 $P_0=0.995$。信源输出长度为 N=100 的二元序列。在长度为 N=100 的信源符号序列中，只对所含 1 的个数小于或等于 3 的信源符号序列进行等长编码。

（1）计算对上述序列进行编码时，各符号对应的码长。

（2）根据等长信源编码定理，计算码长的最小值。

2．信源 S 的概率空间为

$$\begin{bmatrix} S \\ P(s) \end{bmatrix}=\begin{bmatrix} s_1 & s_2 \\ 0.1 & 0.9 \end{bmatrix}$$

（1）求 S 的信息熵 $H(S)$和码长为 1 时的信源剩余度。

（2）设码元集为{0,1}，请编出 S 的最佳码，并求最佳码的平均码长。

（3）把 S 的 N 次无记忆扩展信源 S^N 编成最佳码，试求出 $N=2,3,\infty$ 时的平均码长。

3. 求概率分布为{1/3,1/5,1/5,2/15,2/15}的信源的二元哈夫曼码，并计算其平均码长及编码效率。

4. 假设气象台报告气象状态有 4 种可能的消息：晴、云、雨、雾。若每种消息的出现是等概率的，则发送每种消息需要的最小二元码长是多少？若 4 种消息出现的概率分别为 1/4、1/8、1/8、1/2，则所需的二元码长为多少？如何编码？

5. 已知二元信源{0, 1}，0 和 1 出现的概率分别为 $P_0=1/8$、$P_1=7/8$，试对序列 111101110 进行算术编码。

6. 一个离散无记忆信源的输出符号集为 $\{a_1,a_2,\cdots,a_6\}$，各输出符号出现的概率分别为 0.7、0.1、0.1、0.05、0.04 和 0.01。

（1）设计一个二进制哈夫曼信源编码，求出其平均码长及编码效率。

（2）有无可能以 1.5bit/信源符号的速率无失真地传输此信源？为什么？

7. 高斯分布信号幅值的最佳 4 电平量化器可以将信号量转化成 4 种电平，4 种电平出现的概率分别为 0.3365、0.3365、0.1635 和 0.1635。

（1）设计一个哈夫曼码，每次对一个电平符号进行编码，计算编码效率。

（2）设计一个哈夫曼码，每次对两个电平符号进行编码，计算编码效率。

（3）一次对 J 个输出电平进行编码，当 $J\to\infty$ 时，计算其平均码长。

8. 某个离散无记忆信源的输出符号集的大小为 7，即有 $\{a_1,a_2,\cdots,a_7\}$，7 个输出符号出现的概率分别为 0.02、0.11、0.07、0.21、0.15、0.19 和 0.25。

（1）确定该离散信源的信息熵。

（2）设计一个哈夫曼码，计算其平均码长。

（3）将信源的输出分成 3 组，即 $x_1=\{a_1,a_2,a_5\}$、$x_2=\{a_3,a_7\}$、$x_3=\{a_4,a_6\}$，从而得到一个新信源，计算新信源 $\{x_1,x_2,x_3\}$ 的信息熵，并对新信源进行哈夫曼编码。

9. 某个无记忆信源的字符集为 $A=\{-5,-3,-1,0,1,3,5\}$，各字符出现的概率分别是 0.05、0.10、0.10、0.15、0.05、0.25 和 0.3。

（1）计算该离散信源的信息熵。

（2）假设信源输出按如下规则量化：(–5,–3)被量化成–4，(–1,0,1)被量化成 0，(3,5)被量化成 4。计算量化后的信源的信息熵。

第5章 保真度准则下的信源编码

由第3章的内容可知，当信源输出为幅值连续的信号时，该连续信源的绝对熵为无穷大。根据无失真信源编码定理，描述信源所需的最少比特数是信源的信息熵。那么，对连续信源来说，需要用无穷多个比特才能完全无失真地描述它。若用有限比特来描述连续信源，则会带来失真。

在实际通信系统中，对语音、图像、视频等媒体信息进行编码时，一般不要求完全无失真地恢复消息，而是在保证一定质量的条件下，近似地再现原来的消息。例如，在传输语音信号时，由于人耳能够识别的带宽和分辨率有限，因此可以把语音信号的高频和低频部分去掉，只传送300～3400Hz的信号。这样虽然会造成一定的失真，但可以满足语音信号的传输要求。

在对连续信源的输出进行编码时，必然要对连续信号进行量化处理。量化比特数决定了信源的编码速率和失真度。下面以单样本的量化为例进行说明。设X是信源输出的连续变量，并且$X \sim \mathcal{N}(0,\sigma^2)$。假定失真度为均方误差（MSE）。若对$X$进行$R$ bit量化处理，则最小失真度为多少？为获得最小失真度，需要寻找2^R个量化值$\hat{X}$使失真度$E\left\{\left|X-\hat{X}\right|^2\right\}$最小。如果$R$=1，为使失真度最小，可以算出

$$\hat{X}=\begin{cases}\sqrt{\dfrac{2}{\pi}}\sigma, & X \geqslant 0\\ -\sqrt{\dfrac{2}{\pi}}\sigma, & X \leqslant 0\end{cases}$$

当R=2时，需要把实轴分成4个区间，并在每个区间内选取一个点作为量化值。但区间的划分和量化值的选取都需要通过更加复杂的计算过程来实现。这里的X和$\hat{X}$分别对应信源编码器的输入信号和信源解码器的输出信号。

如果信源的输出不是单符号，而是由多个符号组成的符号序列，那么根据后面香农第三定理的结论，在相同的信息传输速率下，对整个序列进行量化处理可以比对每个单符号进行量化处理获得更小的失真度。

对连续信源而言，在允许一定失真的条件下，能够把信源压缩到什么程度，即至少需要多少比特才能满足失真度的要求，是本章要讨论的主要问题。

5.1 失真度和平均失真度

5.1.1 失真度

由于本章只涉及信源编码问题，因此把信道编码、信道、信道解码这三部分看成是一个

没有任何干扰的广义信道。这样，在收信者收到消息后，所产生的失真（或误差）只是由信源编码带来的。若对信源输出的信号进行有损压缩，则信源解码后的信号与信源编码器的输入信号间将存在误差。允许失真度越大，信源压缩比就越大，信息传输速率也就越小。所以，信息传输速率与由信源编码引起的失真（或误差）是有关的。

下面研究在给定允许失真度的条件下，是否可以设计一种信源编码，使信息传输速率最小。为此，必须首先讨论失真度。令 u 表示信源 U 的输出符号。若 U 为离散信源，则设 $u \in \{u_1, u_2, \cdots, u_r\}$，其概率分布为 $\boldsymbol{P}(u) = \left[P(u_1), P(u_2), \cdots, P(u_r)\right]$；若 U 为连续信源，则设信源输出信号的 PDF 为 $f(u)$。令 v 表示信源解码器的输出符号，无论 U 是连续信源还是离散信源，v 均为离散变量（在 U 是连续信源的情况下，v 相当于 u 的量化值）。设 $v \in \{v_1, v_2, \cdots, v_s\}$。对于每对 (u, v)，用一个非负函数，即

$$d(u, v_j) \geqslant 0,\ j = 1, 2, \cdots, s \tag{5-1}$$

来表示单符号的失真度。单符号的失真度用来测度信源发出一个符号 u，而它在信源解码后变为符号 v_j 所引起的误差或失真。$d(u, v_j) = 0$ 表示没有失真。

例 5-1　汉明失真。信源输出变量 $u \in \{u_1, u_2, \cdots, u_s\}$，解码后的符号 $v \in \{v_1, v_2, \cdots, v_s\}$。将单符号失真度定义为

$$d(u_i, v_j) = \begin{cases} 0, & u_i = v_j \\ 1, & u_i \neq v_j \end{cases} \tag{5-2}$$

它表示当解码后的符号与发送的信源符号相同时，不存在失真和错误，失真度为 0；当解码后的符号与发送的信源符号不同时，失真度为 1。这种失真被称为汉明失真。离散信源可采用汉明失真作为失真度。

例 5-2　平方误差失真。信源输出变量为连续变量 u，解码后的符号 $v \in \{v_1, v_2, \cdots, v_s\}$。将单符号失真度定义为

$$d(u, v_j) = (v_j - u)^2 \tag{5-3}$$

这种以误差的平方值定义的失真被称为平方误差失真。离散信源和连续信源均可采用平方误差失真作为失真度。

5.1.2 平均失真度

因为信源的输出符号和解码后的符号都是随机变量，所以单符号失真度 $d(u, v)$ 也是随机变量。单符号失真度的平均值被称为平均失真度，将其定义为

$$\bar{D} = E\left[d(u, v)\right] \tag{5-4}$$

平均失真度从平均意义上描述了信源编解码的失真情况。在信源离散的情况下，信源输出变量 $u \in \{u_1, u_2, \cdots, u_r\}$，其概率分布 $\boldsymbol{P}(u) = \left[P(u_1), P(u_2), \cdots, P(u_r)\right]$，信宿 $v \in \{v_1, v_2, \cdots, v_s\}$。若条件概率为 $P(v_j \mid u_i)$，则平均失真度为

$$\bar{D} = \sum_{i=1}^{r} \sum_{j=1}^{s} P(u_i) P(v_j \mid u_i) d(u_i, v_j) \tag{5-5}$$

当信源为连续信源时，信源输出变量 u 的取值范围为实数域 $\mathbf{R}$，概率密度为 $p(u)$，输出

$v\in\{v_1,v_2,\cdots,v_s\}$。设$u\in U_j$（$U_j$表示第$j$个量化区间）时解码器的输出为$v_j$，则单符号的平均失真度为

$$
\begin{aligned}
D&=\sum_{j=1}^{s}E\left[d(u,v_j)\middle|u\in U_j\right]P\left(u\in U_j\right)\\
&=\sum_{j=1}^{s}\int_{u\in U_j}d(u,v_j)f(u)\mathrm{d}u\\
&=\sum_{j=1}^{s}\int_{u\in U_j}(u-v_j)^2f(u)\mathrm{d}u
\end{aligned}
\tag{5-6}
$$

其中，$f(u)$为u的PDF。从单符号失真度出发，可以得到长度为N的信源符号序列的失真度和平均失真度。设信源输出的符号序列$U=(U_1,U_2,\cdots,U_N)$。在信源离散的情况下，若每个随机变量U_i（$i=1,2,\cdots,N$）取自同一符号集$\{u_1,u_2,\cdots,u_r\}$，则U共有r^N个不同的符号序列α_i（$i=1,2,\cdots,r^N$）。而解码后的符号序列为$V=(V_1,V_2,\cdots,V_N)$，若其中每个随机变量V_j（$j=1,2,\cdots,N$）取自同一符号集$\{v_1,v_2,\cdots,v_s\}$，则V共有s^N个不同的符号序列β_j（$j=1,2,\cdots,s^N$）。设发送的信源符号序列为$\alpha_i=(u_{i_1},u_{i_2},\cdots,u_{i_N})$，而解码后的接收序列为$\beta_j=(v_{j_1},v_{j_2},\cdots,v_{j_N})$，则序列$(\alpha_i,\beta_j)$间的失真度为

$$
d(\alpha_i,\beta_j)=\sum_{l=1}^{N}d(u_{i_l},v_{j_l}),\ i=1,2,\cdots,r^N,\ j=1,2,\cdots,s^N \tag{5-7}
$$

由此可见，信源符号序列的失真度等于序列中对应单符号的失真度之和。对于离散信源，单符号的平均失真度可利用式（5-5）进行计算。根据(α_i,β_j)的概率分布，可以计算N维离散信源符号序列的平均失真度，即

$$
\bar{D}(N)=\sum_{i=1}^{r^N}\sum_{j=1}^{s^N}P(\alpha_i)P(\beta_j\mid\alpha_i)d(\alpha_i,\beta_j) \tag{5-8}
$$

当信源为连续信源时，符号序列U中的每个符号均为取值连续的变量。接收符号序列可能的个数和量化方式相关，若对序列中的每个变量进行R bit量化处理，则接收端的符号序列有2^{RN}种可能性；若直接对序列进行R bit量化处理，则接收端的符号序列有2^R种可能性。序列(α,β_j)间的失真度为

$$
d(\alpha,\beta_j)=\sum_{l=1}^{N}d(u_l,v_{j_l}) \tag{5-9}
$$

根据(α,β_j)的概率分布，可以计算N维连续信源符号序列的平均失真度，即

$$
\begin{aligned}
\bar{D}(N)&=\sum_{j=1}^{s}E\left[d(\alpha,\beta_j)\middle|v=\beta_j\right]P\left(v=\beta_j\right)\\
&=\sum_{j=1}^{s}\int_{\alpha\in U_j}d(\alpha,\beta_j)f(\alpha)\mathrm{d}\alpha
\end{aligned}
\tag{5-10}
$$

其中，$s=2^{RN}$或2^R，$f(\alpha)$为α中符号的联合PDF。以离散信源为例，当该信源是无记忆信源时，$P(\alpha_i)=\prod_{l=1}^{N}P(\alpha_{il})$，$P(\beta_j|\alpha_i)=\prod_{l=1}^{N}P(\beta_{jl}|\alpha_{il})$。将这两个公式代入式（5-8）可以证明，$N$维

离散信源符号序列的平均失真度等于单符号的平均失真度之和，即

$$\bar{D}(N)=\sum_{l=1}^{N}\bar{D}_l \tag{5-11}$$

其中，$\bar{D}_l$表示序列中第l个符号的平均失真度。对于连续信源，上述结论依然成立。如果信源是平稳信源，则序列中各符号的平均失真度相同，即$\bar{D}_l=\bar{D}$，$\bar{D}(N)=N\bar{D}$，并且无记忆平稳信源输出的信源符号序列的平均失真度等于单符号的平均失真度的N倍，也就是说，$\bar{D}(N)=N\bar{D}$。保真度准则指限制单符号或符号序列的平均失真度不大于允许失真度D，即限制$\bar{D}\leqslant D$或$\bar{D}(N)\leqslant ND$。

5.2　率失真函数及其性质

在信源给定且具体定义了失真度以后，我们希望在满足保真度准则$\bar{D}\leqslant D$的情况下，使信源的信息传输速率（R）尽可能地小。从接收端来看，就是在满足保真度准则$\bar{D}\leqslant D$的情况下，寻找恢复信源消息所必须获得的最少平均信息量。而接收端获得的平均信息量可用平均互信息$I(U;V)=H(U)-H(U|V)$来表示。这就变成了在满足保真度准则$\bar{D}\leqslant D$的条件下，寻找平均互信息$I(U;V)$的最小值，最终需要满足以下条件：

$$\begin{aligned}R(D)&=\min_{P(V|U)}\{I(U;V)\}\\ \text{s.t.}\quad&\bar{D}\leqslant D\end{aligned} \tag{5-12}$$

上述优化问题的最优目标函数为信息率失真函数，简称率失真函数，用$R(D)$表示。它的单位是 bit/信源符号。

对于N维信源符号序列，将其率失真函数定义为

$$\begin{aligned}R_N(D)&=\min_{P(V|U)}\{I(U;V)\}\\ \text{s.t.}\quad&\bar{D}(N)\leqslant ND\end{aligned} \tag{5-13}$$

它可以在所有满足失真度$\bar{D}(N)\leqslant ND$的集合中，寻找某种编解码方法，使$I(U;V)$取极小值。在信源为离散无记忆平稳信源的情况下，可证得

$$R_N(D)=NR(D) \tag{5-14}$$

式（5-12）和式（5-13）中的条件概率$P(V|U)$反映的是不同的有损信源编码方法。计算使平均互信息最小的$P(V|U)$，实质上是选择一种编码方法使信息传输速率最小。

$R(D)$是在信源给定的情况下，接收端为恢复满足失真要求的信源信息所必须获得的最少平均信息量。因此，$R(D)$反映了信源可以压缩的程度，是在满足一定失真度要求（$\bar{D}\leqslant D$）的情况下，信源可压缩的码长最小值。$R(D)$是信源特性的参量，与具体的信源编解码方法无关。信源不同，$R(D)$也就不同。研究率失真函数是为了在保证一定失真度的条件下，用尽可能少的码元来传送信源消息，以提高通信的有效性。

率失真函数$R(D)$有以下基本性质。

（1）$R(D)$的定义域为$(0,D_{\max})$。

当允许失真度 D=0 时，信源不允许失真。实现无失真编码的信息传输速率的最小值为信源的信息熵，即 $R(0)=H(U)$。$R(D)$随着 D 的增大而减小，$R(D)$的下限值为 0。当 $R(D)=0$ 时，所对应的平均失真度的最小值就是 $D_{\max}$，此时发送符号 U 和解码后的符号 V 相互独立。因此，有

$$\begin{aligned}D_{\max} &= \sum_{i=1}^{r}\sum_{j=1}^{s}P(u_i)P(v_j|u_i)d(u_i,v_j)=\sum_{i=1}^{r}\sum_{j=1}^{s}P(u_i)P(v_j)d(u_i,v_j)\\ &=\min_{P(v_j)}\sum_{i=1}^{r}\sum_{j=1}^{s}P(u_i)P(v_j)d(u_i,v_j)=\min_{P(v_j)}\sum_{j=1}^{s}P(v_j)\sum_{i=1}^{r}P(u_i)d(u_i,v_j)\\ &=\min_{v}\sum_{i=1}^{r}P(u_i)d(u_i,v)\end{aligned} \tag{5-15}$$

类似地，当信源为连续信源时，有

$$D_{\max}=\inf_{v}\int_{-\infty}^{+\infty}p(u)d(u,v)\mathrm{d}u \tag{5-16}$$

（2）$R(D)$是 D 的 U 形凸函数。

（3）$R(D)$是 D 的连续单调递减函数。

5.3 典型信源的率失真函数

5.3.1 二元对称信源的率失真函数

设二元对称信源 $u\in\{0,1\}$，其概率分布 $P(u)=[\omega,1-\omega]$，$0\leqslant\omega\leqslant\frac{1}{2}$，而接收变量 $v\in\{0,1\}$。考虑汉明失真度，根据失真度的定义，可计算出最大允许平均失真度，即

$$\begin{aligned}D_{\max} &=\min_{V}\sum_{U}P(u)\,d(u,v)\\ &=\min\left[P(0)d(0,0)+P(1)d(1,0);P(0)d(0,1)+P(1)d(1,1)\right]\\ &=\min\left[(1-\omega);\omega\right]=\omega\end{aligned}$$

平均失真度为

$$\bar{D}=\sum_{u,v}P(u,v)\,d(u,v)=P(u=0,v=1)+P(u=1,v=0)=P_{\mathrm{E}}$$

其中，P_{E} 是译码错误概率。这就说明，根据汉明失真度的定义，平均失真度等于译码错误概率。

在满足 $\bar{D}\leqslant D$（$0<D<\omega$）的条件下，二元对称信源的率失真函数为

$$R(D)=\begin{cases}H(\omega)-H(D), & 0\leqslant D\leqslant\omega\\ 0, & D>\omega\end{cases} \tag{5-17}$$

5.3.2 离散对称信源的率失真函数

设 r 元对称信源 $u\in\{u_1,u_2,\cdots,u_r\}$，而且信源符号等概率分布，即 $P(u)=\frac{1}{r}$。信道输出符号为 $v\in\{v_1,v_2,\cdots,v_r\}$。将汉明失真度定义为

$$d\left(u_i, v_j\right)=\begin{cases}1, & i \neq j \\ 0, & i=j\end{cases}$$

根据汉明失真度的定义，平均失真度为

$$\bar{D}=\sum_{u,v} P(u,v) d(u,v)=\sum_{u,v} P(u \neq v)=P_{\mathrm{E}} \tag{5-18}$$

即平均失真度等于译码错误概率。

由 $D_{\max }=\min\limits_{v} \sum\limits_{u} P(u) d(u,v)$ 可得

$$D_{\max }=1-\frac{1}{r}, \quad R\left(D_{\max }\right)=0$$

$$D_{\min }=0, \quad R(0)=H(U)$$

因而 $R(D)$ 的定义域为 $0 \leqslant D \leqslant 1-\dfrac{1}{r}$。

编码器输入信号和解码器输出信号之间的平均互信息为

$$I(u;v)=H(u)-H(u \mid v)=\log_2 r-H(u \mid v) \tag{5-19}$$

根据费诺不等式，有

$$H(u \mid v) \leqslant H\left(P_{\mathrm{E}}\right)+P_{\mathrm{E}} \log_2(r-1)=H(\bar{D})+\bar{D} \log_2(r-1) \tag{5-20}$$

所以

$$I(u;v) \geqslant \log_2 r-H(\bar{D})-\bar{D} \log_2(r-1) \tag{5-21}$$

基于汉明失真度，r 元对称信源的率失真函数为

$$R(D)=\begin{cases}\log_2 r-H(D)-D \log_2(r-1), & 0 \leqslant D \leqslant 1-\dfrac{1}{r} \\ 0, \quad D>1-\dfrac{1}{r}\end{cases} \tag{5-22}$$

5.3.3　高斯信源的率失真函数

设有一个高斯信源 U，输出符号 u 的均值为 m，方差为 σ^2，PDF 为

$$p(u)=\frac{1}{\sqrt{2\pi}\sigma} \mathrm{e}^{-(u-m)^2 / 2\sigma^2}$$

定义该信源的失真函数为平方误差失真函数，即解码后的符号 v 和发送符号 u 之间的失真度为

$$d(u,v)=(u-v)^2 \tag{5-23}$$

因而，平均失真度为

$$\bar{D}=E[d(u,v)]=\iint_{\mathbf{R}} p(u,v)(u-v)^2 \mathrm{d}u \mathrm{d}v \tag{5-24}$$

令 $D(v)=\int_{\mathbf{R}} p(u \mid v)(u-v)^2 \mathrm{d}u$。根据连续信源最大差熵原理，在已知 v 的条件下，条件熵为

$$h(U \mid V=v)=-\int_{-\infty}^{+\infty} p(u \mid v) \log_2 p(u \mid v) \mathrm{d}u \leqslant \frac{1}{2} \log_2 2\pi\mathrm{e} D(v) \tag{5-25}$$

因此

$$h(U|V)=\int_{-\infty}^{+\infty}p(v)h(U|V=v)\mathrm{d}v\leqslant\frac{1}{2}\log_2 2\pi\mathrm{e}+\frac{1}{2}\int_{-\infty}^{+\infty}p(v)\log_2 D(v)\mathrm{d}v$$
$$\leqslant\frac{1}{2}\log_2 2\pi\mathrm{e}+\frac{1}{2}\log_2\int_{-\infty}^{+\infty}p(v)D(v)\mathrm{d}v=\frac{1}{2}\log_2 2\pi\mathrm{e}\bar{D} \tag{5-26}$$

其中，第二个不等式是运用詹森不等式求得的。当$\bar{D}\leqslant D$时，$h(U|V)\leqslant\frac{1}{2}\log_2 2\pi\mathrm{e}D$，而信源$U$是高斯信源，所以$U$的差熵$h(U)=\frac{1}{2}\log_2 2\pi\mathrm{e}\sigma^2$。由此可得$I(U;V)=h(U)-h(U|V)\geqslant\frac{1}{2}\log_2\frac{\sigma^2}{D}$。由$R(D)$的定义可得

$$R(D)\geqslant\frac{1}{2}\log_2\frac{\sigma^2}{D} \tag{5-27}$$

又因$R(D)\geqslant 0$，所以有

$$R(D)\geqslant\max\left(\frac{1}{2}\log_2\frac{\sigma^2}{D},0\right) \tag{5-28}$$

5.4 香农第三定理

定理 5.1（香农第三定理） 设$R(D)$为一个离散无记忆平稳信源的率失真函数，并且有有限的失真测度。对于任何允许失真度$D\geqslant 0$、$\varepsilon>0$、$\delta>0$及任意足够大的码长n，一定存在一种信源编码C，其码长为

$$M=\mathrm{e}^{n[R(D)+\varepsilon]} \tag{5-29}$$

而编码后，码C的平均失真度$d(C)\leqslant D+\delta$。

如果采用二元编码方法，$R(D)$以 bit 为单位，则式（5-29）可表示为

$$M=2^{n[R(D)]+\varepsilon}$$

香农第三定理告诉我们：对于任何允许失真度$D\geqslant 0$，只要码长n足够大，就可以找到一种信源编码C，使编码后平均每个信源符号的信息传输速率为

$$R'=\frac{\log_2 M}{n}=R(D)+\varepsilon \tag{5-30}$$

即

$$R'\geqslant R(D)$$

而码C的平均失真度$d(C)\leqslant D$。

香农第三定理说明，基于允许失真度（D），最小的信息传输速率是$R(D)$。在有损信源编码中，$R(D)$的意义等同于无失真信源编码中信源的信息熵的意义。

定理 5.2（香农第三定理逆定理） 不存在平均失真度不大于D，而编码后平均每个信源符号的信息传输速率$R'<R(D)$的信源码，即对于任意码长为n的信源码C，若码长

$M < 2^{n[R(D)]}$，则一定有 $d(C) > D$。

该定理告诉我们：如果编码后平均每个信源符号的信息传输速率 R' 小于率失真函数 $R(D)$，就不能在保真度准则下恢复信源的消息。

习题

1．有一个四元对称信源 $\begin{bmatrix} x \\ P(x) \end{bmatrix} = \begin{bmatrix} 0 & 1 & 2 & 3 \\ 1/4 & 1/4 & 1/4 & 1/4 \end{bmatrix}$，接收符号为 $y=\{0,1,2,3\}$，其失真矩阵为 $\boldsymbol{D} = \begin{bmatrix} 0 & 1 & 1 & 1 \\ 1 & 0 & 1 & 1 \\ 1 & 1 & 0 & 1 \\ 1 & 1 & 1 & 0 \end{bmatrix}$。求 $D_{\max}$、$D_{\min}$ 和 $R(D)$。

2．有一个信源 $\begin{bmatrix} x \\ P(x) \end{bmatrix} = \begin{bmatrix} x_1 & x_2 \\ 0.5 & 0.5 \end{bmatrix}$，每秒发出 2.66 个信源符号。将此信源的输出符号送入二元无噪无损信道中进行传输，信道每秒能传输 2 个二元符号。将此信源失真度定义为汉明失真，则允许的信源平均失真为多少时，信源产生的消息可以在此信道中传输？

3．可以证明，一个误差失真度的绝对值为 $d(x,\hat{x}) = |x-\hat{x}|$，概率分布为 $p(x) = (2\lambda)^{-1}\mathrm{e}^{-|x|/\lambda}$ 的拉普拉斯信源的率失真函数为

$$R(D) = \begin{cases} \log_2(\lambda/D), & 0 \leqslant D \leqslant \lambda \\ 0, & D > \lambda \end{cases}$$

如果想让平均失真度不超过 $\lambda/2$，那么信源输出的每个样值最少要用多少比特来表示？

4．X 是二进制离散无记忆信源，$P(X=0)=0.4$，在接收端以不超过 0.1 的失真度重建信源，计算信源符号要求的最小码长。

5．X 是均值为 0、方差为 4 的无记忆高斯信源，该信源要以不超过 1.5 的平方误差失真重建。计算信源输出的每个样值最少要用多少比特来表示。

第6章　有损信源编码技术

在数字通信系统中，当信源输出为模拟信号时，首先要将模拟信号数字化，然后再按数字通信方式传输信号。信源编码不仅要实现模拟信号数字化，还要使编码后的速率尽可能小。本章主要介绍 PCM、差分脉冲编码调制（DPCM）及增量调制等针对语音信号的有损信源编码技术。

6.1　PCM

6.1.1　PCM 的基本原理

PCM 这一概念是在 1937 年由法国工程师 Alec Reeres 最早提出来的。1946 年，美国 Bell 实验室研发了第一台 PCM 数字电话终端机。

PCM 是一种将模拟语音信号变换成数字信号的编码方式。PCM 的编码原理和解码原理分别如图 6-1 和图 6-2 所示。

图 6-1　PCM 的编码原理　　　　图 6-2　PCM 的解码原理

PCM 主要包括抽样、量化与编码三个过程。抽样是把连续时间信号转换成离散时间连续幅值的采样信号的过程。量化是把离散时间连续幅值的采样信号转换成离散时间离散幅值的数字信号。编码是使量化后的信号编码形成一个二进制码组输出的过程。在接收端，二进制码组逆变换成重建的模拟信号 $\hat{x}(t)$。在解调过程中，一般采用采样保持电路，所以低通滤波器均采用 $\dfrac{x}{\sin x}$ 型频率响应，以补偿采样保持电路引入的频率失真 $\dfrac{\sin x}{x}$。

在编码器中设置限带滤波器是为了把原始语音信号的频带限制为 300～3400Hz。由于原始语音信号的频带是 40～10000Hz，所以预滤波会引入一定的频带失真。

1. 抽样定理

抽样定理实质上描述的是一个连续时间模拟信号在经过抽样变成离散时间序列后，能否利用离散时间序列样值重建原始模拟信号的问题。下面将对低通抽样定理、带通抽样定理和实际抽样电路进行介绍。

1）低通抽样定理

一个频带被限制在$(0, f_H)$范围内的连续信号 $x(t)$，如果采样频率 $f_s \geqslant 2f_H$，则可以由抽样序列 $\{x(nT_s)\}$（n 为采样点数，T_s 为采样周期）无失真地重建恢复原始信号 $x(t)$。抽样定理告诉我们：如果 $f_s < 2f_H$，则会产生失真，这种失真被称为混叠失真。

设 $x(t)$为低通信号，采样脉冲序列是一个周期性冲激函数$\delta_T(t)$。抽样过程是 $x(t)$与$\delta_T(t)$相乘的过程，即抽样后的信号$x_s(t)=x(t)\delta_T(t)$。由频域卷积定理可知，$x_s(t)$的频谱函数为

$$X_s(\omega)=\frac{1}{2\pi}[X(\omega)*\delta_T(\omega)] \tag{6-1}$$

式中，$X(\omega)$为低通信号的频谱；$\delta_T(\omega)=\frac{2\pi}{T_s}\sum_{n=-\infty}^{\infty}\delta(\omega-n\omega_s)$，$\omega_s$=2π$f_s$。因此，有

$$\begin{aligned}X_s(\omega)&=\frac{1}{T_s}[X(\omega)*\sum_{n=-\infty}^{\infty}\delta(\omega-n\omega_s)]\\&=\frac{1}{T_s}\sum_{n=-\infty}^{\infty}X(\omega-n\omega_s)\end{aligned} \tag{6-2}$$

在$\omega_s\geqslant 2\omega_H$的条件下，周期性频谱无混叠现象，于是在接收端经过截止频率为ω_H的理想低通滤波器后，可无失真地恢复原始信号。如果$\omega_s<2\omega_H$，则频谱间出现混叠现象，此时不可能无失真地重建原始信号。

在解码器中，为从抽样序列中恢复原始信号，使抽样后的信号经过冲激响应为$h(t)$（其频谱函数为$H(\omega)$）的理想低通滤波器，输出信号的频谱为

$$X_{s0}(\omega)=T_sX_s(\omega)H(\omega) \tag{6-3}$$

其中

$$H(\omega)=\begin{cases}1, & |\omega|\leqslant\omega_H\\0, & |\omega|>\omega_H\end{cases}$$

从时域上看，重建信号可以表达为

$$\begin{aligned}\hat{x}(t)&=T_sh(t)*x_s(nT_s)\\&=T_s\left(\frac{\sin\omega_Ht}{\omega_Ht}\right)*\sum_{n=-\infty}^{\infty}x(nT_s)\delta(t-nT_s)\\&=T_s\sum_{n=-\infty}^{\infty}x(nT_s)\frac{\sin\omega_H\left(t-nT_s\right)}{\omega_H\left(t-nT_s\right)}\end{aligned} \tag{6-4}$$

式（6-4）表明：任何一个频带有限的信号$x(t)$都可以展开成以抽样函数$\mathrm{Sa}(x)=\frac{\sin x}{x}$为基本信号的无穷级数，级数中各分量的相应系数就是原始信号在相应抽样时刻的样值。也就是说，任何一个频带有限的连续信号都可以用其样值来表示。

在工程设计中，考虑到信号不会严格带限，以及实际滤波器的特性不理想等因素，通常采样频率选取$(2.5\sim5)f_H$，以避免失真。例如，语音信号带宽通常被限制在 3.3kHz 左右，而采样频率通常为 8kHz。

上述抽样定理是在如下 3 个条件下得到的：①信号严格带限；②抽样用理想冲激序列；③用理想低通滤波器恢复原始信号。但上述 3 个条件在实际系统中没有一个能完全满足，因而会产生各种误差。下面列举两种可能出现的误差。

（1）混叠误差：当信号不严格带限时，采样信号的频谱成分可能出现重叠，这种重叠叫作混叠误差。修正混叠误差的方法是在抽样之前对信号进行滤波处理，使之成为带限信号。

（2）孔径效应：当抽样序列不是理想冲激序列，而是有一定宽度的实际脉冲序列时，抽

样后的信号通过低通滤波器，不能完全恢复原始信号，通常把这种影响称为孔径效应。这种失真（误差）可用均衡电路进行补偿。

低通信号的抽样及恢复如图 6-3 所示。

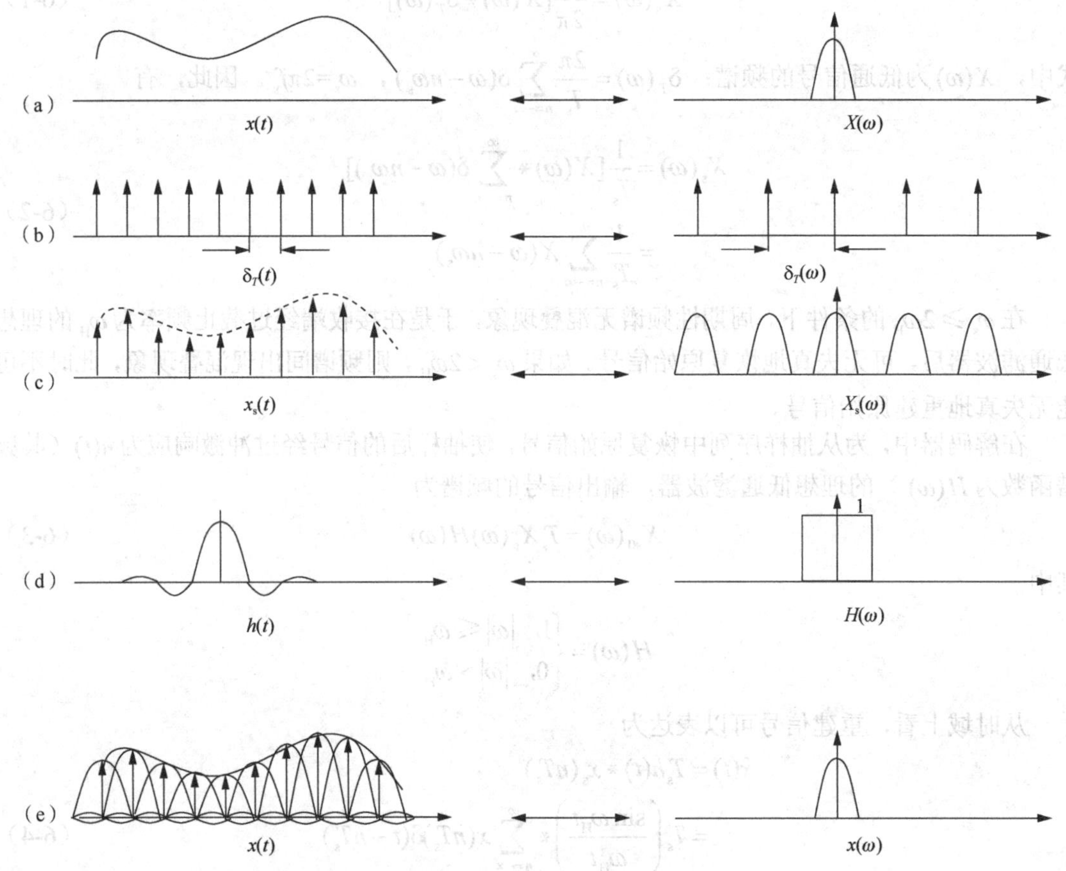

图 6-3　低通信号的抽样及恢复

例 6-1　已知一个数字基带信号 $m(t)=\cos 2\pi t+2\cos 4\pi t$，对其进行抽样。

（1）为了能在接收端不失真地从已采样信号中恢复原始信号，采样间隔应为多少？

（2）若采样间隔为 0.2s，试画出采样信号的频谱图。

解：信号的傅里叶变换为 $M(\omega)=\pi\left[\delta(\omega+2\pi)+\delta(\omega+2\pi)\right]+2\pi\left[\delta(\omega+4\pi)+\delta(\omega-4\pi)\right]$。根据低通抽样定理，采样频率 $f_s \geqslant 4\,\text{Hz}$，因此采样间隔应小于 0.25s。

2）带通抽样定理

如果连续信号的频带不是被限制在$(0, f_H)$范围内，而是被限制在$[f_L, f_H]$范围内，则这种信号被称为带通信号，带通信号的带宽 $B=f_H-f_L$。对于带通信号，如果仍根据低通抽样定理进行抽样，则采样信号的频谱中会有大段的空隙得不到利用。可以使用比低通抽样定理中更小的采样频率对带通信号进行抽样，不会出现频谱混叠现象。令 $f_H=mB+kB$，其中，k 为不超过 $\dfrac{f_H}{B}$ 的最大整数，m 为大于 0、小于 1 的分数。带通抽样定理告诉我们：带通信号的最小不失真采样频率为

$$f_s = \frac{2f_H}{k} = 2B\left(1+\frac{m}{k}\right) \tag{6-5}$$

由于$0 \leqslant \frac{m}{k} < 1$，带通信号的采样频率的取值范围为[2B,4B]。由式（6-5）可以看出，当f_H为带宽的整数倍或$f_H >> B$时，$f_s = 2B$。因此，对于带通信号，可以用远低于$2f_H$的抽样频谱进行抽样。

3）实际抽样电路

抽样定理要求采样脉冲序列是理想冲激脉冲序列$\delta_T(t)$，相应的抽样方法被称为理想抽样。由于理想采样信号的频谱范围为$(-\infty,+\infty)$，因此实际上并不可能实现理想抽样。使用非理想抽样，信号也能无失真地恢复。因此，抽样通常使用有限宽度的窄脉冲来实现。实际抽样有两种基本形式：自然抽样和平顶抽样。

自然抽样是由$x(t)$和矩形脉冲序列直接相乘来完成的，抽样后产生的脉冲信号的幅度随信号的大小而自然变化。设矩形脉冲序列$c(t) = \sum_{n=-\infty}^{\infty} p(t-nT_s)$，其中$p(t)$是矩形脉冲。自然抽样时，抽样过程实际上是求乘积的过程，即采样信号为

$$x_s(t) = x(t)\cdot c(t) = x(t)\cdot \sum_{n=-\infty}^{\infty} p(t-nT_s) \tag{6-6}$$

$c(t)$为周期性信号，其傅里叶级数表示式为

$$c(t) = \sum_{n=-\infty}^{\infty} C_n \mathrm{e}^{\mathrm{j}n\omega_s t} \tag{6-7}$$

式中，$C_n = \frac{1}{T_s}\int_{-\frac{T_s}{2}}^{\frac{T_s}{2}} p(t)\mathrm{e}^{\mathrm{j}n\omega_s t}\mathrm{d}t = \frac{A\tau}{T_s}\mathrm{Sa}\left(\frac{n\omega_s\tau}{2}\right)$，$\tau$表示脉冲宽度，$A$表示脉冲幅度。对式（6-7）进行傅里叶变换可以得到矩形脉冲序列$c(t)$的频谱，即

$$C(\omega) = \frac{2\pi A\tau}{T_s}\sum_{n=-\infty}^{\infty}\mathrm{Sa}\left(\frac{n\omega_s\tau}{2}\right)\delta(\omega-n\omega_s) \tag{6-8}$$

由频域卷积定理可以得到采样信号$x_s(t)$的频谱，即

$$\begin{aligned} X_s(\omega) &= \frac{1}{2\pi}X(\omega) * C(\omega) \\ &= \frac{A\tau}{T_s}\sum_{n=-\infty}^{\infty}\mathrm{Sa}\left(\frac{n\omega_s\tau}{2}\right)X(\omega-n\omega_s) \end{aligned} \tag{6-9}$$

其中，$X(\omega)$是输入信号$x(t)$的频谱。图 6-4 所示为自然抽样的波形和频谱，其中ω_H是低通信号$x(t)$的截止频率。由图 6-4（c）可知，只要$\omega_s \geqslant 2\omega_H$，就不会出现频谱混叠现象。因此，采用理想低通滤波器便可恢复原始信号。滤波后的信号和原始信号只有幅度上的差别，不会产生失真。在自然抽样中，采样脉冲并不一定是矩形脉冲，可以选择任意形状的脉冲进行抽样。这样只会引起抽样后信号包络的变化，并不影响信号的恢复。

接下来介绍平顶抽样。在平顶抽样中，采样信号的所有脉冲形状都相同，其幅度取决于输入信号$x(t)$的瞬时样值。在实际应用中，平顶抽样是用采样保持电路实现的。理想抽样后的信号为

$$x_s(t)=x(t)\delta_T(t)=x(t)\cdot\sum_{n=-\infty}^{\infty}\delta(t-nT_s) \tag{6-10}$$

因此，平顶抽样后的信号从数学形式上可以表示为

$$x_{sf}(t)=x_s(t)*h(t)=\int_{-\infty}^{\infty}x_s(\tau)h(t-\tau)\mathrm{d}\tau \tag{6-11}$$

其中，$h(t)=\begin{cases}A, & |t|\leqslant\tau\\0, & 其他\end{cases}$。$x_{sf}(t)$ 的频谱为 $X_{sf}(\omega)=X_s(\omega)H(\omega)=X(\omega-n\omega_s)H(\omega)/T_s$。

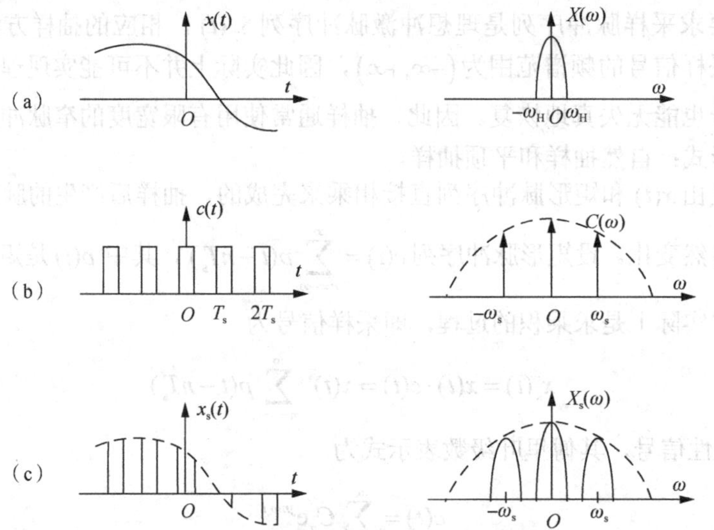

图 6-4 自然抽样的波形和频谱

矩形脉冲 $h(t)$ 的频谱函数为 $H(\omega)=A\tau\dfrac{\sin(\omega\tau/2)}{\omega\tau/2}$，因此平顶抽样信号的频谱为

$$X_{sf}(\omega)=\frac{A\tau}{T_s}\sum_{n=-\infty}^{\infty}X(\omega-n\omega_s)\frac{\sin(\omega\tau/2)}{\omega\tau/2} \tag{6-12}$$

上式表明，在进行平顶抽样时，加权项 $\dfrac{\sin(\omega\tau/2)}{\omega\tau/2}$ 使频谱分量发生了变化。如果在接收端让 $X_{sf}(\omega)$ 通过带宽为 ω_m 的低通滤波器，则低通滤波器的输出信号为 $\dfrac{A\tau}{T_s}X(\omega)\dfrac{\sin(\omega\tau/2)}{\omega\tau/2}$。为消除由 $\dfrac{\sin(\omega\tau/2)}{\omega\tau/2}$ 引起的失真（孔径效应），可在低通滤波器后面加一个频率响应为 $\dfrac{\omega\tau/2}{\sin(\omega\tau/2)}$ 的滤波器来进行频谱补偿，以抵消上述失真。

2. 量化

对抽样后的信号进行幅值离散化的过程叫作量化。由量化造成的误差叫作量化误差。有损信源编码中的失真主要由量化造成。实现量化的电路叫作量化器。量化器输出的离散信号电平 y 和输入的模拟信号电平 x 之间的关系可以表示为

$$y=Q(x) \tag{6-13}$$

量化的分类：当 x 和 y 均为标量时，为标量量化；当 x 和 y 均为向量时，为向量量化。根

据率失真定理，在相同的信息传输速率下，向量量化的失真度比标量量化小。

1）标量量化

从数学角度看，量化过程就是把一个连续幅值的无限数集映射成一个离散幅值的有限数集的过程。量化器 Q 输出 L 个量化值 y_k，$k=1,2,\cdots,L$。y_k 常被称为重建电平或量化电平。当量化器的输入信号幅值 x 落在 x_k 与 x_{k+1} 之间时，量化器的输出电平为 y_k。这个量化过程可以表达为

$$Q\{x_k < x < x_{k+1}\} = y_k，\ k=1,2,\cdots,L \tag{6-14}$$

这里 x_k 被称为量化门限值。通常把 $\Delta_k = x_{k+1} - x_k$ 称为量化间隔。

当 x 位于第 k 个量化区间时，将量化误差定义为

$$q_k = x - y_k = x - Q(x) \tag{6-15}$$

量化误差可以用量化噪声表示，量化噪声一般用 MSE 度量。设输入信号 x 的概率分布函数为 $p_x(x)$，则量化噪声功率为

$$\sigma_q^2 = E\{[x-Q(x)]^2\} = \int_{-\infty}^{\infty}[x-Q(x)]^2 p_x(x)\mathrm{d}x \tag{6-16}$$

若把积分区域分割成 L 个量化间隔，则上式可写成

$$\sigma_q^2 = \sum_{k=1}^{L}\int_{x_k}^{x_{k+1}}(x-y_k)^2 p_x(x)\mathrm{d}x \tag{6-17}$$

这是计算量化噪声功率的基本公式。这里的量化噪声功率相当于第 5 章中的平均失真度。

在给定 $p_x(x)$ 的情况下，量化噪声功率 σ_q^2 与量化间隔的分割及量化电平 y_k 的取值有关。最佳量化器就是在给定 $p_x(x)$ 与量化电平数 L 的条件下，求出一组量化门限值 $\{x_k\}$ 与量化电平值 $\{y_k\}$，使 σ_q^2 最小。量化器可分为均匀量化器和非均匀量化器。在整个量化范围$(-V,+V)$（V 为输入信号的幅值）内，量化间隔都相等的量化器被称为均匀量化器。可以证明，当输入信号服从均匀分布时，均匀量化器是最佳量化器。假设量化器的输入信号服从均匀分布，为计算令 σ_q^2 最小的量化门限值和量化电平值，令 σ_q^2 分别对量化门限值和量化电平值求导，可以得到

$$\begin{aligned}\frac{\partial\sigma_q^2}{\partial x_k} = 0 \Rightarrow x_k = \frac{y_k + y_{k-1}}{2}\\ \frac{\partial\sigma_q^2}{\partial y_k} = 0 \Rightarrow y_k = \frac{x_k + x_{k+1}}{2}\end{aligned} \tag{6-18}$$

因此，当输入信号服从均匀分布时，最佳量化器的量化间隔相等，量化电平值位于区间中点处。若输入信号的幅值范围为$(-V,+V)$，量化电平数为 L，则均匀量化器的量化间隔为

$$\Delta = 2V/L \tag{6-19}$$

利用式（6-17），可以计算上述均匀量化器的量化噪声功率，即

$$\sigma_q^2 = \frac{1}{2V}\sum_{k=1}^{L}\int_{-\frac{\Delta}{2}}^{\frac{\Delta}{2}} \mathrm{e}^2\,\mathrm{d}x = \frac{\Delta^2}{12} = \frac{V^2}{3L^2} \tag{6-20}$$

当输入信号不服从均匀分布时，也可将 $\dfrac{V^2}{3L^2}$ 近似作为均匀量化器的量化噪声功率。

在数字通信系统中，衡量量化器性能的主要技术指标是信噪比，即信号功率与量化噪声功率的比值 S/σ_q^2，通常用符号 SNR 来表示。下面以正弦波信号为例来分析量化器的特性。

当输入信号是幅值为 A_m 的正弦波时，正弦波信号功率为 $S = A_m^2/2$。若对信号进行均匀量化，则

$$\mathrm{SNR} = \frac{S}{\sigma_q^2} = \frac{A_m^2/2}{V^2/3L^2} = \frac{3L^2}{2}\left(\frac{A_m}{V}\right)^2 \tag{6-21}$$

上式表明，均匀量化后的信噪比和量化电平数 L 及 $\frac{A_m}{V}$ 相关。当 $\frac{A_m}{V}=1$ 时，量化信噪比只和量化电平数 L 相关。若将 L 个电平编码为 k 个二进制符号，则 $L=2^k$，式（6-21）可简化为

$$\mathrm{SNR} = 3\times 2^{2k-1} \tag{6-22}$$

信噪比用分贝（dB）表示为

$$\mathrm{SNR_{dB}}=6.02k+1.76 \approx 6k+2 \tag{6-23}$$

由式（6-23）可知，每增加一位编码，信噪比都提高 6dB。

在均匀量化过程中，量化噪声与信号电平的大小无关。因此，小信号时的量化信噪比将明显小于大信号时的量化信噪比。例如，量化台阶为 0.1V 时，最大误差是 0.05V。信号幅度为 5V 时，误差之比为 1%；信号幅度为 0.5V 时，误差之比为 10%。为了使小信号时的信噪比满足要求，必须增大量化级数。语音信号的振幅动态范围较宽，而且人耳对小信号中的噪声比对大信号中的噪声更加敏感，若对语音信号进行均匀量化、编码，则需要较多的编码位数。

2）非均匀量化器

为了克服均匀量化的缺点，需要量化间隔随输入信号电平的高低而改变。低电平时，量化间隔小一些；高电平时，量化间隔大一些。这样就可使输入信号与量化噪声之比在小信号到大信号的整个范围内基本保持一致，对大信号进行量化处理所需的量化级数也会比均匀量化少得多。

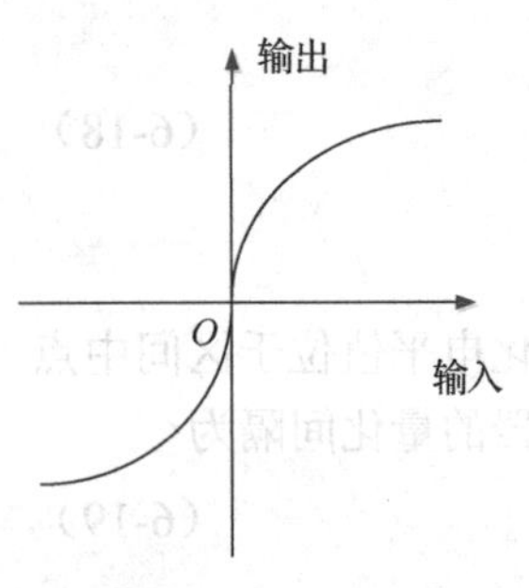

图 6-5　压缩特性

PCM 利用压扩技术来实现非均匀量化。发送端首先让输入信号通过一个具有图 6-5 所示压缩特性的部件（或信号先被抽样，再被压缩），然后再进行均匀量化和编码。在接收端利用扩张器来完成相反的操作，使压缩后的波形复原。只要压缩和扩张特性恰好相反，压扩过程就不会引起失真。压缩器和扩张器合在一起被称为压扩器。

为了进一步理解压扩技术的基本过程，图 6-6 给出了采用压扩技术的非均匀量化示意图。其中，v_i 和 v_o 分别表示压缩器的输入信号和输出信号。压缩器对大信号进行压缩，而对小信号进行一定程度的放大。对变化后的信号进行均匀量化相当于对原始信号进行非均匀量化，而且小信号对应的量化区间小，大信号对应的量化区间大。采用压扩技术后，只用 8 位编码就能把小信号时的量化信噪比控制在相当于 12 位编码时的水平。实验表明，采用非均匀量化后，使用较少的编码位数即可得到较满意的通信质量。

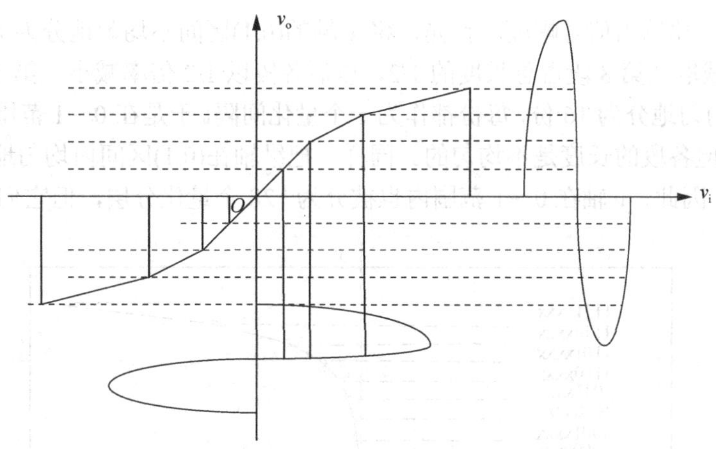

图 6-6　采用压扩技术的非均匀量化示意图

实际压缩特性的选择与信号的统计特性有关。理论上，具有不同概率分布的信号都有一个相对应的最佳压缩特性，这个压缩特性可以使量化噪声最小。但是在实际中，还应考虑到压缩特性的易于实现性和稳定性等方面的问题。一般认为，语音信号幅度取值统计特性是按负指数分布的。为了与语音信号的统计特性相匹配，在语音信号的非均匀量化过程中采用对数律压扩技术。

在实际中，常采用 μ 律和 A 律两种特性，它们接近于最佳特性且易于数字化实现。归一化的 μ 律和 A 律特性如下。

$$\mu\text{ 律特性：}|y|=\frac{\ln(1+\mu|x|)}{\ln(1+\mu)},\quad -1\leqslant x\leqslant 1 \tag{6-24}$$

$$A\text{ 律特性：}|y|=\begin{cases}\dfrac{A|x|}{1+\ln A}, & 0\leqslant x\leqslant \dfrac{1}{A}\\ \dfrac{1+\ln(A|x|)}{1+\ln A}, & \dfrac{1}{A}\leqslant |x|\leqslant 1\end{cases} \tag{6-25}$$

式中，x 和 y 分别是归一化的压缩器输入电压和输出电压；A 为常数，一般为 100 左右。假设输入信号 v_i 和输出信号 v_o 的最大取值范围是 $-V$～V，则归一化后，$x=v_i/V$，$y=v_o/V$。μ 为压缩参数，表示压缩程度。μ 越大，压缩效果就越明显。μ=0 对应均匀量化。μ 可以取 100 左右，也有用 μ=255 的。μ 律特性在小输入电平时近似为线性，而在高输入电平时近似为对数关系。

3）13 折线数字压扩技术

上述压扩技术要在工程上应用是很困难的。随着集成电路和数字技术的迅速发展，在实际应用中开始采用数字压扩技术。它利用数字集成电路形成许多折线来得到近似非线性压缩曲线，实际采用的有 A 律 13 折线（A=87.6）和 μ 律 15 折线（μ=255）等。

μ 律 15 折线（μ=255）主要用于美国、加拿大和日本等国家的 PCM24 路基群中。A 律 13 折线（A=87.6）主要用于英国、法国、德国等国家的 PCM30/32 路基群中。我国的 PCM30/32 路基群采用 13 折线压缩率。国际电话电报咨询委员会（CCITT）建议 G.711 规定上述两种折线的近似压缩率为国际标准，并且在国际通信中一律采用 A 律。因此，下面以 A 律 13 折线法为例来说明数字压扩。

图 6-7 所示为近似 A 律的 13 折线数字压缩曲线。在该图中，x 和 y 分别表示归一化输入

信号幅度和归一化输出信号幅度。首先，将 x 轴的(0,1)区间不均匀地分为 8 段，分段的规律是每次以 1/2 截取。第 8 段占总长度的 1/2，以后各段以 1/2 倍率减小，第 1、2 段是等长的。然后，每段再均匀地分为 16 份，每份都作为一个量化间隔。于是在 0～1 范围内共有 8×16=128 个量化分层，但各段的长度是不均匀的。同样，把纵轴在(0,1)区间内均匀地分为 8 段，每段再分为 16 份。因此，y 轴在 0～1 范围内也被分为 128 个量化分层，但它们是均匀的。

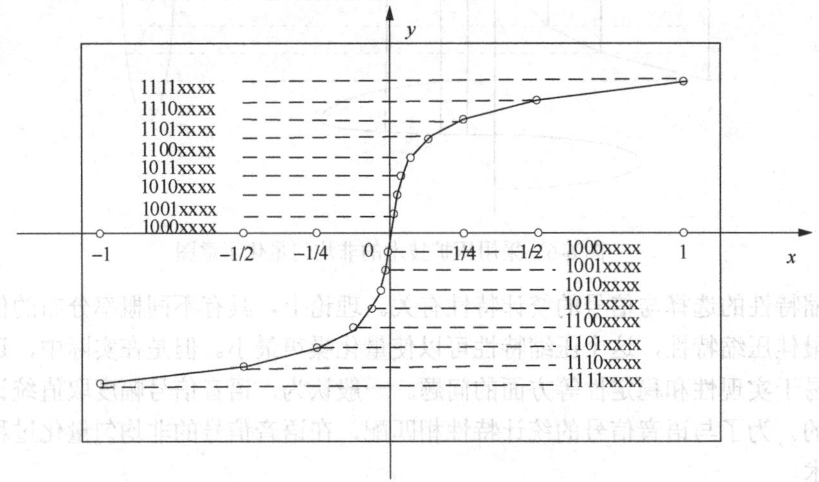

图 6-7 近似 A 律的 13 折线数字压缩曲线

最后，将 x 轴和 y 轴正半轴相应段的交点连接起来，得到 8 个折线段。由于第 1、2 个折线段的斜率相等，因此可连成一条直线，实际得到 7 个不同斜率的折线段。又考虑到正、负极性各有 7 个折线段，负极性的第 1、2 个折线段与正极性的第 1、2 个折线段的斜率相同，于是共得到 13 个折线段。因此，该项技术被称为 13 折线数字压扩技术。原点处折线的斜率等于 16，而由式（6-25）求得的 A 律曲线在原点处的斜率等于 $\dfrac{A}{1+\ln A}$，令两者相等，可得 $A\approx 87.6$。

按照这一数字压扩方案，在输入信号的有效动态范围内，不均匀分段的段数（包括正、负极性）为 M=2×8×16=256。若用二进制数字对各级进行编码，则一个样值需 8 位二进制数。设 $C_7C_6C_5C_4C_3C_2C_1C_0$ 为 8 位码的 8 个比特，对其进行如下安排。

极性码	段落码	段内码
C_7	$C_6C_5C_4$	$C_3C_2C_1C_0$

下面对基于 13 折线数字压扩技术的非均匀量化编码与均匀量化、线性编码时的情况进行对比。

假设以 13 折线数字压扩技术中第 1 根或第 2 根折线中每一段的长度$\varDelta$作为基本量化间隔，若采用均匀量化、线性编码，则量化区间的个数为

$$\begin{aligned}&2\times16\times(2^0+2^0+2^1+2^2+2^3+2^4+2^5+2^6)\\&=4096\varDelta=2^{12}\varDelta\end{aligned}\tag{6-26}$$

也就是说，此时一个样值的编码位数是 12。当然，这是靠适当地牺牲大信号的信噪比换得的结果。考虑到语音的概率分布特性，小信号占大多数，13 折线非均匀量化的量化信噪比大体上相当于 $2^{11}\varDelta$ 均匀量化的量化信噪比。因此，编码效率提高了近 30%。

13 折线数字压扩技术可以将非均匀分段（非均匀量化）与编码过程合在一起同时完成，这就是实际采用的 PCM 技术。

3. 编码

编码是模拟信号数字化的最后一步。根据所编码的信号电平是均匀量化的还是非均匀量化的，编码器分为线性编码器和非线性编码器。

在数字电话通信中，国际上广泛采用的是国际电信联盟（ITU-T）G.711 标准推荐的 A 律和 μ 律的非线性编码方案，又称对数 PCM。其中，编码码组所对应的电平与输入采样信号的幅度之间满足 A 律或 μ 律对数非线性关系。这里以 A 律为例说明其编码原理。

编码时，采用二进制码对 13 折线中的各段电平（代表该段的起始电平）进行编码，常用的码型有自然码、格雷码和折叠码，如表 6-1 所示。

表 6-1 三种二进制码

段序号		自然码	格雷码	折叠码	起始电平
		$C_7C_6C_5C_4$	$C_7C_6C_5C_4$	$C_7C_6C_5C_4$	
正极性	8	1111	1000	1111	$+1024\Delta$
	7	1110	1001	1110	$+512\Delta$
	6	1101	1011	1101	$+256\Delta$
	5	1100	1010	1100	$+128\Delta$
	4	1011	1110	1011	$+64\Delta$
	3	1010	1111	1010	$+32\Delta$
	2	1001	1101	1001	$+16\Delta$
	1	1000	1100	1000	$+0\Delta$
负极性	1	0111	0100	0000	-0Δ
	2	0110	0101	0001	-16Δ
	3	0101	0111	0010	-32Δ
	4	0100	0110	0011	-64Δ
	5	0011	0010	0100	-128Δ
	6	0010	0011	0101	-256Δ
	7	0001	0001	0110	-512Δ
	8	0000	0000	0111	-1024Δ

选择哪一种编码方案，主要取决于由于误码而产生的量化噪声的大小和实际电路实现的复杂程度。相比较而言，采用折叠码最为有利。折叠码对小信号产生的电平误差比较小，对正、负极性信号的编码可以用一套编码电路实现。

段内代码的编码均采用自然码。表 6-2 列出了各段段内代码对应的权值。

表 6-2 各段段内代码对应的权值

段序号	起始电平	段内代码			
		C_3	C_2	C_1	C_0
8	1024	512	256	128	64
7	512	256	128	64	32
6	256	128	64	32	16

续表

段序号	起始电平	段内代码 C_3	C_2	C_1	C_0
5	128	64	32	16	8
4	64	32	16	8	4
3	32	16	8	4	2
2	16	8	4	2	1
1	0	8	4	2	1

对于带宽为4kHz的标准话路信号，以8kHz的频率抽样，并按照上述量化编码方案形成码组，产生信息传输速率为64kbit/s的标准语音信号，这是目前国际上流行的*A*律对数压扩PCM方案，广泛用于数字电话通信中。

6.1.2 PCM一次群帧结构

在数字通信网中，需要将多路PCM语音信号复用到一起。PCM的复用方式即PCM一次群帧结构，由G.732等建议所规定，这里以国际通用的*A*律PCM标准为例。PCM一次群又称基群。一个帧的长度为1/8000=0.000125s=125μs。将125μs分为32个时隙，包括1个帧同步时隙、1个信令时隙和30个话路时隙。每个时隙均为8位二进制数，所以总速率达到32×8×8000=2048000bit/s=2.048Mbit/s。在图6-8中，TS1～TS15、TS17～TS31为话路时隙。TS0为帧同步时隙，同步码选用x0011011，x留给国际通信使用。帧同步信号被放置于偶数帧中，奇数帧的TS0码组备用。TS16用于传送信令，采用一种共路信令方式。每路信令包含4个比特，这样一个TS16时隙只能包含两路信令，因此存在复帧的概念。复帧由F0～F15共16个帧组成，总时长为2ms。以一次群为基础可组成更大容量的二次群、三次群等。

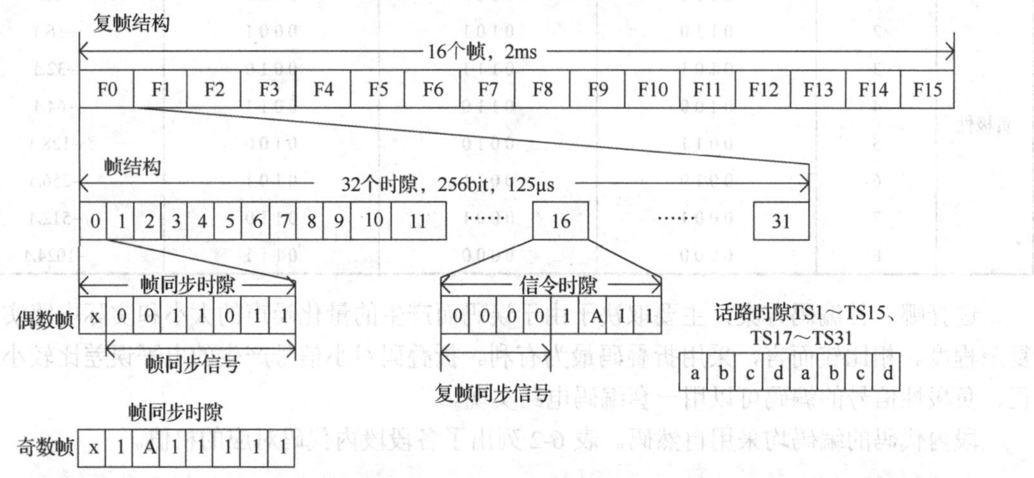

图6-8 语音信号帧和复帧结构

6.1.3 PCM系统性能分析

1. PCM信号的带宽分析

设模拟低通信号的截止频率为$f_H \log_2 L$。它的采样频率应是$2f_H$，每个样值的量化电平数为*L*，$L=2^k$，*k*为二进制编码位数，这时PCM信号的信息传输速率为

$$R = 2kf_{\mathrm{H}} \text{（bit/s）} \tag{6-27}$$

若信号传输的频带利用率为 2bit/（s · Hz），则 PCM 信号所占用的带宽为

$$B_{\mathrm{PCM}} = R/2 = kf_{\mathrm{H}} \text{（Hz）} \tag{6-28}$$

对于 A 律对数 PCM 系统，采样频率为 8kHz，$k=8$，因而

$$B_{\mathrm{PCM}} = 8\times 8 \div 2 = 32 \text{（kHz）} \tag{6-29}$$

若信号传输的频带利用率为 1bit/（s · Hz），则 PCM 信号所占用的带宽为

$$B_{\mathrm{PCM}} = 8\times 8 = 64 \text{（kHz）} \tag{6-30}$$

可以看出，PCM 数字系统占用的带宽比模拟电话系统要大得多。当有 N 路 PCM 信号时分复用（TDM）时，其带宽至少应有

$$B_{N\mathrm{PCM}} = Nkf_{\mathrm{H}} \text{（Hz）} \tag{6-31}$$

2. PCM 信号的量化信噪比分析

PCM 信号的量化信噪比为

$$\mathrm{SNR} = \frac{\sigma_x^2}{\sigma_q^2} \tag{6-32}$$

式中，σ_x^2 为信号功率；σ_q^2 为量化噪声功率。若信号在[$-V$,$+V$]区间内服从均匀分布，则 $\frac{\sigma_x^2}{V^2}=\frac{1}{3}$，所以 PCM 信号的量化信噪比为

$$\mathrm{SNR}_{\mathrm{dB}} \approx 6k \text{（dB）} \tag{6-33}$$

式中，k 为量化比特数。由式（6-33）可以看出，每增加一个编码比特，量化信噪比就有约 6dB 的增益。

6.2 DPCM

DPCM 源于 PCM，它利用了如下事实：对于大多数音频信号，它们相邻样值的幅度之差的变化范围要小于单个样值的变化范围。因此，在同样的采样频率下，对差分信号进行编码需要的比特数比 PCM 更少。图 6-9 所示为 DPCM 的编码器和解码器。编码器的输入信号为 $x(n)$，寄存器的输出信号为上一时刻的译码信号 $\tilde{x}(n-1)$，对 $x(n)$和 $\tilde{x}(n-1)$ 的差值信号 $e(n)$进行量化编码，得到的信号为 $\tilde{e}(n)$ 。在解码器中，寄存器中存储的是上一时刻的译码信号 $\tilde{x}(n-1)$，因此解码器的输出信号 $\tilde{x}(n)=\tilde{x}(n-1)+\tilde{e}(n)$。将 DPCM 的失真度定义为输入信号 $x(n)$ 和译码信号 $\tilde{x}(n)$ 的差，即

$$e_q(n) = x(n) - \tilde{x}(n) = x(n) - [\tilde{x}(n-1)+\tilde{e}(n)] = e(n) - \tilde{e}(n) \tag{6-34}$$

因此，若对语音信号采用 DPCM 编码，由于量化导致的信号的失真度只和当前时刻差值信号的量化误差有关。由于 DPCM 是对差值信号进行量化编码的，差值信号的取值范围小于样值的取值范围，因此相比直接对样值进行量化编码，其量化比特数可以少 1。当采样频率为 8kHz 时，PCM 编码器的输出速率为 64kbit/s，而 DPCM 编码器的输出速率为 54kbit/s。

预测 DPCM 的编码器和解码器如图 6-10 所示。为了进一步减小差值信号 $e(n)$，DPCM 在编码过程中引入了预测技术。预测 DPCM 的基本原理是：先利用过去若干时刻的译码信号，

对当前时刻的信号进行线性预测，获得当前信号的预测值；然后计算当前信号和预测信号之间的预测误差，将误差信号量化后传输。在编码器中，若预测器为M阶的线性预测器，则预测器的输入信号为过去M个时刻的译码信号$\{\tilde{x}(n-m)\}_{m=1}^{M}$，输出信号为$x(n)$的预测值$\hat{x}(n)$。预测器的输出信号可以表示为

$$\hat{x}(n)=\sum_{m=1}^{M}c_m\tilde{x}(n-m) \tag{6-35}$$

其中，$\{c_m\}_{m=1}^{M}$表示预测器的抽头系数。预测误差$e(n)=x(n)-\hat{x}(n)$。通过增大预测阶数M或调节$\{c_m\}_{m=1}^{M}$，可以减小$e(n)$的值，从而减少量化$e(n)$所需要的比特数。由预测 DPCM 的解码器可以看出，时刻n的译码信号可以表示为

$$\tilde{x}(n)=\hat{x}(n)+\tilde{e}(n) \tag{6-36}$$

预测 DPCM 的失真度$e_q(n)=x(n)-\tilde{x}(n)=x(n)-[\hat{x}(n)+\tilde{e}(n)]=e(n)-\tilde{e}(n)$。因此，预测 DPCM 的失真度只和当前时刻预测误差信号的量化误差有关。由于预测技术进一步减小了差值信号的取值，因此对预测误差信号进行 6bit 量化处理就可以得到与 8bit PCM 相近的性能。

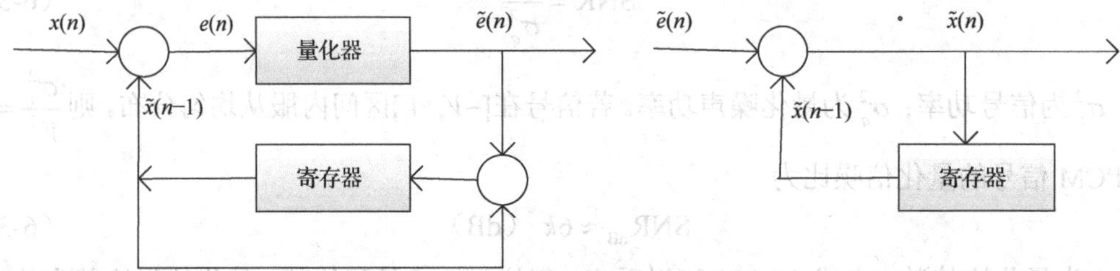

图 6-9 DPCM 的编码器和解码器

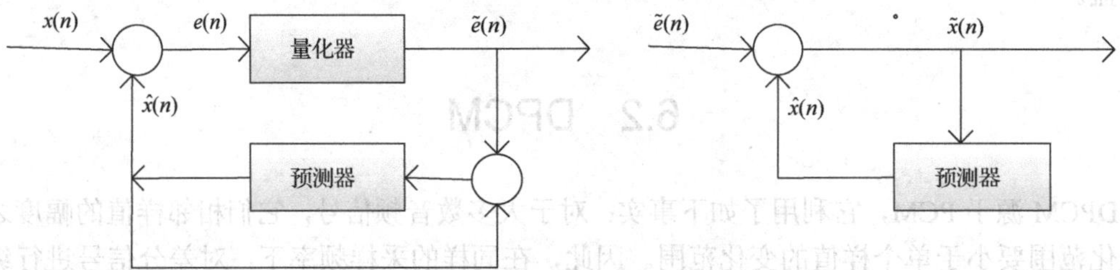

图 6-10 预测 DPCM 的编码器和解码器

6.3 增量调制

增量调制是 DPCM 中最简单的一种。它对信号瞬时值与前一个抽样时刻的译码信号之差进行量化处理（见图 6-9），而且只对这个差值信号进行 1bit 量化编码。如果差值是正的，就发“1”码，量化值为$+\varDelta$；如果差值是负的，就发“0”码，量化值为$-\varDelta$。因此，编码器的输出信号“1”和“0”只是表示信号相对于前一时刻的增量，不代表信号的绝对值。从图 6-9 中可以看出，对增量调制而言，译码后的信号可以表示为$\tilde{x}(n)=\tilde{x}(n-1)+\tilde{e}(n)$。由于$\tilde{e}(n)$只有$+\varDelta$和$-\varDelta$两种可能的取值。因此，译码后的信号呈图 6-11 所示的阶梯状。在图 6-11 中，T_s是采样周期，$x(t)$和$\tilde{x}(n)$分别是编码器的输入信号和解码器的输出信号。图 6-11 中的数字信号

为编码器的输出信号。从图 6-9 中可以看出，当 $x(n) > \tilde{x}(n-1)$ 时，量化器的输出为“1”，$\tilde{e}(n) = +\Delta$；反之，量化器的输出为“0”，$\tilde{e}(n) = -\Delta$。在接收端，每收到一个“1”码，解码器的输出信号相对于前一个时刻的值就上升一个增量 Δ；每收到一个“0”码，解码器的输出信号相对于前一个时刻的值就下降一个增量 Δ。解码器的输出信号再经过低通滤波器滤去高频量化噪声，从而恢复原始信号。只要采样频率足够大，量化增量大小适当，接收端恢复的信号与原始信号非常接近，量化噪声就可以很小。

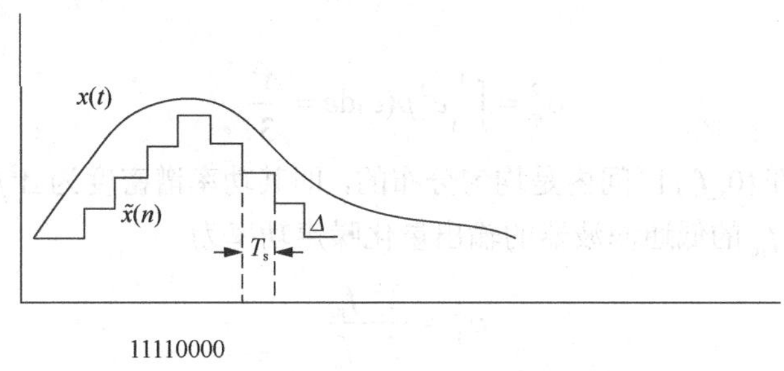

图 6-11　增量调制

在增量调制中，量化误差产生的噪声可分为一般量化噪声（颗粒噪声）和过载量化噪声。前者是由电平的量化产生的；后者则是在输入信号的斜率较大，调制器跟踪不上时产生的。因为在增量调制中，译码信号的最大斜率为 $\dfrac{\Delta}{T_s}$，当输入信号的斜率比译码信号的斜率大时，增量Δ的大小跟不上输入信号的变化，所以产生斜率过载噪声。为了避免斜率过载，必须满足以下条件：

$$\left|\frac{\mathrm{d}x(t)}{\mathrm{d}t}\right|_{\max} \leqslant \frac{\Delta}{T_s} \tag{6-37}$$

其中，$\left|\dfrac{\mathrm{d}x(t)}{\mathrm{d}t}\right|_{\max}$ 是 $x(t)$ 的最大斜率。

设输入正弦信号 $f(t) = A\sin\omega t$。其中，$\omega = 2\pi f$，ω 为信号角频率，f 为信号频率；A 为不发生斜率过载的信号幅值。$f(t)$的斜率的最大值为

$$\left|\frac{\mathrm{d}f(t)}{\mathrm{d}t}\right|_{\max} = A\omega \tag{6-38}$$

将其代入式（6-37），可得到不发生斜率过载的条件：

$$A \leqslant \frac{\Delta}{2\pi}\frac{f_s}{f} \tag{6-39}$$

其中，$f_s = 1/T_s$，为采样频率。可见，在增量调制中，不发生斜率过载的信号幅值 A 与增量 Δ 和采样频率 f_s 成正比，而与信号频率 f 成反比。当 Δ 与 f_s 一定时，f 增大，允许的幅值 A 将减小；反之，f 减小，允许的幅值 A 将增大。增量调制由于具有这一特性，显然不适合传输均匀频谱信号，但却适合传输功率谱密度随频率的二次方的增大而减小的信号。对于这种信号，可以获得最佳性能。语音信号和单色电视视频信号具有与之相近的特性，因此适合进行基本的增量调制。式（6-39）可以改写为

$$f_s \geqslant \frac{A}{\Delta}\omega \tag{6-40}$$

由于$A >> \Delta$，为了不致发生过载现象，增量调制的采样频率要比PCM的采样频率大得多。

下面讨论输入正弦信号时增量调制的量化信噪比。假设不发生过载现象，则如图6-11所示，量化误差的幅度不会超出$-\Delta$～$+\Delta$范围。如果认为量化误差$e(n) = x(n) - \tilde{x}(n)$在$[-\Delta, \Delta]$区间内均匀分布，则量化误差的PDF可写为

$$p(e) = \frac{1}{2\Delta}, \quad -\Delta \leqslant e \leqslant \Delta \tag{6-41}$$

于是量化噪声功率为

$$\sigma_q^2 = \int_{-\Delta}^{\Delta} e^2 p(e) \mathrm{d}e = \frac{\Delta^2}{3} \tag{6-42}$$

近似认为$e(t)$的功率在$(0, f_\mathrm{s})$区间内是均匀分布的，即其功率谱密度为$\Delta^2/3f_\mathrm{s}$。因此，在接收端，经过截止频率为f_m的低通滤波器的输出量化噪声功率为

$$\sigma_q^2 = \frac{\Delta^2}{3} \frac{f_\mathrm{m}}{f_\mathrm{s}} \tag{6-43}$$

当满足不过载条件时，信号的最大功率为

$$S_{0\max} = \frac{\Delta^2}{8\pi^2} \left(\frac{f_\mathrm{s}}{f} \right)^2 \tag{6-44}$$

因此，求得临界条件下的最大量化信噪比为

$$\begin{aligned} \left(\frac{S_0}{\sigma_q^2} \right)_{\max} &= \frac{3}{8\pi^2} \frac{f_\mathrm{s}^3}{f^2 f_\mathrm{m}} \\ &\approx 0.04 \frac{f_\mathrm{s}^3}{f^2 f_\mathrm{m}} \end{aligned} \tag{6-45}$$

可见，在截止频率f_m一定时，最大量化信噪比与采样频率f_s的三次方成正比，而与信号频率f的二次方成反比。因此，适当增大采样频率f_s可以明显地增大最大量化信噪比。若增量调制采用与PCM同样的采样频率，即$f_\mathrm{s} = 2f$，并且令$f = f_\mathrm{m}$，则由式（6-45）求得$(S_0 / \sigma_q^2)_{\max} = 3/\pi^2$，这样小的信噪比是不被允许的。只有增量调制的采样频率比PCM的采样频率大得多，才能保证通信质量。

习题

1．已知信号$f(t) = \cos\omega_1 t + \cos 2\omega_1 t$。

（1）对该信号进行无失真抽样的最小采样频率为多少？

（2）画出抽样后的信号频谱。

2．已知某信号$m(t)$的频谱$M(\omega)$如题图6-1所示。使它通过传递函数为$H_1(\omega)$的滤波器，再进行理想抽样。

（1）采样频率为多少？

（2）接收端的接收网络的传递函数$H_2(\omega)$应为多少，才能从采用信号$m_\mathrm{s}(t)$中无失真地恢复信号$m(t)$？

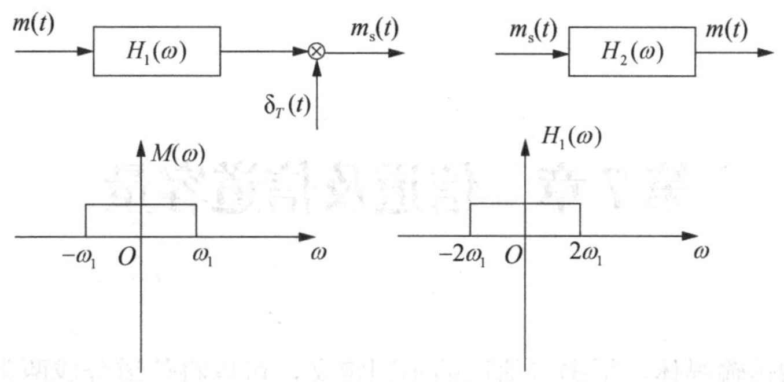

题图 6-1

3．在对频率为 3kHz 的正弦信号采用 PCM 编码时，要求量化信噪比不小于 30dB，问至少需要几位编码？编码后的信息传输速率为多少？

4．在对正弦信号采用增量调制编码时，要求不过载的量化信噪比不小于 30dB，问采样频率和信号的低通截止频率应满足什么关系？若低通截止频率为 3kHz，请计算编码速率。

5．令 f_{s1} 和 n 分别表示对正弦信号采用 PCM 编码的采样频率和量化比特数，f_m 表示增量调制的低通截止频率，f 表示信号的低通截止频率，A 为信号幅值，$\varDelta$ 为增量调制中的增量。设 $f_{s1}=8\text{kHz}$，$f_m=f=4\text{kHz}$，$\dfrac{A}{\varDelta}=4$。

（1）当 n 为多少时，PCM 的编码速率等于不过载条件下增量调制的编码速率。

（2）在（1）的条件下，计算 PCM 和增量调制的量化信噪比。

第 7 章　信道及信道容量

信道是信号的传输媒体。根据对信道的不同定义，可以将信道分成两类。第一类信道是图 7-1 中的位于调制器和解调器之间的信道，表征的是实际的物理信道。物理信道由传输信号的介质构成，如电缆、光缆、自由空间等。物理信道的输入、输出均为波形信号，因此可将物理信道建模为连续信道或波形信道。第二类信道是图 7-1 中由调制器、信道和解调器构成的广义信道。广义信道也被称作编码信道。编码信道的输入和输出均为数字信号，因此可将编码信道建模为离散信道。本章将对离散信道和连续信道的信道容量进行分析。

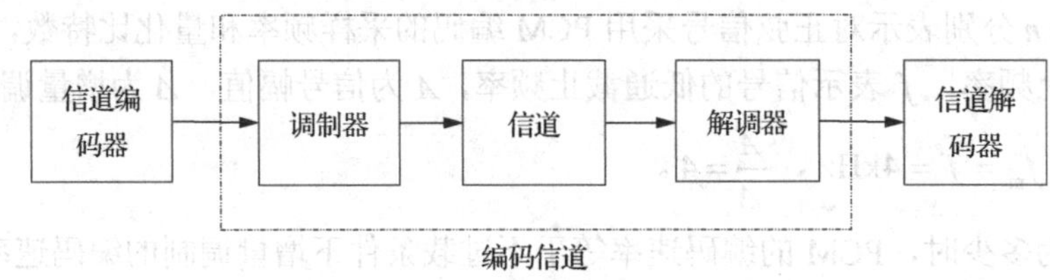

图 7-1　信道的定义

7.1　离散信道的数学模型及分类

在图 7-1 中，信道编码器输出的数字信号为编码信道的输入信号。信道会引入噪声或干扰，使信号通过信道后产生错误和失真。信道的输入信号和输出信号之间一般不是确定的函数关系，而是统计关系。

离散信道的数学模型如图 7-2 所示。图 7-2 中的输入序列和输出序列用随机向量表示。输入序列 $\boldsymbol{x}=(x_1,x_2,\cdots,x_N)$，输出序列 $\boldsymbol{y}=(y_1,y_2,\cdots,y_N)$，其中 x_i 和 y_i 分别表示第 i 个时刻的输入信号和输出信号，$i=1,2,\cdots,N$。每个随机变量 x_i 和 y_i 的值分别取自符号集 $A=\{a_1,a_2,\cdots,a_r\}$ 和 $B=\{b_1,b_2,\cdots,b_s\}$，其中 r 不一定等于 s。图 7-2 中的条件概率 $P(y_i|x_i)$ 描述了输入信号 x_i 和输出信号 y_i 间的转移概率。它的大小由调制器、信道和解调器的性能共同决定。

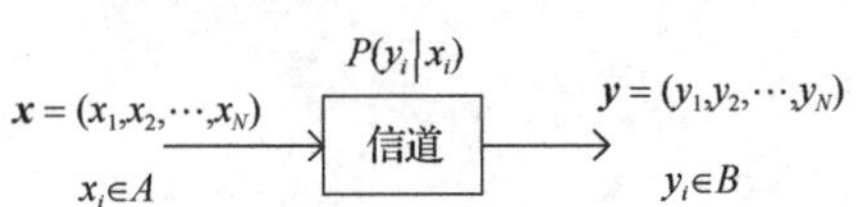

图 7-2　离散信道的数学模型

根据信道的统计特性，即条件概率 $P(\boldsymbol{y}|\boldsymbol{x})$ 的不同，离散信道又可分为以下 3 类。

（1）**无干扰（无噪）信道**。信道中没有随机性的干扰或干扰很小，输出信号 $\boldsymbol{y}$ 与输入信号 $\boldsymbol{x}$ 之间有确定的一一对应的关系。

（2）**有干扰无记忆信道**。实际信道中常有干扰（噪声），即输出符号与输入符号之间无确定的对应关系。若信道任一时刻的输出符号只统计依赖于对应时刻的输入符号，而与非对应时刻的输入符号及其他任何时刻的输出符号无关，则这种信道被称为无记忆信道。信道为有干扰无记忆信道的充要条件是信道的输入符号、输出符号的条件概率满足以下条件：

$$P(\boldsymbol{y}|\boldsymbol{x}) = P(y_1, y_2, \cdots, y_N | x_1, x_2, \cdots, x_N) = \prod_{i=1}^{N} P(y_i | x_i) \tag{7-1}$$

（3）**有干扰有记忆信道**。这是更一般的情况，实际信道中既有干扰（噪声），又有记忆。实际信道往往是这种类型。例如，在数字信道中，由于信道特性不理想，会造成符号间干扰（ISI）。在这一类信道中，某一时刻的输出符号不但与对应时刻的输入符号有关，而且还与以前时刻信道的输入符号及输出符号有关，这样的信道被称为**有记忆信道**。这时，信道的条件概率 $P(\boldsymbol{y}|\boldsymbol{x})$ 不再满足式（7-1）的条件。

下面着重研究离散无记忆信道，并且从简单的单符号离散无记忆信道入手。设单符号离散无记忆信道的输入变量为 $x \in A$，输出变量为 $y \in B$，并有条件概率

$$P(y = b_j | x = a_i) = P(b_j | a_i) \tag{7-2}$$

式中，i=1,2,…,r，j=1,2,…,s。该条件概率被称为信道的**转移概率**。因为信道中存在干扰，所以当信道输入符号 $x = a_i$ 时，信道输出符号是哪一个事先无法确定。但信道输出符号一定是 $b_1, b_2, \cdots, b_s$ 中的一个，即有

$$\sum_{j=1}^{s} P(b_j | a_i) = 1 \tag{7-3}$$

由于信道的干扰使输入符号 x 在传输过程中发生错误，所以可以用转移概率 $P(b_j|a_i)$ 来描述干扰影响的大小。所有输入符号、输出符号间的转移概率都可以用下面的信道矩阵表示。

$$\begin{bmatrix} P(b_1|a_1) & P(b_2|a_1) & \cdots & P(b_s|a_1) \\ P(b_1|a_2) & P(b_2|a_2) & \cdots & P(b_s|a_2) \\ \vdots & \vdots & & \vdots \\ P(b_1|a_r) & P(b_2|a_r) & \cdots & P(b_s|a_r) \end{bmatrix} \tag{7-4}$$

该信道矩阵每一行的元素之和都为 1。

若二元信道的转移函数如图 7-3 所示，则称该信道为二元对称信道。二元对称信道的输入符号 x 的值取自 $\{0,1\}$，输出符号 y 的值取自 $\{0,1\}$。该信道的转移概率为

$$P(0|0) = P(1|1) = 1 - p, \quad P(1|0) = P(0|1) = p \tag{7-5}$$

该信道的传递矩阵为

$$\begin{array}{c} \\ 0 \\ 1 \end{array} \begin{array}{c} \begin{array}{cc} 0 & \quad 1 \end{array} \\ \begin{bmatrix} 1-p & p \\ p & 1-p \end{bmatrix} \end{array} \tag{7-6}$$

下面来推导一般单符号离散信道的一些概率关系。设信道输入信号的概率空间为

$$\begin{bmatrix} x \\ P(x) \end{bmatrix} = \begin{bmatrix} a_1 & a_2 & \cdots & a_r \\ P(a_1) & P(a_2) & \cdots & P(a_r) \end{bmatrix} \tag{7-7}$$

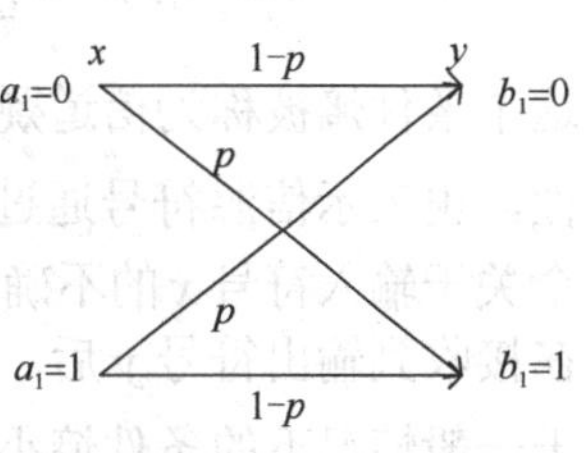

图 7-3　二元对称信道

并满足条件 $\sum_{i=1}^{r} P(a_i) = 1$。信道转移矩阵为式（7-4）。根据式（7-7）

中输入符号的概率和式（7-4）中的条件概率，可以算出输入符号和输出符号的联合概率，即

$$P(a_ib_j)=P(a_i)P\left(b_j\middle|a_i\right) \tag{7-8}$$

根据全概率公式，可以得出输出符号的概率，即

$$P(b_j)=\sum_{i=1}^{r}P(a_i)P\left(b_j\middle|a_i\right) \tag{7-9}$$

根据贝叶斯定理，可以得出后验概率，即

$$P(a_i|b_j)=\frac{P(a_i)P\left(b_j\middle|a_i\right)}{\sum_{i=1}^{r}P(a_i)P\left(b_j\middle|a_i\right)} \tag{7-10}$$

7.2 平均互信息

7.1 节介绍了单符号离散信道的数学模型，即给出了信道输入符号与信道输出符号的统计依赖关系。本节将深入研究在此信道中传输信息的问题。

7.2.1 信道疑义度和噪声熵

若信道输入信号的概率空间为式（7-7），则信道输入信号 x 的熵为

$$H(x)=-\sum_{i=1}^{r}P(a_i)\log_2 P(a_i) \tag{7-11}$$

$H(x)$ 是在接收到输出符号 y 前，关于输入符号 x 的先验不确定性的度量，所以称之为**先验熵**。如果信道中无干扰（噪声），信道的输出符号与输入符号一一对应，那么在接收到传送过来的符号后，就消除了关于发送符号的先验不确定性。但一般信道中存在干扰（噪声），接收到输出符号 y 后，对发送的是什么符号仍有不确定性。那么，怎样来度量接收到输出符号 y 后关于输入符号 x 的不确定性呢？接收到输出符号 $y=b_j$ 后，关于输入符号 x 的平均不确定性为

$$H(x|b_j)=-\sum_{i=1}^{r}P(a_i|b_j)\log_2 P(a_i|b_j) \tag{7-12}$$

这是接收到输出符号 b_j 后关于输入符号 x 的**后验熵**。利用后验熵对随机变量 y 求期望，所得的条件熵为

$$H(x|y)=E\left[H(x|b_j)\right]=\sum_{j=1}^{s}P(b_j)H(x|b_j)=-\sum_{i=1}^{r}\sum_{j=1}^{s}P(a_ib_j)\log_2 P(a_i|b_j) \tag{7-13}$$

这个条件熵被称为**信道疑义度**。它表示在接收到输出符号 y 后，关于输入符号 x 的平均不确定性，也表示信源符号通过有噪信道传输后所引起的信息量的损失，故也可称之为**损失熵**。这个关于输入符号 x 的不确定性是由干扰（噪声）引起的。如果信道是无噪声的理想信道，那么在接收到输出符号 y 后，关于输入符号 x 的不确定性将完全消除，信道疑义度 $H(x|y)=0$。由于一般情况下的条件熵小于或等于无条件熵，即有 $H(x|y)\leqslant H(x)$，说明在接收到输出符号 y 后，关于输入符号 x 的平均不确定性将减少，即总能消除一些关于输入符号 x 的不确定性，从

而获得一些信息。

$H(y|x)$ 表示在已知 x 的条件下，关于随机变量 y 尚存在的不确定性。$H(y|x)$ 被称为**噪声熵**，其表达式为

$$H(y|x)=\sum_{i=1}^{r}\sum_{j=1}^{s}P(a_ib_j)\log_2\frac{1}{P(b_j|a_i)} \tag{7-14}$$

7.2.2 平均互信息的定义

已知 $H(x)$ 代表在接收到输出符号 y 前，关于输入符号 x 的平均不确定性；而 $H(y|x)$ 代表在接收到输出符号 y 后，关于输入符号 x 的平均不确定性。可见，通过信道传输消除了一些不确定性，获得了一定量的信息。所以，定义

$$I(x;y)=H(x)-H(x|y) \tag{7-15}$$

为 x 和 y 之间的**平均互信息**。它代表从每个输出符号中获得的关于输入符号的信息量。将式（7-11）和式（7-13）代入式（7-15），可得

$$I(x;y)=\sum_{i=1}^{r}\sum_{j=1}^{s}P\left(a_ib_j\right)\log_2\frac{P\left(b_j|a_i\right)}{P\left(b_j\right)} \tag{7-16}$$

平均互信息也可利用下式进行计算。

$$I(x;y)=H(y)-H(y|x)=H(x)+H(y)-H(xy) \tag{7-17}$$

其中，$H(x)$、$H(y)$ 和 $H(xy)$ 分别表示 x 的信息熵、y 的信息熵和 x 与 y 的联合熵；第二个等式利用了熵的可加性。由此，可以进一步理解熵只是对平均不确定性的描述，而不确定性的消除（两熵之差）才等于接收端所获得的信息量。

下面观察两种极端情况的信道。

第一种是输入符号与输出符号一一对应的无噪信道。它们的转移概率为

$$P\left(b_j|a_i\right)=\begin{cases}1, & i=j\\ 0, & i\neq j\end{cases} \tag{7-18}$$

根据式（7-18），可推出 $H(y|x)=H(x|y)=0$，所以有

$$I(x;y)=H(x)=H(y) \tag{7-19}$$

在这种信道中，因为输入符号和输出符号一一对应，所以在接收到输出符号 y 后，关于输入符号 x 不存在不确定性。这时，接收到的平均信息量就是输入信源所提供的信息量。

第二种是输入符号 x 与输出符号 y 完全统计独立的信道。在这种情况下，$H(x|y)=H(x)$，$H(y|x)=H(y)$。由于输入符号 x 和输出符号 y 完全统计独立，因此在接收到输出符号 y 后，无法消除关于输入符号 x 的任何不确定性，获得的平均信息量为 0，即 $I(x;y)=0$。

7.2.3 平均互信息的特性

本节将介绍平均互信息的一些特性。

1）平均互信息的非负性

平均互信息的非负性即 $I(x;y)\geqslant 0$，当输入符号 x 和输出符号 y 统计独立时，等式成立。这个特性告诉我们：通过一个信道获得的平均信息量不会是负值。只有输入符号和输出符号

统计独立，才会接收不到任何信息。

2）平均互信息的极值性

$$I(x;y) \leqslant \min\left(H(x), H(y)\right) \tag{7-20}$$

这个特性可以从平均互信息的定义式中直接看出来。

3）平均互信息的对称性

由$I(x;y)$的定义式可以证明

$$I(x;y) = I(y;x) \tag{7-21}$$

4）平均互信息的凸状性

平均互信息$I(x;y)$信道是输入符号x的概率分布$P(x)$和信道转移概率$P(y|x)$的函数。对于给定的信道转移概率$P(y|x)$，平均互信息$I(x;y)$是输入符号x的概率分布$P(x)$的凸函数。

例 7-1 设二元对称信道的输入概率空间为$\begin{bmatrix} x \\ P(x) \end{bmatrix} = \begin{bmatrix} 0 & 1 \\ \omega & 1-\omega \end{bmatrix}$，其中$\omega$和$1-\omega$分别表示发送0和1的概率。该信道的特性参见图7-3。平均互信息$I(x;y) = H(y) - H(y|x)$，其中

$$\begin{aligned} H(y|x) &= \sum_x P(x)\left[\sum_y P(y|x)\log_2 \frac{1}{P(y|x)}\right] = -\left[p\log_2 p + (1-p)\log_2(1-p)\right] \\ &= H(p) \end{aligned} \tag{7-22}$$

先计算输出符号的概率分布：

$$P(y=0) = P\left(y=0|x=0\right)P(x=0) + P\left(y=0|x=1\right)P(x=1) = (1-p)\omega + p(1-\omega) \tag{7-23}$$

$$P(y=1) = \omega p + (1-\omega)(1-p) \tag{7-24}$$

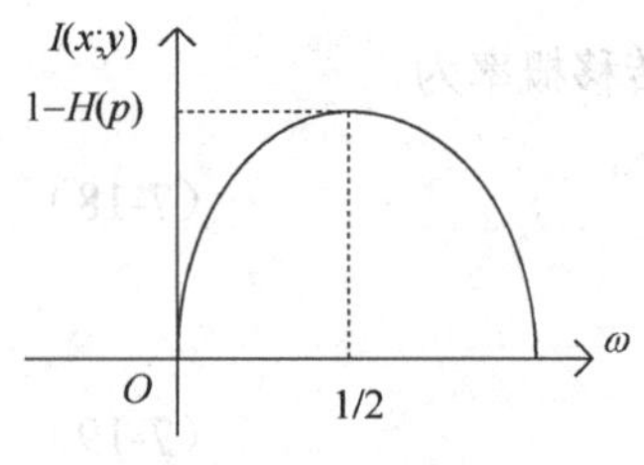

图 7-4 二元对称信道的平均互信息曲线

因此，$I(x;y) = H[\omega(1-p) + (1-\omega)p] - H(p)$。当$p$一定时，$I(x;y)$是$\omega$的凸函数，其曲线如图7-4所示。由该图可知，在二元对称信道的信道矩阵固定后，输入符号x的概率分布不同，从信道输出符号中获得的信息量就不同。只有当输入符号x等概率分布，即$P\left(x=0\right) = P\left(x=1\right) = 1/2$时，在信道接收端才能从平均每个符号中获得最大的信息量。特性4）意味着，对于每个固定信道，一定存在一种服从某种概率分布的输入符号，使从输出端获得的平均信息量最大。

7.3 离散信道的信道容量

由7.2节中的特性4）可知，对于给定的信道转移概率$P(y|x)$，平均互信息$I(x;y)$是输入符号x的概率分布$P(x)$的凸函数。因此，对于一个固定的信道，总存在一种概率分布$P(x)$，使平均传输每个符号获得的信息量最大。这个最大信息量就是信道容量C，即

$$C = \max_{P(x)}\left\{I(x;y)\right\} \quad \text{(bit/符号)} \tag{7-25}$$

对应的输入符号概率分布被称为**最佳输入分布**。若平均传输每个符号需要t s，则信道在单位

时间内平均传输的最大信息量为

$$C_t=\frac{1}{t}\max_{P(x)}\{I(x;y)\}\ \text{(bit/s)} \tag{7-26}$$

信道容量与输入符号的概率分布无关，只与信道的转移概率有关。所以，信道容量是完全描述信道特性的参量，也是信道能够传输的最大信息量。

在例 7-1 中，二元对称信道的平均互信息 $I(x;y)=H[\omega\bar{p}+(1-\omega)p]-H(p)$。由图 7-5 可以看出，当 $\omega=1/2$ 时，$I(x;y)$ 取得最大值。因此，二元对称信道的信道容量为

$$C=1-H\left(p\right)\ \text{(bit/符号)} \tag{7-27}$$

由此可见，二元对称信道的信道容量 C 只是信道传输概率 p 的函数，而与输入符号 x 的概率分布 $p(x)$ 无关。

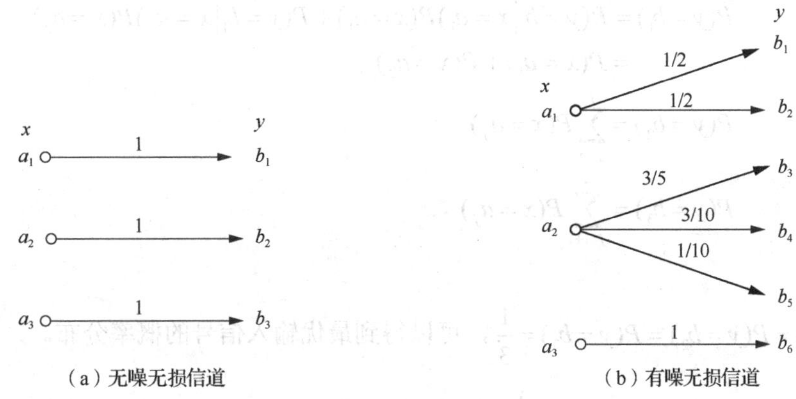

图 7-5　无损信道

下面讨论一些特殊信道的信道容量。

7.3.1　三类特殊信道的信道容量

图 7-5（a）所示的无噪无损信道是第一类特殊信道。无噪无损信道的信道疑义度 $H\left(x|y\right)$ 和噪声熵 $H\left(y|x\right)$ 都等于 0，所以

$$I(x;y)=H(x)=H(y) \tag{7-28}$$

由此，无噪无损信道的信道容量为

$$C=\max_{P(x)}H(x)=\log_2 r\ \text{(bit/符号)} \tag{7-29}$$

式中，r 为信道输入符号的个数。当信道输入符号等概率分布时，信道的平均互信息达到信道容量。

对于第二类特殊信道，输入一个 x 值，会输出几个可能的 y 值，而且每个 x 值所对应的 y 值都不同，如图 7-5（b）所示。这类信道被称为**有噪无损信道**。在这类信道中，接收到符号 y 后，对发送的符号 x 是完全确定的，即信道疑义度 $H(x|y)=0$，但噪声熵 $H(y|x)\neq 0$。因此，这类信道的平均互信息为

$$I(x;y)=H(x)<H(y) \tag{7-30}$$

其信道容量为

$$C = \max_{P(x)} H(x)=\log_2 r \text{（bit/符号）} \tag{7-31}$$

第三类特殊信道的一个输出值（y 值）对应好几个信道的输入值（x 值），而且每个 y 值所对应的 x 值都不同。这类信道被称为**无噪有损信道**。这类信道的噪声熵 $H(y|x)=0$，而信道疑义度 $H(x|y)\neq 0$。它的平均互信息是

$$I(x;y)=H(y)<H(x) \tag{7-32}$$

其信道容量为

$$C = \max_{P(x)} H(y)=\log_2 s \text{（bit/符号）} \tag{7-33}$$

式中，s 为信道输出符号的个数。当输出信号服从均匀分布时，信道的平均互信息达到信道容量。以图 7-6 为例，可以利用输出信号的概率分布得到最佳输入信号的概率分布。

$$\begin{aligned} P(y=b_1) &= P(y=b_1|x=a_1)P(x=a_1)+P(y=b_1|x=a_2)P(x=a_2) \\ &= P(x=a_1)+P(x=a_2) \\ P(y=b_2) &= \sum_{j=3}^{i} P(x=a_j) \\ P(y=b_3) &= \sum_{j=i+1}^{r} P(x=a_j) \end{aligned} \tag{7-34}$$

令 $P(y=b_1)=P(y=b_2)=P(y=b_3)=\dfrac{1}{3}$，可以得到最优输入信号的概率分布。

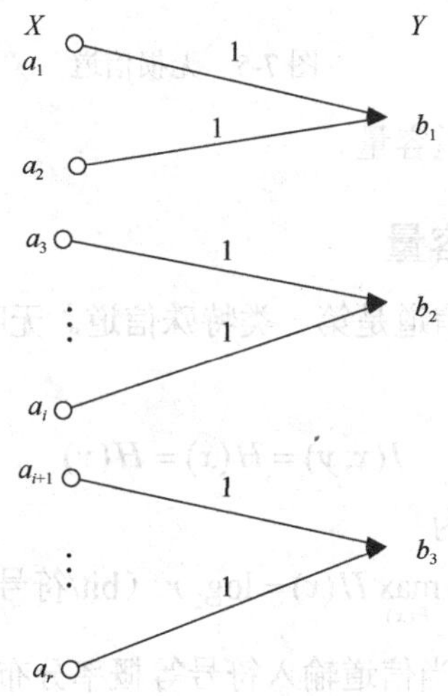

图 7-6 无噪有损信道

7.3.2 对称离散信道的信道容量

离散信道中有一类特殊的信道，其特点是信道矩阵具有很强的对称性。对称性就是指信道矩阵 $\boldsymbol{P}$ 中的每一行都由同一集合 $\{p_1,p_2,\cdots,p_s\}$ 的各元素通过不同的排列而组成，并且每一列也都由同一集合 $\{q_1,q_2,\cdots,q_r\}$ 的各元素通过不同的排列而组成。具有这种对称性信道矩阵的信道被称为**对称离散信道**。例如，具有信道矩阵

$$\boldsymbol{P}=\begin{bmatrix}\frac{1}{3} & \frac{1}{3} & \frac{1}{6} & \frac{1}{6}\\ \frac{1}{6} & \frac{1}{6} & \frac{1}{3} & \frac{1}{3}\end{bmatrix} \text{和} \boldsymbol{P}=\begin{bmatrix}\frac{1}{2} & \frac{1}{3} & \frac{1}{6}\\ \frac{1}{6} & \frac{1}{2} & \frac{1}{3}\\ \frac{1}{3} & \frac{1}{6} & \frac{1}{2}\end{bmatrix}$$

的信道是对称离散信道。

若输入符号和输出符号的个数相同，都等于r，并且信道矩阵为

$$\boldsymbol{P}=\begin{bmatrix}\bar{p} & \frac{p}{r-1} & \frac{p}{r-1} & \cdots & \frac{p}{r-1}\\ \frac{p}{r-1} & \bar{p} & \frac{p}{r-1} & \cdots & \frac{p}{r-1}\\ \vdots & & & & \vdots\\ \frac{p}{r-1} & \frac{p}{r-1} & \frac{p}{r-1} & \cdots & \bar{p}\end{bmatrix} \tag{7-35}$$

其中$p+\bar{p}=1$，则此信道被称为**强对称信道或均匀信道**。它是对称离散信道的一类特例。

对称离散信道的平均互信息为

$$I(x;y)=H(y)-H(y|x) \tag{7-36}$$

根据对称信道的特性，可得

$$H(y|x)=\sum_{y}P(y|x)\log_2 P(y|x) \tag{7-37}$$

因此，信道容量为

$$C=\max_{P(x)}\left[H(y)-\sum_{y}P(y|x)\log_2 P(y|x)\right]=\log_2 s-\sum_{y}P(y|x)\log_2 P(y|x) \tag{7-38}$$

现已知输出符号y的集合中共有s个符号，只有当输出符号等概率分布时，$H(y)$才能达到最大值$\log_2 s$。一般情况下，不一定存在一种输入符号的概率分布$P(x)$能使输出符号等概率分布。但对称离散信道的信道矩阵中的每一列都由相同元素通过不同的排列而组成，所以当输入符号等概率分布，即$P(x=a_i)=1/r$时，输出符号y一定也等概率分布，由此可得

$$\begin{aligned}P(y=b_1)&=\sum_{i=1}^{r}P(x=a_i)P(y=b_1|x=a_i)=\frac{1}{r}\sum_{i=1}^{r}P(y=b_1|x=a_i)\\ P(y=b_2)&=\sum_{i=1}^{r}P(x=a_i)P(y=b_2|x=a_i)=\frac{1}{r}\sum_{i=1}^{r}P(y=b_2|x=a_i)\\ &\vdots\\ P(y=b_s)&=\sum_{i=1}^{r}P(x=a_i)P(y=b_s|x=a_i)=\frac{1}{r}\sum_{i=1}^{r}P(y=b_s|x=a_i)\end{aligned} \tag{7-39}$$

由于信道矩阵具有对称性，因此可推出输出符号等概率分布。

例 7-2　强对称信道（均匀信道）的信道矩阵是$r\times r$阶矩阵，信道转移矩阵为式（7-35）。由式（7-38）可得，强对称信道的信道容量为

$$C=\log_2 r-\sum_{y=1}^{r}P(y|x)\log_2 P(y|x)=\log_2 r+\bar{p}\log_2\bar{p}+p\log_2\frac{p}{r-1} \tag{7-40}$$

7.3.3 准对称离散信道的信道容量

若信道矩阵的列可以划分为若干互不相交的子集 B_k（$k=1,2,\cdots,n$），即 $B_1 \cap B_2 \cap \cdots \cap B_n = \varnothing$，$B_1 \cup B_2 \cup \cdots \cup B_n = \boldsymbol{Y}$（$\boldsymbol{Y}$ 为信道矩阵的全部列向量）。以 B_k 为列而组成的矩阵 $\boldsymbol{Q}_k$ 具有对称性，则称该信道矩阵所对应的信道为**准对称离散信道**。例如，信道矩阵

$$\boldsymbol{P}_1 = \begin{bmatrix} \frac{1}{3} & \frac{1}{3} & \frac{1}{6} & \frac{1}{6} \\ \frac{1}{6} & \frac{1}{3} & \frac{1}{6} & \frac{1}{3} \end{bmatrix} \text{和} \ \boldsymbol{P}_2 = \begin{bmatrix} 0.7 & 0.1 & 0.2 \\ 0.2 & 0.1 & 0.7 \end{bmatrix}$$

所对应的信道都是准对称离散信道。在信道矩阵 $\boldsymbol{P}_1$ 中，全部列向量可以划分为三个子集，由这三个子集的列组成的矩阵为 $\begin{bmatrix} \frac{1}{3} & \frac{1}{6} \\ \frac{1}{6} & \frac{1}{3} \end{bmatrix}$、$\begin{bmatrix} \frac{1}{6} \\ \frac{1}{6} \end{bmatrix}$、$\begin{bmatrix} \frac{1}{3} \\ \frac{1}{3} \end{bmatrix}$。它们满足对称性，所以 $\boldsymbol{P}_1$ 所对应的信道为准对称离散信道。同理，$\boldsymbol{P}_2$ 可划分为两个对称矩阵 $\begin{bmatrix} 0.7 & 0.2 \\ 0.2 & 0.7 \end{bmatrix}$ 和 $\begin{bmatrix} 0.1 \\ 0.1 \end{bmatrix}$。

可以证明，达到准对称离散信道信道容量的输入分布（最佳输入分布）是等概率分布。准对称离散信道的信道容量为

$$C = \log_2 r - H(p_1', p_2', \cdots, p_s') - \sum_{k=1}^{n} N_k \log_2 M_k \tag{7-41}$$

式中，r 为输入符号集的个数；$(p_1', p_2', \cdots, p_s')$ 为准对称离散信道矩阵中的行元素。设矩阵可划分成 n 个互不相交的子集。N_k 是第 k 个子矩阵 $\boldsymbol{Q}_k$ 中的行元素之和，M_k 是第 k 个子矩阵 $\boldsymbol{Q}_k$ 中的列元素之和。

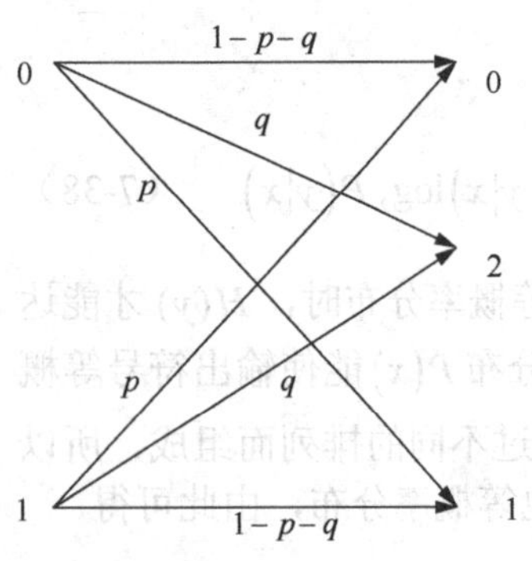

图 7-7 例 7-3 的信道模型

例 7-3 设信道矩阵

$$\boldsymbol{P} = \begin{bmatrix} 1-p-q & q & p \\ p & q & 1-p-q \end{bmatrix}$$

该矩阵可表示成图 7-7 所示的信道模型。由式（7-41）可得

$$N_1 = 1-q,\ N_2 = q,\ M_1 = 1-q,\ M_2 = 2q$$

因此，信道容量为

$$C = p\log_2 p - (1-p-q)\log_2(1-p-q) + (1-q)\log_2 \frac{2}{1-q} \tag{7-42}$$

7.4 离散无记忆扩展信道的信道容量

前面讨论了当信道传输的是单符号时的信道容量。当信道输入是随机序列时，从信道的输出序列中最多能获得多少信息是本节将要介绍的内容。在离散无记忆信道中，输入随机序列与输出随机序列之间的转移概率等于对应时刻随机变量的转移概率的乘积。

设离散无记忆信道的输入符号集为 $A = \{a_1, a_2, \cdots, a_r\}$，输出符号集 $B = \{b_1, b_2, \cdots, b_s\}$，信道

矩阵为式（7-4）。离散无记忆信道的 N 次扩展信道的输入和输出均为长度为 N 的符号序列，其数学模型如图 7-8 所示。其中，α_k（$k=1,2,\cdots,r^N$）表示可能的输入序列，β_h（$h=1,2,\cdots,s^N$）表示可能的输出序列。

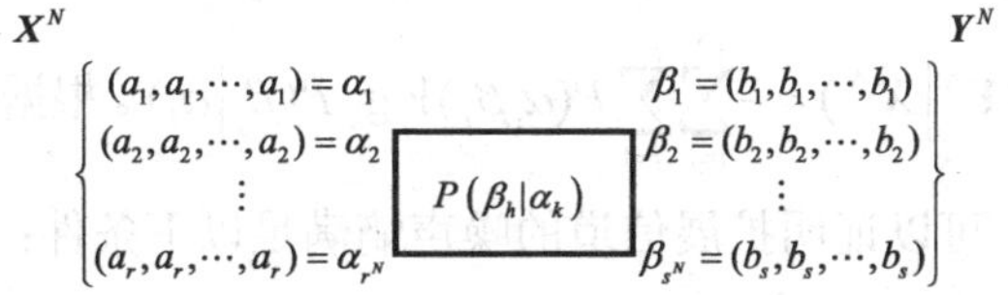

$$\boldsymbol{X}^N \left\{\begin{array}{l}(a_1,a_1,\cdots,a_1)=\alpha_1\\(a_2,a_2,\cdots,a_2)=\alpha_2\\\quad\vdots\\(a_r,a_r,\cdots,a_r)=\alpha_{r^N}\end{array}\right. \boxed{P(\beta_h|\alpha_k)} \left.\begin{array}{l}\beta_1=(b_1,b_1,\cdots,b_1)\\\beta_2=(b_2,b_2,\cdots,b_2)\\\quad\vdots\\\beta_{s^N}=(b_s,b_s,\cdots,b_s)\end{array}\right\} \boldsymbol{Y}^N$$

图 7-8　离散无记忆信道的 N 次扩展信道的数学模型

因为在输入随机序列 $\boldsymbol{X}^N=(X_1,X_2,\cdots,X_N)$ 中，每个随机变量 X_i（$i=1,2,\cdots,N$）都有 r 种可能的取值，所以随机向量 $\boldsymbol{X}^N$ 的可能取值有 r^N 个。同理，随机向量 $\boldsymbol{Y}^N$ 的可能取值有 s^N 个。根据信道无记忆的特性，可以得到离散无记忆信道的 N 次扩展信道的信道矩阵，即

$$\boldsymbol{\pi}=\begin{bmatrix}\pi_{11} & \pi_{12} & \cdots & \pi_{1s^N}\\ \pi_{21} & \pi_{22} & \cdots & \pi_{2s^N}\\ \vdots & \vdots & & \vdots\\ \pi_{r^N1} & \pi_{r^N2} & \cdots & \pi_{r^Ns^N}\end{bmatrix} \tag{7-43}$$

式中，$\pi_{kh}=P(\beta_h|\alpha_k)$，满足条件

$$\sum_{h=1}^{s^N}\pi_{kh}=1 \tag{7-44}$$

并且

$$\pi_{kh}=P(\beta_h|\alpha_k)=P(b_{h1},b_{h2},\cdots,b_{hN}|a_{k1},a_{k2},\cdots,a_{kN})=\prod_i P(b_{hi}|a_{ki}) \tag{7-45}$$

例 7-4　求图 7-3 所示信道的二次扩展信道。

因为二次扩展信道的输入变量 X 和输出变量 Y 的取值都是 0 或 1，所以二次扩展信道的输入符号集为 $A^2=\{00,01,10,11\}$，输出符号集为 $B^2=\{00,01,10,11\}$。根据无记忆信道的特性，求得输入为 α_1、输出为 β_j（$j=1,2,3,4$）的二次扩展信道的转移概率，即

$$P(\beta_1|\alpha_1)=P(00|00)=P(0|0)P(0|0)=\bar{p}^2$$

$$P(\beta_2|\alpha_1)=P(01|00)=P(0|0)P(1|0)=\bar{p}p$$

$$P(\beta_3|\alpha_1)=P(10|00)=P(1|0)P(0|0)=p\bar{p}$$

$$P(\beta_4|\alpha_1)=P(11|00)=P(1|0)P(1|0)=p^2$$

同理，求得其他转移概率 $P(\beta_j|\alpha_i)$，最后得到二次扩展信道的信道矩阵 $\boldsymbol{\pi}$，即

$$\boldsymbol{\pi}=\begin{bmatrix}\bar{p}^2 & \bar{p}p & p\bar{p} & p^2\\ \bar{p}p & \bar{p}^2 & p^2 & p\bar{p}\\ p\bar{p} & p^2 & \bar{p}^2 & \bar{p}p\\ p^2 & p\bar{p} & \bar{p}p & \bar{p}^2\end{bmatrix}$$

根据平均互信息的定义，可以得到图 7-8 所示信道的平均互信息，即

$$I(\boldsymbol{X}^N;\boldsymbol{Y}^N)=H(\boldsymbol{X}^N)-H\left(\boldsymbol{X}^N\middle|\boldsymbol{Y}^N\right)=H(\boldsymbol{Y}^N)-H\left(\boldsymbol{Y}^N\middle|\boldsymbol{X}^N\right) \tag{7-46}$$

其中，$H(\boldsymbol{X}^N)=-\sum_{i=1}^{r^N}P(\alpha_i)\log_2 P(\alpha_i)$，$H(\boldsymbol{X}^N|\boldsymbol{Y}^N)=-\sum_{i=1}^{r^N}\sum_{j=1}^{s^N}P(\alpha_i\beta_j)\log_2 P(\alpha_i|\beta_j)$，$H(\boldsymbol{Y}^N)=-\sum_{j=1}^{s^N}P(\beta_j)\log_2 P(\beta_j)$，$H(\boldsymbol{Y}^N|\boldsymbol{X}^N)=-\sum_{i=1}^{r^N}\sum_{j=1}^{s^N}P(\alpha_i\beta_j)\log_2 P(\beta_j|\alpha_i)$。根据信道转移概率的特性——式（7-44）和式（7-45），可以证明扩展信道的噪声熵满足以下条件：

$$H(\boldsymbol{Y}^N|\boldsymbol{X}^N)=-\sum_{i=1}^{r^N}\sum_{j=1}^{s^N}P(\alpha_i)P(\beta_j|\alpha_i)\log_2 P(\beta_j|\alpha_i)=\sum_i H(y_i|x_i) \tag{7-47}$$

此外，根据熵的可加性，可知输出序列的熵满足条件$H(\boldsymbol{Y}^N)\leqslant\sum_{i=1}^{N}H(y_i)$，当序列中的符号相互独立时，等式成立。由于信道为无记忆信道，当输出序列中的符号相互独立时，输入序列中的符号也相互独立。因此，对于离散无记忆扩展信道，式（7-46）可化简为

$$I(\boldsymbol{X}^N;\boldsymbol{Y}^N)=H(\boldsymbol{Y}^N)-H(\boldsymbol{Y}^N|\boldsymbol{X}^N)\leqslant\sum_{i=1}^{N}I(X_i;Y_i) \tag{7-48}$$

其中，$I(X_i;Y_i)$表示第 i 个单符号的互信息。当信道输入序列中的符号相互独立时，式（7-48）中的等式成立，扩展信道的平均互信息取最大值。若信道的输入序列$\boldsymbol{X}^N=(X_1,X_2,\cdots,X_N)$中的随机变量$X_i$取自同一信源符号集，概率分布相同，而且通过相同的信道传送到输出端，则有

$$I(X^N;Y^N)=NI(X;Y)\ \text{（bit/符号）} \tag{7-49}$$

此式说明，当信源无记忆时，无记忆的 N 次扩展信道的平均互信息等于单符号离散信道的平均互信息的 N 倍，即从长度为 N 的符号序列中获得的信息是从单符号中获得的信息的 N 倍。

根据式（7-49），可进一步推出离散无记忆信道的 N 次扩展信道的信道容量，即

$$\begin{aligned}C^N&=\max_{p(x^N)}I(X^N;Y^N)\\&=\max_{p(x)}NI(X;Y)\\&=NC\end{aligned} \tag{7-50}$$

其中，C 表示单符号离散信道的信道容量。式（7-50）表示从信道输出的 N 个符号中能获得的关于发送序列的最大信息量等于单符号离散信道的信道容量的 N 倍，并且只有当输入信源是无记忆的及每个输入变量X_i的分布都达到最佳分布$P(x)$时，才能获得这个信道容量 NC。由于获得的信息量和发送时间都是单符号传输的 N 倍，因此扩展信道在单位时间内的传输速率等于单符号离散信道的传输速率。

7.5 独立并联信道的信道容量

独立并联信道如图 7-9 所示。设有 N 个独立并联信道，它们的输入分别是$X_1,X_2,\cdots,X_N$，输出分别是$Y_1,Y_2,\cdots,Y_N$，转移概率分别是$P(Y_1|X_1),P(Y_2|X_2),\cdots,P(Y_N|X_N)$。在这 N 个独立并联信道中，每个信道的输出Y_i只与本信道的输入X_i有关（$i=1,2,\cdots,N$），与其他信道的输入、输出都无关。那么，这 N 个独立并联信道的联合转移概率满足以下条件：

$$P\left(Y_1,Y_2,\cdots,Y_N\middle|X_1,X_2,\cdots,X_N\right)=\prod_{i=1}^{N}P\left(Y_i\middle|X_i\right) \tag{7-51}$$

相当于离散无记忆扩展信道需要满足的条件，因此和离散无记忆扩展信道一样，$H(Y^N|X^N)=\sum_i H(y_i|x_i)$，其平均互信息为

$$I(X^N;Y^N)=H(Y^N)-H(Y^N|X^N)\leqslant\sum_{i=1}^{N}I(X_i;Y_i) \tag{7-52}$$

当输入符号相互独立时，式（7-52）中的等式成立。因此，独立并联信道的信道容量为

$$C=\max_{P(X_1,X_2,\cdots,X_N)}I(X^N;Y^N)=\sum_{i=1}^{N}C_i \tag{7-53}$$

其中，C_i为第i个信道的信道容量。当输入符号X_i相互独立，并且输入符号X_i的概率分布达到各信道容量的最佳输入分布时，独立并联信道的信道容量等于子信道的信道容量之和。并联信道在单符号传输周期内所传输的信息量是单符号离散信道的N倍，因此并联信道的传输速率等于单符号离散信道的传输速率的N倍。

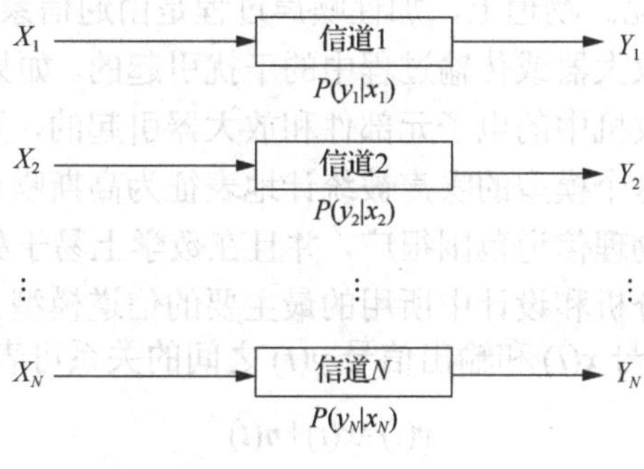

图7-9　独立并联信道

7.6　波形信道的数学模型

在数字通信系统中，位于调制器和解调器之间的信道常被建模为波形信道或连续信道。当信道的输入和输出分别是随机过程$\{x(t)\}$和$\{y(t)\}$，即信道的输入和输出都是模拟信号时，这个信道被称为波形信道。根据时间抽样定理，可以把波形信道的输入$\{x(t)\}$和输出$\{y(t)\}$离散化成$N=2FT$（F和T分别为$x(t)$的带宽和时长）个时间离散、取值连续的平稳随机序列$\boldsymbol{x}=(x_1,x_2,\cdots,x_N)$和$\boldsymbol{y}=(y_1,y_2,\cdots,y_N)$。这样，波形信道就转化成多维连续信道。多维连续信道的传递PDF的表达式是

$$p\left(\boldsymbol{y}|\boldsymbol{x}\right)=p\left(y_1,y_2,\cdots,y_N|x_1,x_2,\cdots,x_N\right) \tag{7-54}$$

并且满足条件

$$\int_R\int_R\cdots\int_R p\left(y_1,y_2,\cdots,y_N|x_1,x_2,\cdots,x_N\right)\mathrm{d}y_1\mathrm{d}y_2\cdots\mathrm{d}y_N=1 \tag{7-55}$$

式中，**R**为实数域。我们用概率空间$\left[\boldsymbol{x},p(\boldsymbol{y}|\boldsymbol{x}),\boldsymbol{y}\right]$来描述多维连续信道。

若多维连续信道的传递PDF的表达式为

$$p(\boldsymbol{y}|\boldsymbol{x})=\prod_{i=1}^{N}p(y_i|x_i) \tag{7-56}$$

则称此信道为无记忆连续信道。若连续信道在任一时刻的输出变量只与对应时刻的输入变量有关，与以前时刻的输入变量、输出变量无关，则称此信道为无记忆连续信道；若多维连续信道在任何时刻的输出变量与在其他任何时刻的输入变量、输出变量都有关，则称此信道为有记忆连续信道。

当N=1 时，信道的输入和输出均为单符号连续变量，多维连续信道退化为基本连续信道。其传递 PDF $p(y|x)$满足条件

$$\int_{\mathbf{R}}p(y|x)\mathrm{d}y=1 \tag{7-57}$$

可用概率空间$[x,p(y|x),y]$来描述基本连续信道。

下面将简要描述信道的模型，它们常用来表征实际的物理信道。

1）加性噪声信道

信道最简单的数学模型是加性噪声信道，如图 7-10 所示。在这个模型中，发送信号 $x(t)$被加性随机噪声过程 $n(t)$恶化。物理上，加性噪声过程是由通信系统接收机中的电子元部件、放大器或传输过程中的干扰引起的。如果噪声主要是由通信系统接收机中的电子元部件和放大器引起的，那么它可以表征为热噪声。这个模型的噪声被统计地表征为高斯噪声。因为这个模型可适用的物理信道范围很广，并且在数学上易于处理，所以它是在通信系统分析和设计中所用的最主要的信道模型。

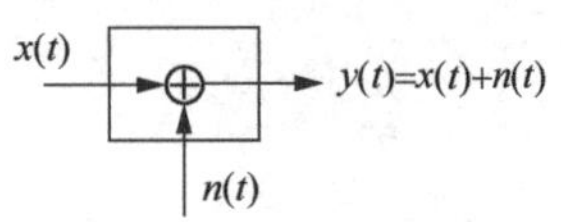

图 7-10　加性噪声信道

加性噪声信道的输入信号 $x(t)$ 和输出信号 $y(t)$ 之间的关系可表示为

$$y(t)=x(t)+n(t) \tag{7-58}$$

其中，$n(t)$为高斯噪声，可用高斯随机过程表示。若 $n(t)$的功率谱密度在整个频率空间中为一常数，则 $n(t)$为白噪声，信道为白噪声信道。设噪声的功率谱密度为N_0，则噪声的自相关函数为$N_0\delta(\tau)$。在多维连续信道中，$n(t)$可用 N 维向量表示。若噪声的均值为 0，则白噪声在不同时刻的样值相互独立，即 N 维向量中的各元素统计独立。若 $n(t)$同时满足加性、高斯、白噪声这 3 个条件，则信道为加性高斯白噪声（AWGN）信道。

在通信系统中，式（7-58）中的输入信号 $x(t)$和高斯噪声 $n(t)$通常是独立的。因此，可以证明，在用式（7-58）表示的加性信道中，信道的传递 PDF 就等于噪声的 PDF。对于基本连续信道，有

$$p(y|x)=p(n) \tag{7-59}$$

其中，$p(n)$为高斯噪声的 PDF。对于多维连续信道，有

$$p(\boldsymbol{y}|\boldsymbol{x})=p(\boldsymbol{n}) \tag{7-60}$$

其中，$p(\boldsymbol{n})$为高斯噪声向量的联合 PDF。根据式（7-59），可推出基本连续信道的条件熵，即

$$\begin{aligned}h(y|x)&=-\int_{-\infty}^{+\infty}p(x)\mathrm{d}x\int_{-\infty}^{+\infty}p(y|x)\log_2 p(y|x)\mathrm{d}y\\&=-\int_{-\infty}^{+\infty}p(x)\mathrm{d}x\int_{-\infty}^{+\infty}p(n)\log_2 p(n)\mathrm{d}y\\&=h(n)\end{aligned} \tag{7-61}$$

其中，$\int_{-\infty}^{+\infty} p(x)\mathrm{d}x = 1$，所以 $h(n) = h(y|x) = \int_{-\infty}^{+\infty} p(n)\log_2 p(n)\mathrm{d}n$。同理，可推出 N 维连续信道的条件熵，即

$$h(\boldsymbol{y}|\boldsymbol{x}) = h(\boldsymbol{n}) = \oint p(\boldsymbol{n})\log_2 p(\boldsymbol{n})\mathrm{d}\boldsymbol{n} \tag{7-62}$$

2）线性滤波器信道

非理想的信道频率响应特性会造成信号失真，导致发生 ISI。ISI 使得信道在任一时刻的输出变量与之前时刻的输入变量相关，因此有 ISI 的信道可视为有记忆连续信道。这样的信道通常在数学上表征为带有加性噪声的线性滤波器，如图 7-11 所示。因此，如果信道的输入信号为 $x(t)$，那么信道的输出信号为信道的输入信号 $x(t)$ 和线性滤波器的冲激响应 $h(t)$ 的线性卷积再加上噪声 $n(t)$ 的和，即

$$y(t) = x(t) * h(t) + n(t) = \int_{-\infty}^{\infty} x(t)h(t-\tau)\mathrm{d}\tau + n(t) \tag{7-63}$$

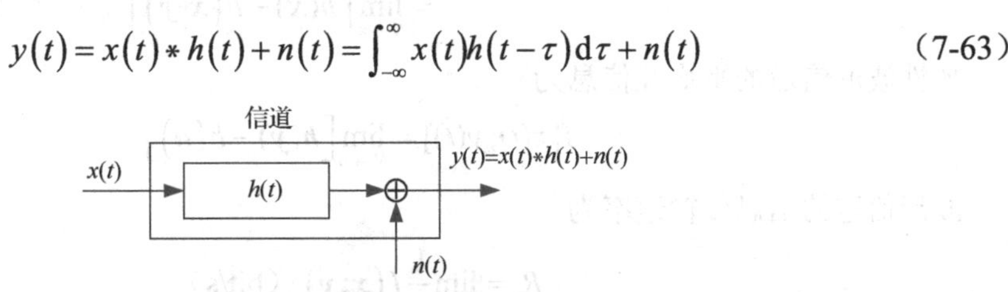

图 7-11　线性滤波器信道

7.7　波形信道的平均互信息

7.7.1　基本连续信道的平均互信息

单符号连续信道的输入 x 和输出 y 之间的平均互信息为

$$\begin{aligned} I(x;y) &= h(y) - h(y|x) \\ &= h(x) - h(x|y) \\ &= h(x) + h(y) - h(xy) \end{aligned} \tag{7-64}$$

其中，$h(x)$、$h(y)$、$h(xy)$、$h(x|y)$ 分别表示 x 的差熵、y 的差熵、x 和 y 的联合熵、x 和 y 的条件熵。连续信道的平均互信息和离散信道的平均互信息的表达式类似，只是用连续信源的差熵替代了离散信源的信息熵。由此可见，连续信源的差熵有重要的实际意义。根据式（7-61），可进一步得到基本加性连续信道的平均互信息，即

$$I(x;y) = h(y) - h(n) \quad \text{（bit/自由度）} \tag{7-65}$$

7.7.2　多维连续信道的平均互信息

由式（7-64）推广可得多维连续信道的平均互信息，即

$$\begin{aligned} I(\boldsymbol{x};\boldsymbol{y}) &= h(\boldsymbol{y}) - h(\boldsymbol{y}|\boldsymbol{x}) \\ &= h(\boldsymbol{x}) - h(\boldsymbol{x}|\boldsymbol{y}) \\ &= h(\boldsymbol{x}) + h(\boldsymbol{y}) - h(\boldsymbol{xy}) \end{aligned} \tag{7-66}$$

在加性多维连续信道中，有

$$I(\boldsymbol{x};\boldsymbol{y}) = h(\boldsymbol{y}) - h(\boldsymbol{n}) \text{（bit/}N\text{个自由度）} \tag{7-67}$$

平均每个自由度的互信息为$\dfrac{I(\boldsymbol{x};\boldsymbol{y})}{N}$。

7.7.3 波形信道平均互信息的定义

在一定的时间 T 内，波形信道的输入$\{x(t)\}$和输出$\{y(t)\}$可转化成 N 维随机序列$\boldsymbol{x}=(x_1,x_2,\cdots,x_N)$和$\boldsymbol{y}=(y_1,y_2,\cdots,y_N)$。因此，可以得到波形信道的平均互信息，即

$$\begin{aligned} I[x(t);y(t)] &= \lim_{N\to\infty} I(\boldsymbol{x};\boldsymbol{y}) \\ &= \lim_{N\to\infty}\left[h(\boldsymbol{y}) - h(\boldsymbol{y}|\boldsymbol{x})\right] \\ &= \lim_{N\to\infty}\left[h(\boldsymbol{x}) - h(\boldsymbol{x}|\boldsymbol{y})\right] \end{aligned} \tag{7-68}$$

加性波形信道的平均互信息为

$$I[x(t);y(t)] = \lim_{N\to\infty}\left[h(\boldsymbol{y}) - h(\boldsymbol{n})\right] \tag{7-69}$$

波形信道的信息传输速率为

$$R_t = \lim_{T\to\infty}\frac{1}{T} I(\boldsymbol{x};\boldsymbol{y}) \text{（bit/s）} \tag{7-70}$$

7.7.4 波形信道平均互信息的特性

波形信道的平均互信息具有如下特性。

（1）非负性。

$$I(\boldsymbol{x};\boldsymbol{y}) \geqslant 0 \tag{7-71}$$

（2）对称性（交互性）。

$$I(\boldsymbol{x};\boldsymbol{y}) = I(\boldsymbol{y};\boldsymbol{x}) \tag{7-72}$$

（3）和离散信道的平均互信息类似，连续变量之间的平均互信息$I(\boldsymbol{x};\boldsymbol{y})$是输入连续变量$\boldsymbol{x}$的 PDF $p(\boldsymbol{x})$的凸函数。因此，可以通过优化$p(\boldsymbol{x})$，使平均互信息达到最大值。

（4）$I(\boldsymbol{x};\boldsymbol{y})$与$I(x_i,y_i)$的关系。

若多维连续平稳信源是无记忆的，即$\boldsymbol{x}$中各分量x_i（$i=1,2,\cdots,N$）彼此统计独立，并且多维连续信道是无记忆的，即满足式（7-56）的要求，则存在

$$I(\boldsymbol{x};\boldsymbol{y}) = \sum_{i=1}^{N} I(x_i;y_i) \tag{7-73}$$

此特性的证明方法和 7.4 节中离散无记忆扩展信道的分析方法相同。

7.8 波形信道的信道容量

和离散信道一样，固定的波形信道有一个固定的最大信息传输速率，即为信道容量。它也是信道可靠传输的最大信息传输速率。一般将多维连续信道的信道容量定义为

$$C = \max_{p(\boldsymbol{x})} I(\boldsymbol{x};\boldsymbol{y}) \text{（bit/}N\text{个自由度）} \tag{7-74}$$

其中，$p(\boldsymbol{x})$ 为信道输入信号的 PDF。

若信道模型为式（7-58），则信道容量为

$$C = \max_{p(\boldsymbol{x})} I(\boldsymbol{x};\boldsymbol{y}) = \max_{p(\boldsymbol{x})} \left[h(\boldsymbol{y}) - h(\boldsymbol{n})\right] \text{（bit/}N\text{个自由度）} \tag{7-75}$$

加性波形信道在单位时间内的信道容量为

$$C = \lim_{T\to\infty} \frac{1}{T} \max_{p(\boldsymbol{x})} \left[h(\boldsymbol{y}) - h(\boldsymbol{n})\right] \text{（bit/s）} \tag{7-76}$$

式中，只有 $h(\boldsymbol{y})$ 和 $p(\boldsymbol{x})$ 有关，因此求加性波形信道的信道容量就是求信道输出信号的差熵 $h(\boldsymbol{y})$ 的最大值。

7.8.1 单符号高斯加性信道的信道容量

在式（7-58）中，当噪声为一维高斯噪声时，信道为单符号高斯加性信道。设信道叠加的噪声 n 是均值为 0、方差为 σ^2 的一维高斯噪声，则噪声的差熵为

$$h(n) = \log_2 \sqrt{2\pi e \sigma^2} \tag{7-77}$$

根据式（7-75），单符号高斯加性信道的信道容量为

$$C = \max_{p(x)} \left[h(y) - \log_2 \sqrt{2\pi e \sigma^2} \right] \tag{7-78}$$

在式（7-78）中，只有 $h(y)$ 与信道输入信号 x 的 PDF $p(x)$ 有关。当信道输出信号 y 的平均功率被限制在 P_0（P_0 为平均功率的约束值）时，若 y 是均值为 0 的高斯变量，则其差熵 $h(y)$ 最大。而信道输出信号 y 是信道输入信号 x 和噪声 n 的线性叠加结果。已知噪声 n 是均值为 0、方差为 σ^2 的高斯变量，并与信道输入信号 x 彼此统计独立。那么，要使信道输出信号 y 是均值为 0、方差为 P_0 的高斯变量，则必须要求信道输入信号 x 是均值为 0、方差为 $P_s = P_0 - \sigma^2$（P_s 为信道输入信号的功率）的高斯变量（统计独立的正态分布的随机变量之和仍服从正态分布，并且和变量的方差等于各变量的方差之和）。因此，平均功率受限的高斯加性信道的信道容量为

$$\begin{aligned} C &= \log_2 \sqrt{2\pi e P_0} - \log_2 \sqrt{2\pi e \sigma^2} \\ &= \frac{1}{2} \log_2 \left(1 + \frac{P_s}{\sigma^2}\right) \end{aligned} \tag{7-79}$$

在单符号高斯加性信道中，只有当信道的输入信号是均值为 0、平均功率为 P_s 的高斯变量时，信息传输速率才能达到这个最大值。

7.8.2 多维无记忆高斯加性信道的信道容量

对于多维无记忆高斯加性信道，设信道输入为平稳随机序列 $\boldsymbol{x} = (x_1, x_2, \cdots, x_N)$，信道输出为平稳随机序列 $\boldsymbol{y} = (y_1, y_2, \cdots, y_N)$。因为该信道是加性信道，所以有 $\boldsymbol{y} = \boldsymbol{x} + \boldsymbol{n}$，其中 $\boldsymbol{n} = (n_1, n_2, \cdots, n_N)$，$\boldsymbol{n}$ 是均值为 0 的高斯噪声；因为该信道是无记忆加性信道，所以有

$$h(\boldsymbol{n}) = \sum_{i=1}^{N} h(n_i) \tag{7-80}$$

设各分量 n_i 均是均值为 0、方差为 σ_i^2 的高斯变量。根据 7.7.4 节中平均互信息的特性 $I(\boldsymbol{x};\boldsymbol{y})=\sum_{i=1}^{N}I(x_i;y_i)$，可得

$$C=\sum_{i=1}^{N}\max_{p(x_i)}I(x_i;y_i)=\frac{1}{2}\sum_{i=1}^{N}\log_2\left(1+\frac{P_{\mathrm{s}_i}}{\sigma_i^2}\right)\text{（bit/ }N\text{个自由度）} \tag{7-81}$$

其中，P_{s_i} 为第 i 个信道输入信号的功率。输入随机向量 $\boldsymbol{x}$ 中的各分量统计独立，并且是均值为 0、方差为 P_{s_i} 的高斯变量时，信道才能达到此信道容量。式（7-81）成立的条件是在各单元时刻，各信号分量 x_i 的平均功率受限，即 $E\{x_i^2\}\leqslant P_{\mathrm{s}_i}$。若各单元时刻的噪声仍是均值为 0、方差为 σ_i^2 的高斯噪声，但输入信号的总体平均功率受限，即

$$E\left[\sum_{i=1}^{N}{x_i}^2\right]=P \tag{7-82}$$

其中，P 为总功率约束值。则各单元时刻的 P_{s_i} 应如何分配，才能使信道容量最大呢？该问题可表示为

$$\begin{aligned}&\max_{\{P_{\mathrm{s}_i}\}_{i=1}^{N}}\frac{1}{2}\sum_{i=1}^{N}\log_2\left(1+\frac{P_{\mathrm{s}_i}}{\sigma_i^2}\right)\\&\text{s.t.}\ \sum_{i=1}^{N}P_{\mathrm{s}_i}\leqslant P\end{aligned} \tag{7-83}$$

式（7-83）旨在约束条件 $\sum_{i=1}^{N}P_{\mathrm{s}_i}\leqslant P$ 下，寻找最优的功率分配方式，使信道容量达到最大值。这是一个标准的求极大值问题。可以用拉格朗日乘子法来计算，作辅助函数

$$J=\sum_{i=1}^{N}\frac{1}{2}\log_2\left(1+\frac{P_{\mathrm{s}_i}}{\sigma_i^2}\right)+\lambda\sum_{i=1}^{N}P_{\mathrm{s}_i} \tag{7-84}$$

其中，λ 为拉格朗日乘子。令 $\frac{\partial J}{\partial P_{\mathrm{s}_i}}=0$，可得

$$P_{\mathrm{s}_i}=\left[-\frac{1}{2\lambda}-\sigma_i^2\right]^+ \tag{7-85}$$

式中，$[x]^+=\begin{cases}x, & x\geqslant 0\\ 0, & x<0\end{cases}$；$\lambda$ 的值由约束条件求得，即

$$\sum_{i=1}^{N}\left[-\frac{1}{2\lambda}-\sigma_i^2\right]^+=P \tag{7-86}$$

将求出的 $\{P_{\mathrm{s}_i}\}$ 代入式（7-83）中信道容量（目标函数）的计算公式，即可得到总功率受限条件下的信道容量。

这一结论说明，在多维无记忆高斯加性信道中，当各分信道的噪声平均功率不相等时，为达到最大的信息传输速率，要对输入信号的总能量进行分配。按式（7-85）所示进行分配，当噪声功率大于某一常数时，信号不分配能量，即不传送任何信息；当噪声功率小于某一常数时，信号按式（7-85）所示分配能量。这与实际情况是相符的。我们总是在噪声大的信道中少传送甚至不传送信息，而在噪声小的信道中多传送信息，这种功率分配方式被称为注水法。

7.8.3 限带高斯白噪声加性信道的信道容量

限带高斯白噪声加性信道是经常假设的一种波形信道。信道的输入信号和输出信号满足式（7-58）所示的关系。在对输入信号 $x(t)$进行时间上的离散化处理后，$x(t)$成为由 N 个符号构成的序列。设符号周期为T_s。每个符号占用的最小带宽为$\frac{1}{2T_s}$。它应该小于或等于信道带宽 W，即$\frac{1}{2T_s} \leqslant W$。若 $x(t)$的发送时间为 T，则序列中的符号个数$N \leqslant 2WT$。设每个信号的平均功率为P_s，噪声的功率谱密度为$N_0/2$，则噪声功率为N_0W。因此，在带限高斯信道中，式（7-81）可以重新表示为

$$C = WT\log_2\left(1+\frac{P_s}{N_0W}\right)\text{（bit/}N\text{个自由度）} \tag{7-87}$$

要使信道的传输速率达到信道容量，必须使输入信号$\{x(t)\}$是均值为 0、平均功率为P_s，并且不同时刻的样值相互独立的高斯信号。

限带高斯白噪声加性信道在单位时间内的信道容量为

$$C_t = \lim_{T\to\infty}\frac{C}{T} = W\log_2\left(1+\frac{P_s}{N_0W}\right)\text{（bit/s）} \tag{7-88}$$

上式即为香农公式。

由式（7-88）可以清楚地看到，香农公式把信道容量和信道的实际物理量（信道带宽 W、$x(t)$的发送时间 T、信噪比P_s/N_0W）联系了起来。它表明，一个信道可靠传输的最大速率完全由 W、T、P_s/N_0W 所确定。由香农公式可以得出以下几个重要结论。

（1）当 W 一定时，信道容量和信噪比成正比，增大信噪比能增大信道容量。

（2）当噪声的功率谱密度$N_0\to 0$，信道容量C_t趋于无穷大，这意味着无干扰连续信道的信道容量为无穷大值。

（3）增大信道带宽 W，并不能无限制地使信道容量增大。

由式（7-88）可以看出，在$\frac{P_s}{N_0}$一定的情况下，当信道带宽 W 增大时，信道容量C_t也开始增大；到一定阶段后，C_t的增大变缓；当信道带宽$W\to\infty$时，C_t趋向于一个极限值。令$x=\frac{P_s}{N_0W}$，可得

$$\lim_{W\to\infty} C_t = \lim_{x\to\infty}\frac{P_s}{N_0}\log_2(1+x)^{1/x} \tag{7-89}$$

因为当$x\to 0$时，$\ln(1+x)^{1/x}\to 1$，所以有

$$\lim_{x\to\infty} C_t = \frac{P_s}{N_0\ln 2} \approx 1.443\frac{P_s}{N_0}\text{（bit/s）} \tag{7-90}$$

（4）香农公式给出了无错误通信的传输速率 R 的理论极限。

香农公式给出的信道容量 C 是信息在连续信道中可靠传输的最大速率。这意味着香农公式给出了达到无错误通信的传输速率的理论极限值，即香农极限。在实际通信系统中，信息

在信道中的传输速率由具体的编码调制方式决定。若要实现无错误传输，则需要求$R \leqslant C$。因此，可用C来衡量实际通信系统的潜力，以及评估各种纠错编码性能的好坏。

习题

1．某个信源满足条件$\begin{bmatrix} x \\ P(x) \end{bmatrix} = \begin{bmatrix} x_1 & x_2 \\ 0.6 & 0.4 \end{bmatrix}$。使其通过一个干扰信道，信道输出信号$y$的集合为$\{y_1, y_2\}$，信道的转移概率如题图 7-1 所示。求：

（1）信源x和信道输出信号y的信息熵。

（2）信道疑义度和噪声熵。

（3）接收到输出信号y后获得的平均互信息。

2．设二元对称信道的传递矩阵为$\begin{bmatrix} \frac{2}{3} & \frac{1}{3} \\ \frac{1}{3} & \frac{2}{3} \end{bmatrix}$。

（1）若 0 和 1 出现的概率分别为$P(0)=3/4$和$P(1)=1/4$，求信道输入信号X和信道输出信号Y对应的信息熵$H(X)$、条件熵$H(X|Y)$和平均互信息$I(X;Y)$。

（2）求该信道的信道容量及平均互信息达到信道容量时的输入概率分布。

3．有一个二元对称信道，其信道矩阵如题图 7-2 所示。该信道以 1500 个二元符号/s 的速率传输输入符号。现有一消息序列，序列中共有 14000 个二元符号，假设在这一消息序列中，$P(0)=P(1)=1/2$。请问传完消息所需的最短时间是多少？

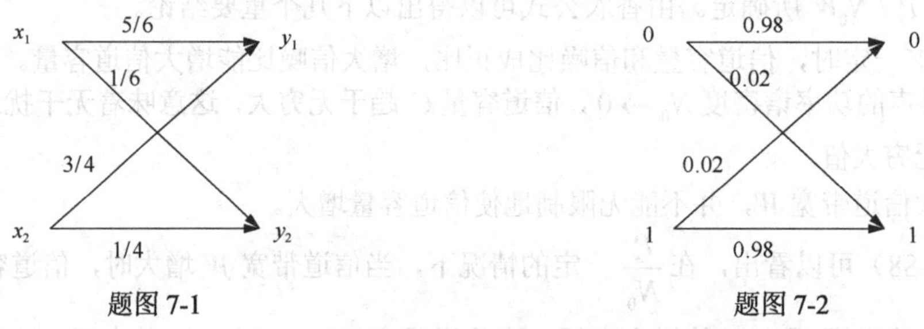

题图 7-1　　题图 7-2

4．求题图 7-3 中信道的信道容量及平均互信息达到信道容量时的最佳输入。

5．求题图 7-4 中信道的信道容量及最佳输入概率分布。

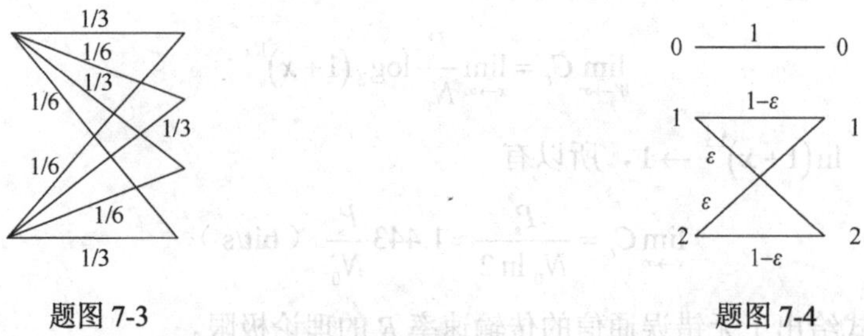

题图 7-3　　题图 7-4

6．计算下面信道矩阵所对应信道的信道容量。

$$\begin{bmatrix} \bar{p} & p & 0 & 0 \\ p & \bar{p} & 0 & 0 \\ 0 & 0 & \bar{p} & p \\ 0 & 0 & p & \bar{p} \end{bmatrix}$$

7．现有一对独立并联信道，如题图 7-5 所示，$Y_1 = X_1 + n_1$，$Y_2 = X_2 + n_2$。其中，n_1 和 n_2 是均值为 0、协方差矩阵为 $\begin{bmatrix} \sigma_1^2 & 0 \\ 0 & \sigma_2^2 \end{bmatrix}$ 的高斯变量，σ_1^2 和 σ_2^2 分别为 n_1 和 n_2 的方差。信号平均功率受限，即 $E\left(X_1^2 + X_2^2\right) \leqslant P$，$P$ 为总功率约束值。请通过计算获得使信道的传输速率达到信道容量的功率分配方式。

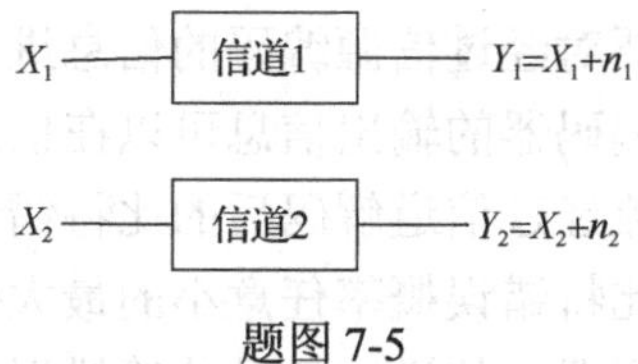

题图 7-5

8．在平均功率受限的加性噪声信道中，信道带宽为 1MHz，设信噪比为 10dB。

（1）计算信道的最大传输速率。

（2）若信噪比减小为 5dB，要达到相同的信道容量，信道带宽应为多少？

9. 均匀分布加性噪声信道的输入随机变量 x 在 $-\frac{1}{2} \leqslant x \leqslant \frac{1}{2}$ 范围内服从均匀分布。设输出随机变量 $y = x + n$，噪声变量 n 在 $-\frac{a}{2} \leqslant n \leqslant \frac{a}{2}$ 范围内服从均匀分布。

（1）求出以 a 为变量的平均互信息 $I(x;y)$。

（2）求此信道的信道容量。（提示：求令平均互信息 $I(x;y)$ 取最大值的 a）

第 8 章　有噪信道编码

在第 7 章中，我们介绍了离散信道和波形信道的信道容量。信道容量是保证信号无错误传输的最大速率。信源编码器的输出信息如何才能以最大速率在信道中无错误传输呢？系统模型如图 8-1 所示，如果将信源编码器的输出信息直接送进信道，信道中的噪声会使输出信号产生较大的误码率。因此，需要对经过信源编码的信息进行信道编码，同时对信道的输出信号进行信道解码，以保证信源编码器的输出信息可以在信道中无错误传输。信道编码器通过增加冗余比特的方法减小比特流经过信道解码后的比特错误概率。但增加冗余比特会减小信息的传输速率。那么，能保证比特错误概率任意小的最大传输速率是多少呢？本章将从信息论的角度讲解信道编码器、解码器、信道容量及传输错误概率之间的关系。本章主要以离散信道为例来讲述信道编码定理。

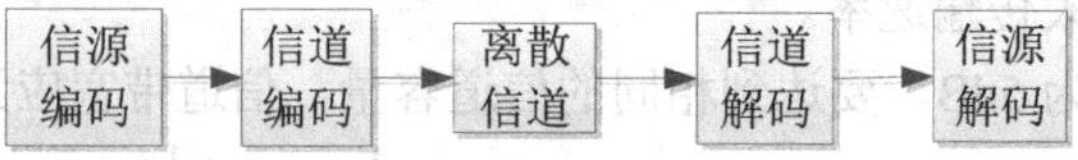

信源编码 → 信道编码 → 离散信道 → 信道解码 → 信源解码

图 8-1　系统模型

8.1　错误概率和译码规则

在有噪信道中传输消息是会发生错误的。为了减少错误，提高可靠性，可以使信道的输出信号通过一个信道解码器，通过设计最优的译码规则，减小比特错误概率。本章首先分析信道解码所采用的译码规则及相应的错误概率。

现举一个特殊例子来说明。设一个二元对称信道，其传输特性如图 7-3 所示，$p = 2/3$。假设信道解码器的译码规则为：将接收符号“0”译成“0”，将接收符号“1”译成“1”。按照此译码规则，当发送符号为“0”、接收符号仍为“0”时，解码器译出符号“0”，为译码正确。因此，对发送符号“0”来说，译对的概率为$1/3$。而当发送符号为“0”、接收符号为“1”时，解码器译出符号“1”，为译码错误。因此，对发送符号“0”来说，译错的概率为$2/3$。因为信道对称，所以对发送符号“1”来说，译错的概率也是$2/3$。在此译码规则下，平均错误概率为

$$P_{\mathrm{E}} = P(0)P(1|0) + P(1)P(0|1) = \frac{2}{3} \tag{8-1}$$

其中，$P(0)$和$P(1)$分别表示发送符号为 0 和 1 的概率，$P(1|0)$表示发送符号为 0、接收符号为 1 的概率，$P(0|1)$表示发送符号为 1、接收符号为 0 的概率。如果将解码器的译码规则更改为：将接收符号“0”译成“1”，将接收符号“1”译成“0”。则平均错误概率为

$$P_E = P(0)P(0|0) + P(1)P(1|1) = \frac{1}{3} \tag{8-2}$$

其中，$P(0|0)$表示发送符号为 0、接收符号为 0 的概率，$P(1|1)$表示发送符号为 1、接收符号为 1 的概率。可见，平均错误概率既与信道的统计特性有关，又与译码规则有关。

现在来定义译码规则。设离散信道的输入符号集 $A=\{a_1,a_2,\cdots,a_r\}$，输出符号集 $B=\{b_1,b_2,\cdots,b_s\}$。设计译码规则就是设计一个函数$F(b_j)$，对于每个输出符号b_j，该函数都可以确定唯一的一个输入符号 a_i 与其对应（该函数为单值函数），即

$$F(b_j) = a_i,\ i=1,2,\cdots,r,\ j=1,2,\cdots,s \tag{8-3}$$

由于 s 个输出符号中的每一个都可以译成 r 个输入符号中的任意一个，所以共有 r^s 种译码规则可供选择。那么，如何从 r^s 种译码规则中选出一种呢？一个常用准则就是所选的译码规则要使平均错误概率最小。为了选择译码规则，首先必须计算平均错误概率。

在确定译码规则$F(b_j)=a_i$后，若信道输出符号为b_j，则一定译成a_i，如果发送端发送的是a_i，就认为译码正确；如果发送端发送的不是a_i，就认为译码错误。那么，在收到符号b_j的条件下，条件正确概率为

$$P\left[F(b_j)\,|\,b_j\right] = P(a_i\,|\,b_j) \tag{8-4}$$

其中，$P(a_i\,|\,b_j)$表示信道输出为b_j时，信道输入为a_i的概率。令$P(e\,|\,b_j)$为条件错误概率，它表示当信道输出符号为b_j时，信道输入符号不是a_i的概率。条件错误概率与条件正确概率之间的关系式为

$$P(e\,|\,b_j) = 1 - P(a_i\,|\,b_j) = 1 - P\left[F(b_j)\,|\,b_j\right] \tag{8-5}$$

译码的平均错误概率为

$$P_E = E\left[P(e\,|\,b_j)\right] = \sum_{j=1}^{s} P(b_j)P(e\,|\,b_j) \tag{8-6}$$

其中，$P(b_j)$表示信道输出为b_j的概率。

现在知道了译码规则和平均错误概率之间的关系，那么如何设计译码规则来使P_E最小呢？由式（8-6）可看出，$P(b_j)$与译码规则无关，所以只要设计译码规则$F(b_j)=a_i$，使每个条件错误概率$P(e\,|\,b_j)$最小即可。根据式(8-5)，为了使$P(e\,|\,b_j)$最小，就应该选择$P\left[F(b_j)\,|\,b_j\right]$最大的情况，即选择译码函数

$$F(b_j) = a^*,\ a^* \in A,\ b_j \in B \tag{8-7}$$

并使之满足以下条件：

$$P(a^*\,|\,b_j) \geqslant P(a_i\,|\,b_j),\ a_i \in A,\ a_i \neq a^* \tag{8-8}$$

也就是说，如果采用这种译码函数，将每个信道输出符号译成具有最大后验概率（MAP）的那个输入符号，那么信道译码错误概率就能最小。这种译码规则被称为最大后验概率译码准则或最小错误概率译码准则。

因为一般已知信道的转移概率$P(b_j\,|\,a_i)$与输入符号的先验概率$P(a_i)$，所以根据贝叶斯

定理，式（8-8）可写成

$$\frac{P\left(a^{*}b_{j}\right)}{P\left(b_{j}\right)} \geqslant \frac{P\left(a_{i}b_{j}\right)}{P\left(b_{j}\right)}, \quad a_{i} \in A, \quad a_{i} \neq a^{*} \tag{8-9}$$

其中，$P(a^{*}b_{j})$表示信道输入 a^{*}和信道输出b_j 的联合概率，$P\left(a_{i}b_{j}\right)$表示信道输入 a_i 和信道输出b_j 的联合概率。因此，式（8-8）可转化为

$$P\left(a^{*}b_{j}\right) \geqslant P\left(a_{i}b_{j}\right), \quad a_{i} \in A, \quad a_{i} \neq a^{*} \tag{8-10}$$

若输入符号的先验概率$P\left(a_{i}\right)$均相等，则$P\left(b_{j} \mid a^{*}\right)P\left(a^{*}\right) \geqslant P\left(b_{j} \mid a_{i}\right)P\left(a_{i}\right)$，$a_{i} \in A$，$a_{i} \neq a^{*}$可简化为

$$P\left(b_{j} \mid a^{*}\right) \geqslant P\left(b_{j} \mid a_{i}\right), \quad a_{i} \in A, \quad a_{i} \neq a^{*} \tag{8-11}$$

选择译码函数$F\left(b_{j}\right)=a^{*}$，$a^{*} \in A$，$b_{j} \in B$，使之满足式（8-11）的要求的译码规则被称为最大似然译码准则。当输入符号等概率分布时，最大后验概率译码准则和最大似然译码准则是等价的。根据最大似然译码准则，可以直接从信道矩阵的转移概率中选定译码函数。也就是说，在收到b_j后，可以将b_j译成信道矩阵$\boldsymbol{P}$的第j列中最大的那个元素所对应的信源符号。

最大似然译码准则本身不再依赖于先验概率$P\left(a_{i}\right)$。但是当先验概率等概率分布时，它使平均错误概率P_{E}最小（如果先验概率不相等或不知道先验概率，则仍可以采用这个准则，但不一定能使P_{E}最小）。

根据最大后验概率译码准则，可获得平均错误概率，即

$$P_{\mathrm{E}}=\sum_{i=1}^{r} \sum_{\substack{j=1 \\ F\left(b_{j}\right) \neq a_{i}}}^{s} P\left(b_{j} \mid a_{i}\right) P\left(a_{i}\right) \tag{8-12}$$

如果先验概率$P\left(a_{i}\right)$是等概率分布的，$P\left(a_{i}\right)=1/r$，则式（8-12）可表示为

$$P_{\mathrm{E}}=\frac{1}{r} \sum_{i=1}^{r} \sum_{\substack{j=1 \\ F\left(b_{j}\right) \neq a_{i}}}^{s} P\left(b_{j} \mid a_{i}\right) \tag{8-13}$$

上式表明：在等先验概率分布的情况下，平均错误概率可用信道矩阵中的元素$P\left(b_{j} \mid a_{i}\right)$求和来计算。

例 8-1 有一个离散信道，信道矩阵为

$$P=\begin{array}{c} \\ a_1 \\ a_2 \\ a_3 \end{array}\begin{array}{c} \begin{array}{ccc} b_1 & b_2 & b_3 \end{array} \\ \left[\begin{array}{ccc} 0.5 & 0.3 & 0.2 \\ 0.2 & 0.3 & 0.5 \\ 0.3 & 0.3 & 0.4 \end{array}\right] \end{array}$$

假设该信道的输入信号等概率分布，按照最大似然译码准则，应选择如下译码函数：

$$F\left(b_{1}\right)=a_{1}$$
$$F\left(b_{2}\right)=a_{3}$$
$$F\left(b_{3}\right)=a_{2}$$

平均错误概率为

$$
\begin{aligned}
P_{\mathrm{E}} &= \frac{1}{3}\sum_{i=1}^{3}\sum_{\substack{j=1 \\ a_i \neq F(b_j)}}^{3} P\left(b_j \mid a_i\right) \\
&= \frac{1}{3}\times\left[(0.2+0.3)+(0.2+0.3)+(0.3+0.4)\right] \\
&\approx 0.567
\end{aligned} \tag{8-14}
$$

若信道输入信号的概率分布为$P(a_1)=0.25$，$P(a_2)=0.25$，$P(a_3)=0.5$，则使平均错误概率最小的译码准则应为最大后验概率译码准则。根据式（8-10），为设计最大后验概率译码函数，需要先计算联合概率矩阵。根据信道矩阵和输入信号的先验概率，可以得到联合概率矩阵$\left[P\left(a_i b_j\right)\right]$：

$$
\left[P\left(a_i b_j\right)\right]=\begin{bmatrix} 0.125 & 0.075 & 0.05 \\ 0.05 & 0.075 & 0.125 \\ 0.15 & 0.15 & 0.2 \end{bmatrix} \tag{8-15}
$$

利用式（8-15），可以得到译码函数，即

$$
\begin{aligned}
F\left(b_1\right) &= a_3 \\
F\left(b_2\right) &= a_3 \\
F\left(b_3\right) &= a_3
\end{aligned} \tag{8-16}
$$

采用此译码规则的平均错误概率为

$$
\begin{aligned}
P_{\mathrm{E}} &= \frac{1}{4}\times(0.5+0.3+0.2)+\frac{1}{4}\times(0.5+0.3+0.2)+\frac{1}{2}\times 0 \\
&= 0.5
\end{aligned} \tag{8-17}
$$

8.2　错误概率和编码方法

从 8.1 节的例子中可以看出，在给定信道矩阵后，不论采用什么译码规则，P_{E}都不会等于或趋于 0（除特殊信道外）。例如，在图 7-3 所示的p=0.01 的二元对称信道中，若选择最佳译码规则

$$
\begin{aligned}
F(0) &= 0 \\
F(1) &= 1
\end{aligned}
$$

则当信道输入等概率分布时，平均错误概率（译码错误概率）为

$$
P_{\mathrm{E}} = 10^{-2}
$$

对于一般数据传输系统（如数字通信系统等），这个译码错误概率就相当大了。一般要求系统的译码错误概率在$10^{-6}\sim 10^{-9}$范围内，有的甚至要求更小的译码错误概率。那么，在具备上述统计特性的二元信道中，能否使译码错误概率变小呢？实际经验告诉我们：只要在发送端把消息重复发几遍，也就是增加消息的传输时间，就可使接收端接收消息时的错误减少（减小译码错误概率），从而提高通信的可靠性。

例 8-2　在图 7-3 所示的p=0.01 的二元对称信道中，发送消息 0 时，不是只发一个 0 而是连续发三个 0；发送消息 1 时，也连续发送三个 1。这是一种最简单的重复编码方法，它将

两个长度为 1 的二元序列变成两个长度为 3 的二元序列，我们称这两个长度为 3 的二元序列为码字，于是信道输入端有两个码字 000 和 111。但在信道输出端，由于信道干扰的作用，码字中的各个码元（二元符号）都可能发生错误，因此信道的输出序列有 8 种可能（000,001,010,011,100,101,110,111）。显然，可以将这种信道看成是三次无记忆扩展信道。其输入序列集合包括两个长度为 3 的码字，输出序列集合包括 8 个长度为 3 的符号序列。这时，信道矩阵为

$$\begin{array}{cc} & \begin{array}{cccccccc}\beta_1 & \beta_2 & \beta_3 & \beta_4 & \beta_5 & \beta_6 & \beta_7 & \beta_8\end{array} \\ \boldsymbol{P}=\begin{array}{c}\alpha_1\\ \alpha_2\end{array} & \begin{bmatrix} \bar{p}^3 & \bar{p}^2p & \bar{p}^2p & \bar{p}p^2 & \bar{p}^2p & \bar{p}p^2 & \bar{p}p^2 & p^3 \\ p^3 & \bar{p}p^2 & \bar{p}p^2 & \bar{p}^2p & \bar{p}p^2 & \bar{p}^2p & \bar{p}^2p & \bar{p}^3 \end{bmatrix}\end{array} \tag{8-18}$$

其中，α_1、α_2 表示输入序列，$\beta_1 \sim \beta_8$ 表示输出序列，$\bar{p}=1-p$。

根据最大似然译码准则（假设输入序列是等概率分布的），可以得到简单重复编码的译码函数，即

$$\begin{array}{ll} F(\beta_1)=\alpha_1 & F(\beta_4)=\alpha_2 \\ F(\beta_2)=\alpha_1 & F(\beta_6)=\alpha_2 \\ F(\beta_3)=\alpha_1 & F(\beta_7)=\alpha_2 \\ F(\beta_5)=\alpha_1 & F(\beta_8)=\alpha_2 \end{array} \tag{8-19}$$

假设输入序列等概率分布，根据式（8-13），计算得到译码错误概率，即

$$\begin{aligned} P_{\mathrm{E}} &= \frac{1}{2}\sum_{i=1}^{2}\sum_{\substack{j=1\\ F(\beta_j)\neq\alpha_i}}^{8} P(\beta_j \mid \alpha_i) \\ &= \frac{1}{2}\left[p^3+\bar{p}p^2+\bar{p}p^2+\bar{p}p^2+\bar{p}p^2+\bar{p}p^2+\bar{p}p^2+p^3\right] \\ &= p^3+3p^2\bar{p} \\ &\approx 3\times10^{-4} \end{aligned} \tag{8-20}$$

与原来的 $P_{\mathrm{E}}=10^{-2}$ 比较，显然这种简单的重复编码方法已使译码错误概率降低了两个数量级。这是因为现在的消息数 $M=2$，根据编码和译码规则，输入消息码字 α_1 和 4 个接收序列 $(\beta_1,\beta_2,\beta_3,\beta_5)$ 对应，而输入消息码字 α_2 与另外 4 个接收序列 $(\beta_4,\beta_6,\beta_7,\beta_8)$ 对应。这样，当传送消息码字（α_1 或 α_2）时，若码字中有一位码元发生错误，则解码器还能正确译出所传送的码字。但若在传输过程中有两位或三位码元发生错误，则解码器会译错。这种简单的重复编码方法可以纠正一位码元的错误，译错的可能性变小了，因此译码错误概率减小。

显然，若重复更多次（$n=5,7,9,11,\cdots$），则一定可以进一步减小译码错误概率，通过计算获得以下结果。

$$\begin{aligned} &n=5\text{时}，P_{\mathrm{E}}\approx10^{-5} \\ &n=7\text{时}，P_{\mathrm{E}}\approx4\times10^{-7} \\ &n=9\text{时}，P_{\mathrm{E}}\approx10^{-8} \\ &n=11\text{时}，P_{\mathrm{E}}\approx5\times10^{-10} \end{aligned}$$

可见，当 n 很大时，使 P_{E} 很小是可能的。但这里带来了一个新问题，当 n 很大时，信息传输速率就会减小很多。我们将信道编码器的输入比特数 $\log_2 M$ 和输出比特数 n 之比定义为编码器的信息传输速率，即

$$R = \frac{\log_2 M}{n} \quad \text{(bit/码元)} \tag{8-21}$$

若传输每个码元平均需要 t s，则编码后的信息传输速率为

$$R_t = \frac{\log_2 M}{nt} \quad \text{(bit/s)} \tag{8-22}$$

式中，$\log_2 M$ 是消息集在等概率条件下每个消息（码字）携带的平均消息量（bit）；n 是编码后的码长（码元的个数）。

根据式(8-22)，若 $t=1$，则利用上述重复编码方法进行计算：当 $n=1$、$M=2$ 时，$R_t = 1\,\text{bit/s}$；当 $n=3$、$M=2$ 时，$R_t = \frac{1}{3}\,\text{bit/s}$；当 $n=11$、$M=2$ 时，$R_t = \frac{1}{11}\,\text{bit/s}$。由此表明：尽管增大码长 n 可使 P_E 减小很多，但同时使 R_t 变得很小。

既然减小译码错误概率和增大译码传输速率的编码方案相互矛盾，那么能不能找到一种好的编码方法，使译码错误概率相当小，而信息传输速率却保持在一定水平呢？能使 P_E 任意小的最大信息传输速率是多少呢？这就是香农第二定理所要解释的内容。

下面仍以例 8-2 为例，说明如何在保持一定信息传输速率的条件下，减小译码错误概率。在例 8-2 中，信道编码器的输入比特数 k=1（消息数 M=2），输出比特数 n=3。信道编码器将 0 编码为 000，将 1 编码为 111，采用最大似然译码准则的译码错误概率为 3×10^{-4}。为了维持信息传输速率基本不变，需要同时增大 k 和 n。令 k=2（消息数 M=4），n=5。这时，信道为二元对称信道的五次无记忆扩展信道。信道输入端有 4 种可能的长度为 5 的序列，信道输出端有 32 种可能的长度为 5 的序列。这时，编码器的信息传输速率为

$$R = \frac{2}{5} = 0.4 \quad \text{(bit/码元)}$$

4 个码字的选取采用下述编码方法。

设信道编码器的输入为 $\left(\alpha_{i_1}, \alpha_{i_2}\right)$，输出为 $\alpha_i = \left(\alpha_{i_1}, \alpha_{i_2}, \alpha_{i_3}, \alpha_{i_4}, \alpha_{i_5}\right)$，$\alpha_{i_k} \in \{0,1\}$，$k = 1,2,\cdots,5$。$\alpha_i$ 中各分量满足以下条件：

$$\begin{cases} \alpha_{i_3} = a_{i_1} \oplus a_{i_2} \\ \alpha_{i_4} = a_{i_1} \\ \alpha_{i_5} = a_{i_1} \oplus a_{i_2} \end{cases}$$

按上述编码规则，可得到图 8-2 所示的(5,2)汉明码。译码时采用最大似然译码准则，可得到图 8-2 中的译码结果。

根据译码结果，可以计算出发送码字为 4 个可用码字中的任意一个时的译码错误概率。例如，当发送码字为 00000，信道输出码字为 00000 所对应的输出序列时，解码器译码正确。因此，译码正确概率为

$$\overline{P}_E = \overline{p}^5 + 5\overline{p}^4 p + 2\overline{p}^3 p^2 \tag{8-23}$$

译码错误概率为

$$P_E = 1 - \overline{P}_E \approx 7.86\times10^{-4} \tag{8-24}$$

将这种编码方法与前述 $M=2$、$n=3$ 的编码方法相比，错误概率接近于同一数量级，但(5,2)汉明码的信息传输速率却比 $n=3$ 的重复码的信息传输速率大。因此，增大 n、适当增大

M，并采用合适的编码方法，既能使P_E减小，又能使信息传输速率不减小。那么，在信息传输速率相同的条件下，如何构造P_E小的码呢？我们引入一个新的概念——码字距离。长度为n的两个符号序列（码字）α_i和β_j对应位置上不同码元的个数便是码字距离，用符号$D(\alpha_i,\beta_j)$表示。其中，a_i是输入端作为消息的码字，长度为n，$i=1,2,\cdots,n$；β_j是输出端可能有的所有接收序列，长度为n，$j=1,2,\cdots,n$。这种码字距离通常被称为汉明距离。例如，两个二元序列$\alpha_i=10111$，$\beta_j=11100$，码字距离$D(\alpha_i,\beta_j)=3$。又如，两个四元序列$\alpha_i=1320120$，$\beta_j=1220310$，码字距离$D(\alpha_i,\beta_j)=3$。

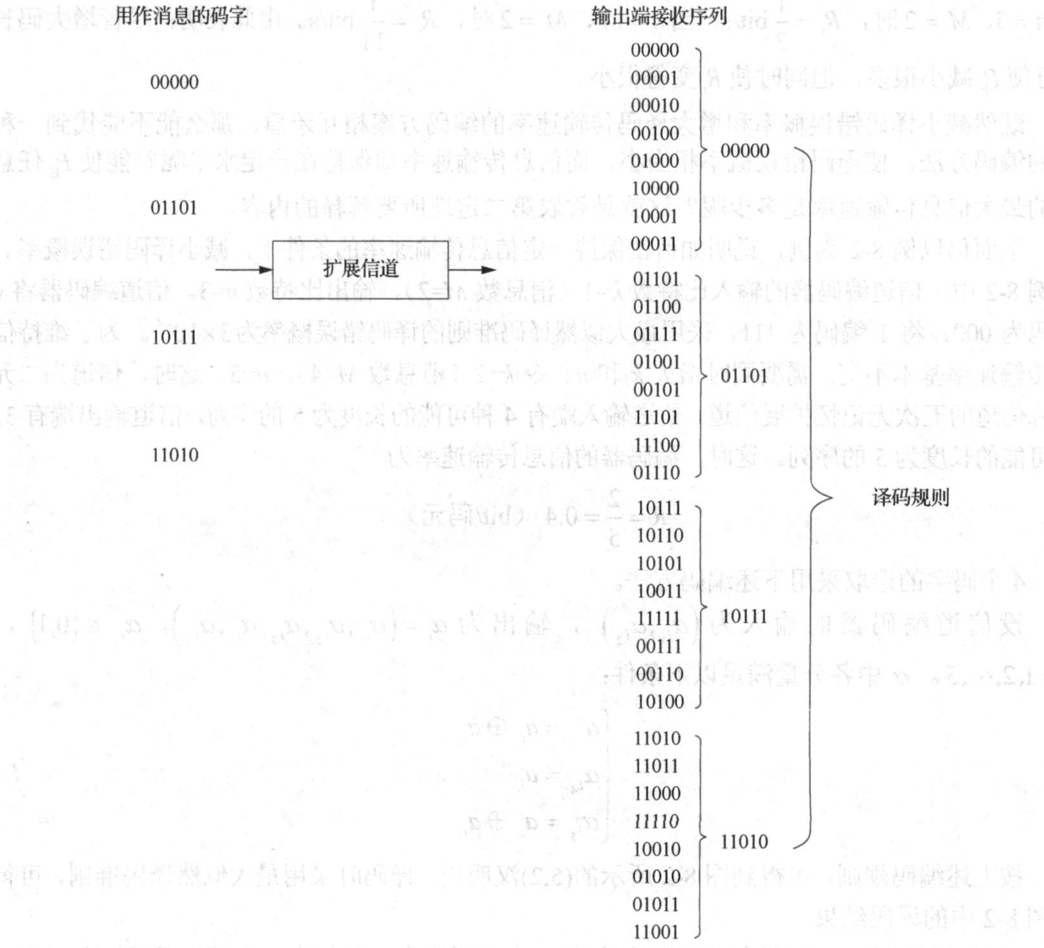

图 8-2 (5,2)汉明码

一般在信道编码中，码字常用$C=(c_{n-1}c_{n-2}\ldots c_0)$表示。所以，对于二元信道，汉明距离可表达成下述关系式：

若令$\boldsymbol{C}_i=(c_{i_{n-1}}c_{i_{n-2}}\ldots c_{i_1}c_{i_0})$（$c_{i_k}\in\{0,1\}$，$k=n-1,n-2,\cdots,1,0$），$\boldsymbol{C}_j=(c_{j_{n-1}}c_{j_{n-2}}\ldots c_{j_1}c_{j_0})$（$c_{j_k}\in\{0,1\}$），则$\boldsymbol{C}_i$和$\boldsymbol{C}_j$的汉明距离为

$$D(\boldsymbol{C}_i,\boldsymbol{C}_j)=\sum_{k=0}^{n-1}c_{i_k}\oplus c_{j_k} \tag{8-25}$$

在某一码 C 中，任意两个码字的汉明距离的最小值被称为码 C 的最小距离，即

$$d_{\min}=\min\left\{D\left(\boldsymbol{C}_i,\boldsymbol{C}_j\right)\right\},\ \boldsymbol{C}_i\neq\boldsymbol{C}_j,\ \boldsymbol{C}_i,\boldsymbol{C}_j\in\boldsymbol{C} \tag{8-26}$$

对于任一码 C，码的最小距离 $d_{\min}$ 与该码的译码错误概率 P_{E} 有关。概括地讲，码 C 的最小距离越大，受干扰后，就越不容易把一个码字传错成另一码字。因此，在编码过程中选码字时，码字之间的距离越大越好。

现在把最大似然译码准则和汉明距离联系起来，用汉明距离来表述最大似然译码准则。最大似然译码准则为：选择译码函数

$$F\left(\beta_j\right)=a^*,\ a^*\in C,\ \ \beta_j\in Y^n \tag{8-27}$$

使其满足条件

$$P\left(\beta_j\,|\,a^*\right)\geqslant P\left(\beta_j\,|\,a_i\right),\ a_i\neq a^*,\ a_i\in C \tag{8-28}$$

α_i 和 β_j 之间的距离为 $D\left(\alpha_i,\beta_j\right)$，简单记作 D_{ij}，表示从 α_i 传输到 β_j 有 D_{ij} 个位置发生了错误，$\left(n-D_{ij}\right)$ 个位置没有发生错误。设二元对称信道的单符号的传输错误概率为 p，当信道无记忆时，编码后信道的转移概率为

$$P\left(\beta_j\,|\,\alpha_i\right)=P\left(b_{j_1}\,|\,a_{i_1}\right)P\left(b_{j_2}\,|\,a_{i_2}\right)\cdots P\left(b_{j_n}\,|\,a_{i_n}\right)=p^{D_{ij}}\cdot(1-p)^{\left(n-D_{ij}\right)} \tag{8-29}$$

如果 $p<1/2$，可以看出，D_{ij} 越大，$P\left(\beta_j\,|\,a_i\right)$ 就越小；D_{ij} 越小，$P\left(\beta_j\,|\,a_i\right)$ 就越大。根据式（8-29），最大似然译码准则可用汉明距离表示为：选择译码函数

$$F\left(\beta_j\right)=a^*,\ a^*\in C,\ \beta_j\in Y^n \tag{8-30}$$

使其满足条件

$$D\left(\alpha^*,\beta_j\right)\leqslant D\left(a_i,\beta_j\right),\ a_i\neq\alpha^*,\ a_i\in C \tag{8-31}$$

上述译码准则又称**最小距离译码准则**。

在二元对称信道中，最小距离译码准则等价于最大似然译码准则。在任意信道中，可采用最小距离译码准则，但它不一定等价于最大似然译码准则。因此，在二元信道中，最大似然译码准则可表述为：在收到 β_j 后，将其译成与之距离最近的发送码字 α^*，可使 P_{E} 达到最小值。同时，如图 8-3 所示，为使发送码字 α_1 在受到干扰后，其接收码字 β_1 不落入其他圆内，应尽量使选取的 M 个码字中任意两个不同码字的距离 $D\left(a_i,a_j\right)$ 尽可能大。这样就可做到保持一定信息传输速率 R，而使 P_{E} 尽可能小。

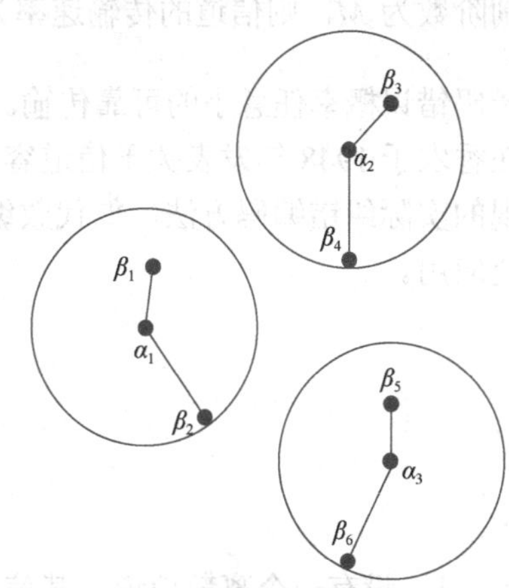

图 8-3　发送码字和接收码字的关系（同一个圆内的接收码字被译成相应的发送码字）

8.3　香农第二定理及其逆定理

从前面的分析中可以看出，为了在 $R=\dfrac{\log_2 M}{n}$ 不变的前提下减小译码错误概率，可以同时增大 M 和 n，并选择最小距离大的码字作为可用码字。

定理 8.1（香农第二定理） 设一离散无记忆信道为$\left[X,P(y|x),Y\right]$（X和Y分别为信道的输入信号和输出信号），$P(y|x)$为该信道的转移概率，C该信道的为信道容量。当信息传输速率$R<C$时，只要码长n足够大，总可以在输入X^n符号集中找到由$M=2^{nR}$个码字组成的一组码$\left(2^{nR},n\right)$和相应的译码规则，使译码错误概率任意小$\left(P_E\to 0\right)$。

定理 8.2（香农第二定理逆定理） 设一离散无记忆信道为$\left[X,P(y|x),Y\right]$，C为该信道的信道容量。若信息传输速率$R>C$，则无论码长n多大，总也找不到一种使译码错误概率任意小的编码方法。

定理 8.3 对于限带高斯白噪声加性信道，噪声功率为σ^2，带宽为W，信号平均功率被限定为P_s，则：

（1）当$R\leqslant C=\frac{1}{2}\log_2\left(1+\frac{P_s}{\sigma^2}\right)$，总可以找到一种可以使信道以信息传输速率$R$传输信息，而使译码错误概率任意小的信道编码方法。

（2）当$R>C$时，找不到任何可以使信道以信息传输速率R传输信息，而使译码错误概率任意小的信道编码方法。

由上述定理可以看出，无论是离散信道还是连续信道，信道容量C都等于保证信道可靠通信的最大信息传输速率。而通信系统的实际传输速率由信道编码方法和调制方式决定。若信道编码的信息传输速率为$\frac{k}{n}$（k和n分别表示信道编码器的输入比特数和输出比特数），调制阶数为M，则信道的传输速率为$\frac{k}{n}\log_2 M$ bit/符号。当$\frac{k}{n}\log_2 M\leqslant\log_2\left(1+\frac{P_s}{\sigma^2}\right)$时，可实现译码错误概率任意小的可靠传输。那么，如何构造使实际传输速率逼近香农限的编码方法呢？在香农于 1948 年发表关于信道容量的论文后，科学家们致力于研究实际信道中的各种易于实现的实际纠错编码方法，如代数编码、循环码、卷积码等，它们在实际通信系统中得到了广泛应用。

习题

1．设有一个离散信道，其信道转移矩阵为$\begin{bmatrix}1/2 & 1/3 & 1/6\\1/6 & 1/2 & 1/3\\1/3 & 1/6 & 1/2\end{bmatrix}$，设信道输入信号的概率为$P(x_1)=1/2$，$P(x_2)=P(x_3)=1/4$。试分别按最小错误概率译码准则、最大似然译码准则确定译码规则，并计算相应的平均错误概率。

2．考虑一个码长为 4 的二元码，其码字为$W_1=0000$，$W_2=0011$，$W_3=1100$，$W_4=1111$。假设将其码字送入一个二元对称信道（信道的单符号错误概率为p，$p<0.01$），而码字输入是不等概率的，概率为$P(W_1)=1/2$，$P(W_2)=1/8$，$P(W_3)=1/8$，$P(W_4)=1/4$。

试找出一种使平均错误概率最小的译码规则。

3．设有一个离散无记忆信道，其信道矩阵为$\begin{bmatrix} 1/2 & 1/2 & 0 & 0 & 0 \\ 0 & 1/2 & 1/2 & 0 & 0 \\ 0 & 0 & 1/2 & 1/2 & 0 \\ 0 & 0 & 0 & 1/2 & 1/2 \\ 1/2 & 0 & 0 & 0 & 1/2 \end{bmatrix}$。

（1）计算该信道的信道容量。

（2）设计一个码长为 2 的重复码，其信息传输速率为$\frac{\log_2 5}{2}$bit/符号。如果按最大似然译码准则设计解码器，那么请计算解码器输出端的平均错误概率（输入码字等概率分布）。

第 9 章　信道差错控制编解码方法

虽然香农第二定理指出了提高信息传输可靠性的一个重要方向，但并未明确给出具体的、实用的编译码方法。如何构造实际信道中各种易于实现的编译码方法，使定理从理论向实际应用转化，是信道编码理论所要解决的问题。

9.1　差错控制的基本形式

在现代的数字通信系统中，利用检错和纠错的编码技术进行差错控制的基本形式主要分为 4 类，即前向纠错（FEC）、自动检错重发（ARQ）、混合纠错（HEC）和信息反馈（IRQ）。

1）前向纠错

信息在发送端先变换成能够纠正差错的码，然后被送入发送信道。在接收端收到这些码后，由纠错解码器自动纠正传输过程中出现的差错。所谓**前向纠错**，是指差错控制过程是单向的。前向纠错无须差错信息的反馈，也就不需要反馈信道。因此，其时延小、实时性能好。前向纠错方式多用于容错能力强的语音、图像传输系统。

2）自动检错重发

系统采用**自动检错重发**方式工作时，发送端发送的是能够发现（检测）差错的码。在接收端收到信道传来的码后，解码器依据该码的编码规则，判决其中是否有差错产生，并通过反馈信道把判决结果反馈至发送端。发送端依据这种判决结果，把接收端认为有错的信息重新发出，直到接收端正确接收为止。这种方式的编码复杂度低，编码效率较高，但是需要通过反馈信道，时延较大。

3）混合纠错

将前向纠错方式和自动检错重发方式结合起来，发送端发送的是兼有检错能力和纠错能力的码。接收端收到码字后，首先检测差错情况。如果差错在码的纠错能力范围内，就自动纠错；如果差错超出码的纠错能力，但还能检测出来，接收端就通过反馈信道请求重发。混合纠错系统的性能及优劣介于前向纠错系统和自动检错重发系统之间，误码率小，实时性和连续性好，设备不太复杂，因此混合纠错系统应用范围广，特别是在卫星通信中应用广泛。

4）信息反馈

信息反馈又称回程校验。接收端把收到的码全部经反馈信道送回发送端，在发送端对原来发送的码与反馈送回的码进行比较，发现差错后，把出错的码重发，直到接收端正确接收为止。

9.2 纠错码的基本概念

1）码字、信息元、校验元

由图 9-1 可知，信道编码器将输入的信息序列，以每 k 个信息符号分成一段，记为 $m=\left(m_{k-1}m_{k-2}\cdots m_0\right)$，并称序列 m 为**信息组**，其中 m_i（i=0,1,2,⋯,k–1）被称为信息元。在二元数字通信系统中，可能的信息组总共有 2^k 个（在 q 元数字通信系统中总共有 q^k 个）。为了纠正信道中传输引起的错误，编码器将每个信息组按照一定的规则增加 r 个冗余的符号，从而形成长度为 n=k+r 的序列 C，$C=\left(c_{n-1}c_{n-2}\cdots c_0\right)$，此序列被称为**码字**。码字中的每个符号 c_i（i=0,1,2,⋯,n–1）被称为码元，所增加的 r=n–k 位码元被称为**校验元**。对于 2^k（或 q^k）个不同的信息组，通过信道编码器输出，得到的码字也是 2^k（或 q^k）个。所有码字的集合被称为码 C。

若每个码字中所增加的 r 位校验元只由本信息组的 k 位信息元按照一定规律产生，与其他信息组的信息元无关，则形成的所有码字的集合被称为分组码。若每段长度为 k 的信息组所增加的 r 位校验元既与本段信息元有关，又与前面几段信息元有关，则形成的码为卷积码。

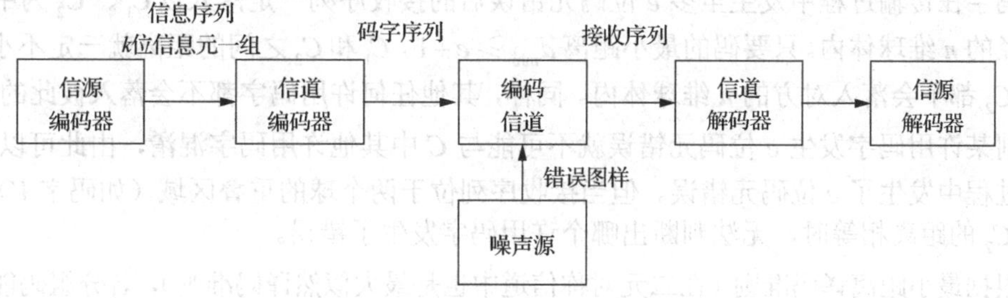

图 9-1　简化的数字通信系统

2）码字的汉明重量

码字的**汉明重量**是指码字中非零码元的位数，记为 $W(C)$。在二元码中，码字的汉明重量为码字中 1 的个数。若二元码字 $C=\left(c_{n-1}c_{n-2}\cdots c_0\right)$，则

$$W\left(C\right)=\sum_{i=0}^{n-1}c_i,\ \ c_i\in\left[0,1\right] \tag{9-1}$$

因此，二元分组码中码字 C_k、C_j 间的汉明距离为

$$D\left(C_k,C_j\right)=W\left(C_k\oplus C_j\right) \tag{9-2}$$

式中，⊕ 为模二加运算符号。

3）错误图样

信道编码器输出的码字序列经信道传输后，信道输出序列中某些码元会发生错误。为了便于描述所发生的错误，我们引入**错误图样** $E=\left(e_{n-1}e_{n-2}\cdots e_0\right)$，$e_i\in\{0,1\}$。当 $e_i=0$ 时，表示第 i 位码元未发生错误；当 $e_i=1$ 时，表示第 i 位码元发生了错误。在二元信道中，信道的输入码字 C、输出码字 R 和错误图样 E 三者之间的关系是

$$R=C\oplus E \tag{9-3}$$

例如，发送的二元码字序列 C=(010110111)，接收序列为 $R=(001110011)$，其中第 2、3、7 位码元发生了错误，则错误图样为 $E=(011000100)$。

在通信系统中，发生一位随机错误、两位随机错误的概率大于发生多位（三位及以上随机）错误的概率。因此，在无记忆信道中，一般先纠错误位少的随机错误。通常采用简单的只纠正一位、两位随机错误的纠错码就能使误码率降低几个数量级。

9.3 分组码的纠错能力与信息传输速率

1）分组码的纠错能力与码的最小距离的关系

对于一个(n,k)分组码 C，码的最小距离为 $d_{\min}$。对于 $d_{\min}$ 的取值范围，有以下 3 种结论。

（1）若能检测（发现）e 位随机错误，则要求 $d_{\min} \geqslant e+1$。

（2）若能纠正 t 位随机错误，则要求 $d_{\min} \geqslant 2t+1$。

（3）若能纠正 t 位随机错误，同时能检测 e（$e>t$）位随机错误，则要求

$$d_{\min} \geqslant t+e+1$$

上述结论可以用图 9-2 所示的几何图形加以解释。在图 9-2（a）中，C_1、C_2 都为许用码字，码字在传输过程中发生至多 e 位码元错误后的接收序列一定落入以 C_1、C_2 为中心，以 e 为半径的 n 维球体内。只要码的最小距离 $d_{\min} \geqslant e+1$，C_1 和 C_2 之间的距离就一定不小于 $e+1$，C_1 和 C_2 都不会落入对方的 n 维球体内。同样，其他任何许用码字都不会落入彼此的 n 维球体内，则某许用码字发生 e 位码元错误就不可能与 C 中其他许用码字混淆，由此可以检测出在传输过程中发生了 e 位码元错误。但当接收序列位于两个球的重叠区域（如码字 V），并且和 C_1、C_2 的距离相等时，无法判断出哪个许用码字发生了错误。

根据最小距离译码准则（在二元对称信道中也是最大似然译码准则），若分组码能纠正 t 位码元错误，则必须要求任何以许用码字为球心、以 t 为半径的 n 维球体都不相交。如图 9-2（b）所示，许用码字 C_1 和 C_2 是距离最小的两个码字，并有 $D(C_1,C_2)=2t+1$，发生 t 位码元错误的两个球体不相交（球体之间的最小距离为 1）。若 C_1 错了 t 位后变成接收序列 V，则有 $D(C_1,V)=t$，$D(C_2,V)=t+1$。由于 $D(C_1,V)<D(C_2,V)$，因此能正确判定接收序列 V 是码字 C_1，从而纠正 t 位码元错误。而以分别 C_1 和 C_2 为球心的两个球体不相交时，最小的球心距离为 $2t+1$，因此能纠正 t 位码元错误的分组码的最小距离必定不能小于 $2t+1$。

图 9-2（c）是对第 3 种结论的几何解释。所谓能纠正 t 位码元错误，同时能检测 e 位码元错误（$e \geqslant t$），是指当错误不超过 t 位时，码能自动纠正错误；而当错误超过 t 位但不大于 e 个时，码不能纠正错误，但仍能检测 e 位码元错误。这种分组码用于采用混合纠错方式的差错控制系统。由图 9-2（c）可知，在最不利的情况下，C_1 发生了 e 位码元错误，而 C_2 发生了 t 位码元错误，错误的接收序列必然落在分别以 C_1 和 C_2 为球心、e 和 t 为半径的 n 维球体内。现要纠错和检错，则这两个球体必须不相交，即要求这两个球体的最小间距为 1，因此要求 $d_{\min} \geqslant t+e+1$。此时，凡错误位数不大于 t，球体都不相交，符合图 9-2（b）的情况，就能自动纠正 t 位码元错误。凡错误位数大于 t 但不大于 e，球体就可能相交，符合图 9-2（a）的情况，就能检测出 e 位码元错误。

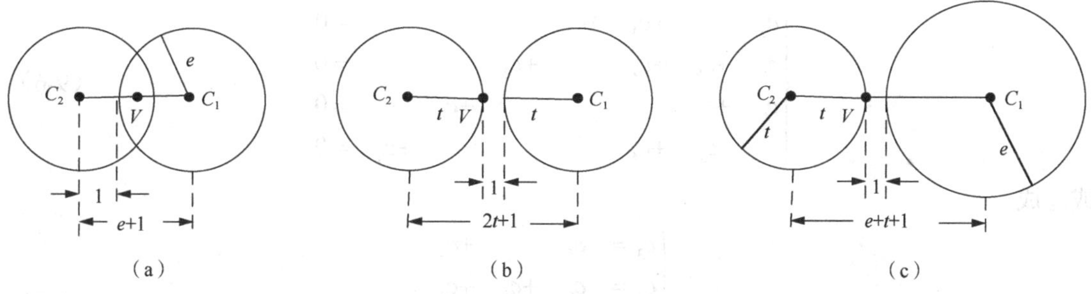

图 9-2　分组码检测纠错能力的几何解释

2）分组码的信息传输速率

在二元无记忆对称信道中，(n,k)分组码的许用码字数为$M=2^k$，也就是说，信道输入的消息数为M。此时，分组码的信息传输速率为

$$R=\frac{\log_2 M}{n}=\frac{k}{n}\ （\text{bit/码元}） \tag{9-4}$$

它表示信道编码后每个码元携带的信息量，也表示信息位在分组码码字中所占的比重。信息传输速率是衡量分组码有效性的一个重要参数。人们对于一个好的实际纠错编码方案，不但希望它的纠错、检错能力强，而且希望它的信息传输速率大。

9.4　线性分组码

所谓线性分组码，是指分组码中的信息元和检验元通过线性方程联系起来而形成的一种差错控制码。

线性分组码是纠错码中最重要的一类码，是研究纠错码的基础。下面来讨论线性分组码的一般原理。

9.4.1　线性分组码的一致校验矩阵和生成矩阵

1）一致校验矩阵

信道编码器把信息序列分成几个长度为k的信息组，记为$m=\left(m_{k-1}m_{k-2}\cdots m_0\right)$，将输入的信息元$m_i$（$i$=0,1,2,⋯,$k$–1）线性组合，产生$r$位校验元，输出码字$C$，记为$C=(c_{n-1}c_{n-2}\cdots c_0)$。码字中的各码元满足某种齐次线性方程，即

$$\begin{cases} a_{11}c_{n-1}+a_{12}c_{n-2}+\cdots+a_{1n-1}c_1+a_{1n}c_0=0 \\ a_{21}c_{n-1}+a_{22}c_{n-2}+\cdots+a_{2n-1}c_1+a_{2n}c_0=0 \\ \vdots \\ a_{r1}c_{n-1}+a_{r2}c_{n-2}+\cdots+a_{rn-1}c_1+a_{rn}c_0=0 \end{cases} \tag{9-5}$$

由于目前大多数数字通信系统和数字计算机中采用的是二元码，码字中的码元c_g（$g=0,1,\cdots,n-1$）只取“0”或“1”。因此，线性方程组的系数a_{lh}（$l=1,2,\cdots,r$，$h=1,2,\cdots,n$）也只取“0”或“1”，其中的四项运算也都是模二加与模二乘运算。式（9-5）共有r个方程，所以r位校验元可由这个方程组给出。

例 9-1　某一(7,3)线性分组码，k=3，r=4，其决定校验元的齐次线性方程组如下。

$$\begin{cases} c_6 \quad\quad\quad + c_4 + c_3 \quad\quad\quad\quad\quad\quad = 0 \\ c_6 + c_5 + c_4 \quad\quad + c_2 \quad\quad\quad\quad = 0 \\ c_6 + c_5 \quad\quad\quad\quad\quad\quad + c_1 \quad\quad = 0 \\ \quad\quad c_5 + c_4 \quad\quad\quad\quad\quad\quad\quad + c_0 = 0 \end{cases} \tag{9-6}$$

或写成

$$\begin{cases} c_3 = c_6 \quad\quad + c_4 \\ c_2 = c_6 + c_5 + c_4 \\ c_1 = c_6 + c_5 \\ c_0 = \quad\quad c_5 + c_4 \end{cases} \tag{9-7}$$

式（9-6）和式（9-7）都被称为**一致校验方程**。由于 k=3，因此共有 2^k=8 个不同的信息组，由式（9-7）可求出对应的 8 个不同的码字，组成(7,3)线性分组码。表 9-1 给出了这个(7,3)线性分组码。

表 9-1 例 9-1 中的(7,3)线性分组码

信息组	码字
000	0000000
001	0011101
010	0100111
011	0111010
100	1001110
101	1010011
110	1101001
111	1110100

若将式（9-6）用矩阵形式表示，可得

$$\begin{bmatrix} 1 & 0 & 1 & 1 & 0 & 0 & 0 \\ 1 & 1 & 1 & 0 & 1 & 0 & 0 \\ 1 & 1 & 0 & 0 & 0 & 1 & 0 \\ 0 & 1 & 1 & 0 & 0 & 0 & 1 \end{bmatrix} \begin{bmatrix} c_6 \\ c_5 \\ c_4 \\ c_3 \\ c_2 \\ c_1 \\ c_0 \end{bmatrix} = \begin{bmatrix} 0 \\ 0 \\ 0 \\ 0 \end{bmatrix} \tag{9-8}$$

令式（9-8）中的矩阵为

$$\boldsymbol{H}_1 = \begin{bmatrix} 1 & 0 & 1 & 1 & 0 & 0 & 0 \\ 1 & 1 & 1 & 0 & 1 & 0 & 0 \\ 1 & 1 & 0 & 0 & 0 & 1 & 0 \\ 0 & 1 & 1 & 0 & 0 & 0 & 1 \end{bmatrix} \tag{9-9}$$

矩阵 $\boldsymbol{H}_1$ 为(7,3)线性分组码的**一致校验矩阵**。信息元和校验元之间的校验关系完全由这个一致校验矩阵确定。一致校验矩阵和码字之间的关系为

$$\boldsymbol{H} \cdot \boldsymbol{C}^{\mathrm{T}} = \boldsymbol{0}^{\mathrm{T}} \text{或} \boldsymbol{C} \cdot \boldsymbol{H}^{\mathrm{T}} = \boldsymbol{0} \tag{9-10}$$

其中，$\boldsymbol{C}$ 是由所有可用码字构成的矩阵。一般线性分组码的一致校验矩阵应为 $r \times n$ 阶矩阵。矩阵 $\boldsymbol{H}$ 中的每一行是线性方程组中一个方程的系数，由它来确定每位校验元。因此，矩阵 $\boldsymbol{H}$ 中的每一行必须是线性无关的。

2）生成矩阵

例 9-2（续例 9-1）　在表 9-1 所示的(7,3)线性分组码中，信息组 $m=(m_2m_1m_0)$，取 $c_6=m_2$，$c_5=m_1$，$c_4=m_0$，由式（9-7）可得

$$\begin{cases} c_3 = m_2 + m_0 \\ c_2 = m_2 + m_1 + m_0 \\ c_1 = m_2 + m_1 \\ c_0 = m_1 + m_0 \end{cases} \tag{9-11}$$

(7,3)线性分组码的码字 $C=(m_2m_1m_0m_2+m_0m_2+m_1+m_0m_2+m_1m_1+m_0)$，即

$$\begin{cases} c_6 = m_2 \\ c_5 = m_1 \\ c_4 = m_0 \\ c_3 = m_2 + m_0 \\ c_2 = m_2 + m_1 + m_0 \\ c_1 = m_2 + m_1 \\ c_0 = m_1 + m_0 \end{cases} \tag{9-12}$$

将上式写成矩阵形式，即

$$\begin{bmatrix} c_6 \\ c_5 \\ c_4 \\ c_3 \\ c_2 \\ c_1 \\ c_0 \end{bmatrix} = \begin{bmatrix} 1 & 0 & 0 \\ 0 & 1 & 0 \\ 0 & 0 & 1 \\ 1 & 0 & 1 \\ 1 & 1 & 1 \\ 1 & 1 & 0 \\ 0 & 1 & 1 \end{bmatrix} \begin{bmatrix} m_2 \\ m_1 \\ m_0 \end{bmatrix} \tag{9-13}$$

令式（9-13）中的矩阵为

$$\boldsymbol{G}_1 = \begin{bmatrix} 1 & 0 & 0 & 1 & 1 & 1 & 0 \\ 0 & 1 & 0 & 0 & 1 & 1 & 1 \\ 0 & 0 & 1 & 1 & 1 & 0 & 1 \end{bmatrix} \quad (3\times 7\text{ 阶矩阵}) \tag{9-14}$$

矩阵 $\boldsymbol{G}_1$ 为(7,3)线性分组码的**生成矩阵**。若已知生成矩阵和信息组，则可通过式（9-12）得到所有可用码字，即 $\boldsymbol{C}_i = \boldsymbol{m}_i \cdot \boldsymbol{G}$。比较矩阵 $\boldsymbol{G}_1$ 的行向量和表 9-1 中的码字可得，矩阵 $\boldsymbol{G}_1$ 中的每个行向量都是(7,3)线性分组码的一个码字。所有（8 个）码字都可由矩阵 $\boldsymbol{G}_1$ 中的行向量线性组合获得，即(7,3)线性分组码中的所有码都是由这 3 个码字线性组合获得的，因此这 3 个码字是线性无关的。因为矩阵 $\boldsymbol{G}$ 中的每一行及其线性组合都是码字，所以根据式（9-10），线性分组码 C 的生成矩阵和一致校验矩阵满足以下条件：

$$\boldsymbol{H} \cdot \boldsymbol{G}^{\mathrm{T}} = \boldsymbol{0}^{\mathrm{T}} \text{ 或 } \boldsymbol{G} \cdot \boldsymbol{H}^{\mathrm{T}} = \boldsymbol{0} \tag{9-15}$$

由以上分析可得，(n,k)线性分组码的所有码字均可由该线性分组码的生成矩阵或一致校验矩阵求得。得知生成矩阵或一致校验矩阵中的任意一个，就可求得另一个。

一般情况下，码字中的信息元不会像例 9-1 所示的那样，总是出现在码字的前面 k 位上。若信息元以不变的形式出现在码字 C 的任意 k 位上，则称 C 为系统码，否则为非系统码。若生成矩阵能把信息元保留在各码字的左边 k 位上，即 $C=\left(m_{k-1}m_{k-2}\cdots m_0 c_{n-k-1}c_{n-k-2}\cdots c_0\right)$，则称此系统码的生成矩阵 $\boldsymbol{G}$ 为标准生成矩阵，可将其写成 $\boldsymbol{G}=\left[I_k \middle| P_{k\times(n-k)}\right]$。这是常用的系统码之一。对于这种系统码，由式（9-15）可得

$$\boldsymbol{H}=\left[P_{(n-k)\times k}\middle| I_{n-k}\right] \tag{9-16}$$

而且可由 $\boldsymbol{G}$ 很快求得 $\boldsymbol{H}$，反之亦然。

对于某(n,k)线性分组码 C，在 2^k 个码字中，由 k 个码字组成的独立码字组不止一种。对于同一码，选取不同的独立码字组，构成的生成矩阵 $\boldsymbol{G}$ 也不同，但经过若干次矩阵的初等变换，都可变成等价的标准生成矩阵——式（9-16）。

例 9-3 某一二元(7,3)线性分组码，若其生成矩阵为

$$\boldsymbol{G}_2=\begin{bmatrix}1&0&0&1&1&1&0\\1&0&1&0&0&1&1\\1&1&1&0&1&0&0\end{bmatrix}$$

则由式（9-13）可得 $\boldsymbol{G}_2$ 生成的(7,3)线性分组码，如表 9-2 所示。

表 9-2 $\boldsymbol{G}_2$ 生成的(7,3)线性分组码

信息组	码字
000	0000000
001	1110100
010	1010011
011	0100111
100	1001110
101	0111010
110	0011101
111	1101001

比较表 9-2 与表 9-1，它们的码字集合完全相同，只是选取了不同的独立码字作为生成矩阵 $\boldsymbol{G}_2$。使 $\boldsymbol{G}_2$ 经过若干次初等变换，可得到标准生成矩阵 $\tilde{\boldsymbol{G}}_2$。

$$\boldsymbol{G}_2=\begin{bmatrix}1&0&0&1&1&1&0\\1&0&1&0&0&1&1\\1&1&1&0&1&0&0\end{bmatrix}\xrightarrow[\text{将1行和2行相加的结果放入3行}]{\text{将2行和3行相加的结果放入2行}}$$

$$\begin{bmatrix}1&0&0&1&1&1&0\\0&1&0&0&1&1&1\\0&0&1&1&1&0&1\end{bmatrix}=\tilde{\boldsymbol{G}}_2=[I_3|P_{3\times4}] \tag{9-17}$$

$\boldsymbol{G}_2$ 和 $\boldsymbol{G}_1$ 是等价的，二者可以生成完全相同的码字集合(7,3)线性分组码，但 $\boldsymbol{G}_1$ 生成的(7,3)线性分组码是系统码；$\boldsymbol{G}_2$ 生成的(7,3)线性分组码不是系统码，信息位不保持在码字的前 3 位。

例如，当 m=(010)时，G_2 生成的码字为(1010011)，而 G_1 生成的码字为(0100111)。若另有一个(7,3)线性分组码，它的标准生成矩阵为

$$G_3=\begin{bmatrix}1&0&0&1&0&1&1\\0&1&0&0&1&1&1\\0&0&1&1&1&1&0\end{bmatrix} \tag{9-18}$$

则可得到表 9-3 所示的(7,3)系统码。

表 9-3　G_3 生成的(7,3)系统码

信息组	码字
000	0000000
001	0011110
010	0100111
011	0111001
100	1001011
101	1010101
110	1101100
111	1110010

可见，G_3 和 $\tilde{G}_2$ 虽然都是标准生成矩阵，但生成的(7,3)系统码不同。这是因为长度为 7 的二元序列共有 2^7=128 个，而在其中选取 2^3=8 个作为一组许用码字，将有许多种选取方法。

综上所述，(n,k)线性分组码有如下重要性质。

（1）(n,k)线性分组码由其生成矩阵 G 或一致校验矩阵 H 确定，满足式（9-15）的条件。

（2）封闭性。

(n,k)线性分组码中任意两个许用码字之和（由逐位模二加运算获得）仍为许用码字，即若 $C_i,C_j\in C(n,k)$，则 $C_i+C_j=C_k\in C(n,k)$。

（3）含有零码字。

（4）所有许用码字均可由其中一组（k 个）独立码字线性组合而成。

常称这组（k 个）独立码字为基底。在 2^k 个许用码字中，k 个独立许用码字（基底）不止一组。由这 k 个独立许用码字以行向量排列可得 (n,k) 线性分组码的生成矩阵 G。同一(n,k)线性分组码可由不同的基底生成，虽然由不同的基底构成的生成矩阵 G 有所不同，但它们是完全等价的。

（5）码的最小距离等于非零码的最小重量。

线性分组码的纠错能力与最小距离 $d_{\min}$ 有关。因此，$d_{\min}$ 是线性分组码的一个重要参数，经常用($n,k,d_{\min}$)来表示最小距离为 $d_{\min}$ 的线性分组码。那么，如何构造一个最小距离为 $d_{\min}$ 的(n,k)线性分组码呢？由定理 9.1 可以得到最小距离 $d_{\min}$ 与(n,k)线性分组码的一致校验矩阵 H 的关系。

定理 9.1　设(n,k)线性分组码 C 的一致校验矩阵为 H，则码的最小距离为 $d_{\min}$ 的充要条件是 H 中任意($d_{\min}-1$)个列向量线性无关，并且有 $d_{\min}$ 个列向量线性相关。

由于(n,k)线性分组码 C 的一致校验矩阵 H 是 $(n-k)\times n$ 阶矩阵，并且其秩为 $n-k$，即 H 中最多存在($n-k$)个线性无关的列向量。由定理 9.1 可知，必有 $d_{\min}\leqslant n-k+1$。称 $n-k+1$ 是**码的最小距离 $d_{\min}$ 的辛格尔顿界。**

若某一个(n,k)线性分组码C的最小距离是$n-k+1$，则称该码为**极大最小距离码**，简称MDC码。在(n,k)线性分组码中，MDC码有最强的检错能力。定理9.1指出了构造最小距离为$d_{\min}$的线性分组码的思路。由定理9.1可知，若所有列向量都相同，而其排列位置不同的矩阵$\boldsymbol{H}$所对应的(n,k)线性分组码都有相同的最小距离，则它们在纠错能力和信息传输速率方面是完全等价的。

例9-4 在例9-1和例9-2中，(7,3)线性分组码（见表9-1）的标准生成矩阵为$\boldsymbol{G}_1$，它的标准一致校验矩阵为$\boldsymbol{H}_1$。

$$\boldsymbol{H}_1=\begin{bmatrix}1&0&1&1&0&0&0\\1&1&1&0&1&0&0\\1&1&0&0&0&1&0\\0&1&1&0&0&0&1\end{bmatrix}$$

由$\boldsymbol{H}_1$可知，任何3列相加均非零，即3列线性无关，而最小的相关列数为4。由此得出，码的最小距离$d_{\min}=4$。

另外，可得到$\boldsymbol{G}_3$［式（9-18）］生成的(7,3)线性分组码，它的标准一致校验矩阵为

$$\boldsymbol{H}_3=\begin{bmatrix}1&0&1&1&0&0&0\\0&1&1&0&1&0&0\\1&1&1&0&0&1&0\\1&1&0&0&0&0&1\end{bmatrix}$$

在$\boldsymbol{H}_3$中，最小的相关列数仍为4，所以码的最小距离仍为4。虽然表9-3和表9-1所示的两个(7,3)码的码字完全不同，但二者的纠错性能是相同的。因此，从纠错性能角度看，二者也是等价的。

9.4.2 线性分组码的纠错与伴随式

本节讨论线性分组码是如何应用一致校验方程来发现错误的。

设(n,k)线性分组码发送许用码字$\boldsymbol{C}=(c_{n-1}c_{n-2}\cdots c_0)$，经信道传输后，接收序列是$\boldsymbol{R}=(r_{n-1}r_{n-2}\cdots r_0)$，错误图样为$\boldsymbol{E}=(e_{n-1}e_{n-2}\cdots e_0)$。由于许用码字$\boldsymbol{C}$满足式（9-10）的关系，因此接收到序列$\boldsymbol{R}$后，也可以用一致校验方程来判断$R$是否是许用码字。已知$\boldsymbol{R}=\boldsymbol{C}+\boldsymbol{E}$（当$\boldsymbol{E}$为全零向量时，$\boldsymbol{R}$为发送的许用码字$\boldsymbol{C}$）则有

$$\boldsymbol{R}\cdot\boldsymbol{H}^{\mathrm{T}}=\left(\boldsymbol{C}+\boldsymbol{E}\right)\cdot\boldsymbol{H}^{\mathrm{T}}=\boldsymbol{C}\cdot\boldsymbol{H}^{\mathrm{T}}+\boldsymbol{E}\cdot\boldsymbol{H}^{\mathrm{T}}=\boldsymbol{E}\cdot\boldsymbol{H}^{\mathrm{T}} \tag{9-19}$$

或

$$\boldsymbol{H}\cdot\boldsymbol{R}^{\mathrm{T}}=\boldsymbol{H}\cdot\left(\boldsymbol{C}+\boldsymbol{E}\right)^{\mathrm{T}}=\boldsymbol{H}\cdot\boldsymbol{E}^{\mathrm{T}} \tag{9-20}$$

令$\boldsymbol{S}=\boldsymbol{E}\cdot\boldsymbol{H}^{\mathrm{T}}$，$\boldsymbol{S}$为长度为$r$的向量。$\boldsymbol{S}$与发送的许用码字无关，仅与错误图样$\boldsymbol{E}$有关，故称$\boldsymbol{S}$为$\boldsymbol{R}$的**伴随式**（或**校正子**）。每个错误图样都有其相应的伴随式，只要不同的错误图样对应的是不同的伴随式，就可根据伴随式判断出所发生的错误图样$\boldsymbol{E}$，使错误得到检测和纠正。

例9-5 表9-1给出了(7,3)线性分组码，已知该码的一致校验矩阵为

$$H_1 = \begin{bmatrix} 1 & 0 & 1 & 1 & 0 & 0 & 0 \\ 1 & 1 & 1 & 0 & 1 & 0 & 0 \\ 1 & 1 & 0 & 0 & 0 & 1 & 0 \\ 0 & 1 & 1 & 0 & 0 & 0 & 1 \end{bmatrix}$$

（1）如果传输时没有发生错误，设 $\boldsymbol{E}_0$=(0000000)，通过计算可得

$$\boldsymbol{S}_0=(0000)$$

（2）如果传输时发生一位码元错误，设 $\boldsymbol{E}_1$=(1000000)，通过计算可得

$$\boldsymbol{S}_1 = \boldsymbol{E}_1\boldsymbol{H}_1^{\mathrm{T}} = (1110)$$

若传送的码字 $\boldsymbol{C}_1 = (0100111)$ 和 $\boldsymbol{C}_2 = (1101001)$ 都发生了 $\boldsymbol{E}_1 = (1000000)$ 的错误，则接收序列分别为 $\boldsymbol{R}_1 = (1100111)$ 和 $\boldsymbol{R}_2 = (0101001)$，计算可得，**两个接收序列的伴随式均为** $\boldsymbol{E}_1\boldsymbol{H}_1^{\mathrm{T}} = (1110)$。可见，伴随式与发送码字无关，仅与错误图样有关。

若发生一位码元错误的错误图样 $\boldsymbol{E}_2 = (0010000)$，计算可得 $\boldsymbol{S}_2 = \boldsymbol{E}_2\boldsymbol{H}_1^{\mathrm{T}} = (1101)$。可见，当发生 $\boldsymbol{E}_1$ 错误时，$\boldsymbol{S}_1$ 是 $\boldsymbol{H}_1$ 中第 1 列的列向量；当发生 $\boldsymbol{E}_2$ 错误时，$\boldsymbol{S}_2$ 是 $\boldsymbol{H}_1$ 中第 2 列的列向量。以此类推，当在第 i 位上发生一位码元错误时，其伴随式 $\boldsymbol{S}_i$ 正好是 $\boldsymbol{H}_1$ 中第 i 列的列向量。当发生一位码元错误时，共有 7 种不同的错误图样，其伴随式正好对应 $\boldsymbol{H}_1$ 中不同的 7 列，而且这 7 列的列向量都不相同，则可由伴随式判断出在传输过程中发生了怎样的一位码元错误，有助于错误的纠正。例如，若计算得到 $\boldsymbol{S}$=(0010)，它是 $\boldsymbol{H}_1$ 中第 6 列的列向量，则可认为 $\boldsymbol{E}$=(0000010)。

（3）若传输时发生两位码元错误，设 $\boldsymbol{E}$=(1010000)，因为 $\boldsymbol{E}$=(1010000)=(1000000)+(0010000)= $\boldsymbol{E}_1+\boldsymbol{E}_3$，所以计算可得

$$\boldsymbol{S}^{\mathrm{T}} = \boldsymbol{H}_1\cdot(\boldsymbol{E}_1+\boldsymbol{E}_3)^{\mathrm{T}} = \boldsymbol{H}_1\cdot\boldsymbol{E}_1^{\mathrm{T}} + \boldsymbol{H}_1\cdot\boldsymbol{E}_3^{\mathrm{T}} = \boldsymbol{S}_1^{\mathrm{T}} + \boldsymbol{S}_3^{\mathrm{T}} = \begin{bmatrix}1\\1\\1\\0\end{bmatrix} + \begin{bmatrix}1\\1\\0\\1\end{bmatrix} = \begin{bmatrix}0\\0\\1\\1\end{bmatrix}$$

伴随式不为零，说明传送的码字发生了错误。伴随式不同于 $\boldsymbol{H}_1$ 中的任意一个列向量，说明发生了不止一位码元错误。因为伴随式 $\boldsymbol{S}$ 是 $\boldsymbol{H}_1$ 中对应的两个列向量之和，所以可能发生了第一位和第三位的两位码元错误。但是若 $\boldsymbol{E}$=(0100100)或 $\boldsymbol{E}$=(0000011)，则它们的伴随式仍是 $\boldsymbol{S} = (0011)$。这些发生两位码元错误的错误图样虽然不同，但所对应的伴随式却完全相同，因此无法判定到底哪两位发生了错误，也就无法纠正发生的两位码元随机错误。虽无法纠正发生的错误，但能检测出在传递过程中发生了两位码元错误。

（4）若传输时发生 3 位码元错误，设 $\boldsymbol{E}$=(0110100)，则通过计算可得

$$\boldsymbol{S}^{\mathrm{T}} = \begin{bmatrix}0\\1\\1\\1\end{bmatrix} + \begin{bmatrix}1\\1\\0\\1\end{bmatrix} + \begin{bmatrix}0\\1\\0\\0\end{bmatrix} = \begin{bmatrix}1\\1\\1\\0\end{bmatrix}$$

可见 $\boldsymbol{S}\neq\boldsymbol{0}$。这是因为矩阵 $\boldsymbol{H}_1$ 中最多任意 3 列线性无关，而最少 4 列就线性相关了。由此可知，任意 3 列之和就可能等于 $\boldsymbol{H}_1$ 中的某一列向量，现在 $\boldsymbol{E}$=(0110100)的伴随式 $\boldsymbol{S}$ 与 $\boldsymbol{E}_1 = (1000000)$ 的伴随式 $\boldsymbol{S}_1$ 相同。若将此(7,3)线性分组码用于纠正一位码元错误，则无法再检测出 3 位码元

错误。若此(7,3)线性分组码只用于检测错误，则可以检测出任意小于或等于 3 位的码元错误。

综上可知，例 9-5 中的校验矩阵是完全满足定理 9.1 的。要求的表 9-1 所示(7,3)线性分组码的最小距离为 $d_{\min}=4$，故(7,3,4)线性分组码只能在纠正一位码元错误的同时检测出两位码元错误（$d_{\min}=1+2+1$），或者用于检测（发现）小于或等于 3 位的码元错误（$d_{\min}=3+1$）。

9.4.3 汉明码

汉明码是在 1950 年由汉明首先构造和提出的。它是一类可以纠正一位随机错误的、高效的线性分组码。汉明码由于具有良好的性质，例如属于完备码、编译码方法简单、传输效率高等，因此获得广泛应用，在计算机的存储和运算系统中更常用到。

可以纠正一位随机错误的、完备的线性分组码为汉明码。二元汉明码是一类高效率的(n,k,d)线性分组码。汉明码是纠正一位随机错误的码，这就决定了码的最小距离 $d_{\min}=3$。令 $r=n-k$，则码长 $n=2^r-1$。二元汉明码的信息传输速率 $R=\dfrac{k}{n}=1-\dfrac{r}{n}=1-\dfrac{r}{2^r-1}$。二元汉明码满足以下几个条件。

$$\text{码长 } n=2^r-1 \qquad \text{信息元位数 } k=2^r-1-r$$

$$\text{校验元位数 } r=n-k \qquad \text{码的最小距离 } d_{\min}=3$$

$$\text{信息传输速率 } R=1-\frac{r}{2^r-1} \qquad \text{纠错能力 } t=1$$

所以，二元汉明码应是$(2^r-1,2^r-1-r,3)$的线性分组码，记作 C_{H}。

汉明码的构造比较简单。由定理 9.1 已知，要纠正一位随机错误的线性分组码，其矩阵 $\boldsymbol{H}$ 中必须任意 2 列线性无关，即要求矩阵 $\boldsymbol{H}$ 中无相同的列向量，当然也应无全零向量。二元汉明码的矩阵 $\boldsymbol{H}$ 是一个 $r\times(2^r-1)$ 阶矩阵，其列向量共有(2^r-1)个，记为 $h_{2^r-2},h_{2^r-3},\cdots,h_0$。矩阵 $\boldsymbol{H}$ 的所有列向量 h_i（$i=2^r-2,\cdots,1,0$）正好都是全部长度为 r 的二元序列（除零序列以外）。要使这些长度为 r 的二元序列按列排列成矩阵，就得纠正一位码元错误的汉明码的一致校验矩阵。一般将长度为 r 的二元序列看成一个二进制数，然后将这个二进制数转换成十进制数 j，将此二元序列作为矩阵 $\boldsymbol{H}$ 中第 j 列的列向量。在检测出伴随式后，将伴随式的二元序列看成一个二进制数，再将其换算成十进制数 j，就可得知码字在传输过程中第 j 位码元发生了错误，故译码非常简便。

例 9-6 取 $r=3$，构造一个二元$(2^r-1,2^r-1-r)=(7,4)$汉明码。

当 $r=3$ 时，除零向量以外，7 个长度为 3 的二元序列是（以十进制形式排列）：(001),(010),(011),(100),(101),(110),(111)。将这 7 个二元序列以十进制形式排列成矩阵，可得

$$\boldsymbol{H}_{(7,4)}=\begin{bmatrix}0&0&0&1&1&1&1\\0&1&1&0&0&1&1\\1&0&1&0&1&0&1\end{bmatrix} \tag{9-21}$$

根据这个一致校验矩阵，可得到(7,4)汉明码的全部（16 个）码字。

若接收序列 R=(0110110)，则

$$\boldsymbol{S}=\boldsymbol{R}\cdot\boldsymbol{H}^{\mathrm{T}}=(010)_2$$

$(110)_2=(2)_{10}$是矩阵 $\boldsymbol{H}$ 中第 2 列的列向量，可判定 R 中有两位码元出错。

9.5 循环码

循环码是线性分组码中一类重要的子码，是目前研究的最为成熟的一类码。循环码是以近世代数理论作为基础建立起来的，具有更精细的代数结构和许多特殊的代数性质，这使它的编译码电路更简单和易于实现。循环码的检错、纠错能力强，不但可用于纠正独立的随机错误，而且可用于纠正突发错误。

9.5.1 循环码的特点、定义和多项式描述

1. 特点和定义

循环码是一种线性分组码，除了具有线性分组码都有的封闭性，还具有循环性，即循环码中任一许用码字经过循环移位所得的码字仍是许用码字。

定义　若(*n*,*k*)线性分组码中的任意码字为 $C=(c_{n-1}c_{n-2}\cdots c_1c_0)$，将码字 C 中的码元向右或向左移动一位后，所得码字 $(c_0c_{n-1}\cdots c_2c_1)$ 或 $(c_{n-2}\cdots c_1c_0c_{n-1})$ 仍是(*n*,*k*)线性分组码的一个码字，则称此(*n*,*k*)线性分组码为**循环码**。

2. 多项式描述

循环码的循环特性表明它具有更严谨的代数结构。为了便于用代数理论研究循环码，可将长度为 n 的码字用多项式来描述；还可将一个码字的各码元看成是一个多项式的系数，为码字与多项式建立一一对应的关系。设(*n*,*k*)循环码的一个码字 $C=(c_{n-1}c_{n-2}\cdots c_1c_0)$，则与其对应的多项式为

$$C(x)=c_{n-1}x^{n-1}+c_{n-2}x^{n-2}+\cdots+c_1x+c_0 \tag{9-22}$$

$C(x)$ 为码字 C 的码多项式。这种多项式中的 x 只是对码元位置的标记。因为 C 是二元码，所以码字所对应的码多项式系数 $c_g\in\{0,1\}$。多项式中的 x^l（$l=0,1,\cdots,n-1$）存在只表示该对应码位上的码元是“1”，否则码元是“0”。

设循环码的一个码字 $C_1=(c_{n-1}c_{n-2}\cdots c_1c_0)$，左移 j 位可得

$$C_{j+1}(x)=c_{n-j-1}x^{n-1}+c_{n-j-2}x^{n-2}\cdots+c_0x^j+c_{n-1}x^{j-1}+c_{n-2}x^{j-2}\cdots+c_{n-j+1}x+c_{n-j} \tag{9-23}$$

左移 j 位后，码字 $C_{j+1}(x)$ 可用下式求得。

$$x^jC_1(x)=C_{j+1}(x)+Q(x)\,(x^n+1) \tag{9-24}$$

其中，$x^jC_1(x)$ 除以 x^n+1 所得的商是 $Q(x)$，而 $C_{j+1}(x)$ 是余式。式（9-24）可写成

$$C_{j+1}(x)=x^jC_1(x)\bmod(x^n+1) \tag{9-25}$$

式（9-25）表明：若(*n*,*k*)循环码的码多项式（码字）为 $C(x)$，则 $x^jC(x)$ 在 $\bmod(x^n+1)$ 运算下，所得余式也是一个码多项式（码字）。

9.5.2 循环码的生成多项式和生成矩阵

1. 生成多项式

在将循环码的码字用多项式表示后，就可将(*n*,*k*)循环码的所有码字用多项式运算获得。在

这个(n,k)循环码的2^k个码字中，总能找到一个前面$(k-1)$位码元都为0的码字，这个码字的码多项式一定是$(n-k)$次多项式，记为$g(x)$，叫作循环码的**生成多项式**。(n,k)循环码可由生成多项式$g(x)$生成。现举一例进行说明。

例 9-7 在表 9-1 的(7,3)循环码中，码字(0011101)的码多项式为

$$C_1(x)=x^4+x^3+x^2+1$$

令此(7,3)循环码的生成多项式$g(x)=x^4+x^3+x^2+1$。观察得到其他码字与生成多项式的关系：

$$C_0(x)=0=0\cdot g(x)$$

$$C_1(x)=x^4+x^3+x^2+1=1\cdot g(x)$$

$$C_2(x)=(x+1)\cdot(x^4+x^3+x^2+1)=(x+1)\cdot g(x)$$

$$C_3(x)=x\cdot(x^4+x^3+x^2+1)=x\cdot g(x)$$

$$C_4(x)=(x^2+x)\cdot(x^4+x^3+x^2+1)=(x^2+x)\cdot g(x)$$

$$C_5(x)=(x^2+x+1)\cdot(x^4+x^3+x^2+1)=(x^2+x+1)\cdot g(x)$$

$$C_6(x)=(x^2+1)\cdot(x^4+x^3+x^2+1)=(x^2+1)\cdot g(x)$$

$$C_7(x)=x^2(x^4+x^3+x^2+1)=x^2\cdot g(x)$$

可见，其他码字都是$g(x)$的倍式。现在信息位是3位，共有8个不同的信息序列。若也将信息序列写成多项式形式$m_i(x)$，这 8 个信息多项式为：$0,1,x,x+1,x^2,x^2+x,x^2+x+1,x^2+1$。将这8个信息多项式与上面各码字比较可得到

$$C_i(x)=m_i(x)\cdot g(x),\quad i=0,1,\cdots,7 \tag{9-26}$$

从例题分析中可以获得以下结论。

定理 9.2 在一个(n,k)循环码中，有且仅有一个$(n-k)$次码多项式$g(x)$，那么这个多项式叫作循环码的**生成多项式**。令$g(x)=x^{n-k}+g_{n-k-1}x^{n-k-1}+\cdots+g_2x^2+g_1x^1+g_0$，其中，常数项$g_0=1$，$g_{n-k-1},\cdots,g_2,g_1\in\{0,1\}$。

定理 9.3 一个(n,k)循环码中的所有码多项式都是这个次数最小的$(n-k)$次首一多项式$g(x)$的倍式，即(n,k)循环码中的所有码字均可由$g(x)$生成，并且所有以$g(x)$为倍式的、次数小于或等于$n-1$的多项式必定都是码字。令信息多项式

$$m(x)=m_{k-1}x^{k-1}+m_{k-2}x^{k-2}+\cdots+m_1x^1+m_0$$

它是次数小于或等于$k-1$的多项式。由此可得码字

$$C(x)=m(x)\cdot g(x) \tag{9-27}$$

在(n,k)循环码中，除全 0 码字外，其他码字都可由某一码字循环移位获得。在其他码字中，不可能再找到连续k位均为0的码字。所以，(n,k)循环码中除全0码字外，连续0位码元的长度最大为$k-1$。

在(n,k)循环码中，$g(x)$也是唯一的$(n-k)$次多项式。假设码中存在两个不同的$(n-k)$次首一多项式，令

$$g(x)=x^{n-k}+g_{n-k-1}x^{n-k-1}+g_{n-k-2}x^{n-k-2}+\cdots+1,\ g_{n-k-j}\in\{0,1\}$$

$$g'(x)=x^{n-k}+g'_{n-k-1}x^{n-k-1}+g'_{n-k-2}x^{n-k-2}+\cdots+1,\quad g'_{n-k-j}\in\{0,1\}$$

其中，$j\in[1,n-k]$。

根据线性分组码的特性，$g(x)+g'(x)$必定为码字。而$g(x)+g'(x)$必定是次数小于 $n-k$ 的多项式（模二加运算），对应前面 k 位为零码元的码字。这就出现了信息码元为 0、校验码元不为 0 的码字。它是完全不可能出现在循环码中的。显然，在(n,k)循环码中，存在唯一的最小次数为 $n-k$ 的码多项式$g(x)$。

2. 生成矩阵

循环码是线性分组码中一类特殊的码。线性分组码可由生成矩阵来生成，因此循环码的生成多项式与生成矩阵一定有联系。

设(n,k)循环码

$$g(x)=g_{n-k}x^{n-k}+g_{n-k-1}x^{n-k-1}+\cdots+g_1x^1+1$$

$$g_{n-k}=g_0=1,\quad g_{n-k-j}\in\{0,1\}$$

码多项式

$$C(x)=c_{n-1}x^{n-1}+c_{n-2}x^{n-2}+\cdots+c_1x^1+c_0$$

信息多项式

$$m(x)=m_{k-1}x^{k-1}+m_{k-2}x^{k-2}+\cdots+m_1x^1+m_0$$

由式（9-27）可知

$$\begin{aligned}C(x)&=m(x)\cdot g(x)\\&=m_{k-1}x^{k-1}g(x)+m_{k-2}x^{k-2}g(x)+\cdots+m_1xg(x)+m_0g(x)\\&=(m_{k-1}m_{k-2}\cdots m_1m_0)\cdot\begin{bmatrix}x^{k-1}g(x)\\x^{k-2}g(x)\\\vdots\\xg(x)\\g(x)\end{bmatrix}\\&=(m_{k-1}m_{k-2}\cdots m_1m_0)\cdot\begin{bmatrix}g_{n-k}&g_{n-k-1}&g_{n-k-2}&\cdots&g_1&g_0&0&0&\cdots&0&0\\0&g_{n-k}&g_{n-k-1}&\cdots&&g_1&g_0&0&\cdots&0&0\\0&0&g_{n-k}&\cdots&&&g_1&&\cdots&g_0&0\\\vdots&&&&&&&&&&\vdots\\0&0&0&\cdots&&0&g_{n-k}&g_{n-k-1}&\cdots&g_1&g_0\end{bmatrix}\begin{bmatrix}x^{n-1}\\x^{n-2}\\x^{n-3}\\\vdots\\x\\1\end{bmatrix}\end{aligned}$$

码多项式$C(x)$也可表示成

$$C(x)=(c_{n-1}c_{n-2}\cdots c_1c_0)\begin{bmatrix}x^{n-1}\\x^{n-2}\\\vdots\\x\\1\end{bmatrix}$$

由此得到码字

$$C=\left(c_{n-1}c_{n-2}\cdots c_1c_0\right)=\left(m_{k-1}m_{k-2}\cdots m_1m_0\right)G=mG$$

其中，矩阵 G 就是(n,k)循环码生成矩阵。

$$G=\begin{bmatrix} g_{n-k} & g_{n-k-1} & \cdots & g_1 & g_0 & 0 & \cdots & 0 & 0 \\ 0 & g_{n-k} & \cdots & g_2 & g_1 & g_0 & \cdots & 0 & 0 \\ \vdots & & & & & & & & \vdots \\ 0 & 0 & \cdots & 0 & g_{n-k} & g_{n-k-1} & \cdots & g_1 & g_0 \end{bmatrix}_{k\times n}$$

$$=\begin{bmatrix} 1 & g_{n-k-1} & \cdots & g_1 & 1 & 0 & \cdots & 0 & 0 \\ 0 & 1 & \cdots & g_2 & g_1 & 1 & \cdots & 0 & 0 \\ \vdots & & & & & & & & \vdots \\ 0 & 0 & \cdots & 0 & 1 & g_{n-k-1} & \cdots & g_1 & 1 \end{bmatrix}_{k\times n} \tag{9-28}$$

又由例 9-7 中可知，$x^{k-1}g(x), x^{k-2}g(x),\cdots, xg(x), g(x)$ 都是 $g(x)$ 的倍式，因此它们必定都是循环码字。这 k 个码字正好是一组（k 个）线性独立的码字，它们在模二加运算下线性组合的结果不等于 0。由这一组线性独立的码字组成的矩阵就是循环码生成矩阵，该矩阵用多项式表示：

$$G(x)=\begin{bmatrix} x^{k-1}g(x) \\ x^{k-2}g(x) \\ \vdots \\ xg(x) \\ g(x) \end{bmatrix}$$

但根据式（9-28）中的码生成矩阵所生成的(n,k)循环码不是系统码，其码字前面 k 位不对应信息位。

例 9-8 在表 9-1 所示的(7,3)循环码中，前面两位码元为 0 的码字是(0011101)，则此码多项式为码的生成多项式，$g(x)=x^4+x^3+x^2+1$。由此可得(7,3)循环码的生成矩阵（用多项式表示）为

$$G(x)=\begin{bmatrix} x^2g(x) \\ xg(x) \\ g(x) \end{bmatrix}=\begin{bmatrix} x^6+x^5+x^4+x^2 \\ x^5+x^4+x^3+x^1 \\ x^4+x^3+x^2+1 \end{bmatrix}$$

生成矩阵为

$$G=\begin{bmatrix} 1 & 1 & 1 & 0 & 1 & 0 & 0 \\ 0 & 1 & 1 & 1 & 0 & 1 & 0 \\ 0 & 0 & 1 & 1 & 1 & 0 & 1 \end{bmatrix}_{3\times 7}$$

此时，它所对应的(7,3)循环码不是系统循环码，然而使它经过若干次初等变换，可求得系统循环码的标准生成矩阵。

9.5.3 循环码的校验多项式、校验矩阵和伴随式

1. 校验多项式和校验矩阵

(n,k)循环码的生成多项式 $g(x)$ 必定是 x^n+1 的因式，即

$$x^n+1=g(x)\cdot h(x) \tag{9-29}$$

其中，$h(x)$为循环码的**校验多项式**。

由于$g(x)$是$(n-k)$次首一多项式，则由式（9-29）可得，$h(x)$一定是k次首一多项式。校验多项式$h(x)$显然有如下性质。

（1）$g(x)\cdot h(x)\equiv 0$（$\bmod[g(x)]$）

（2）$C(x)\cdot h(x)\equiv 0$（$\bmod[g(x)]$）

现令$h(x)=h_k x^k+h_{k-1}x^{k-1}+\cdots+h_1 x+h_0$，并令其相应的反多项式为$h^*(x)=h_0 x^k+h_1 x^{k-1}+\cdots+h_{k-1}x+h_k$。

由式（9-27）和式（9-29）可得

$$C(x)\cdot h(x)=m(x)g(x)h(x)=m(x)\left(x^n+1\right)=x^n m(x)+m(x)=0 \tag{9-30}$$

式（9-30）右边多项式共有$n-k=r$项系数为0。而式（9-30）左边是

$$C(x)h(x)=\left(c_{n-1}x^{n-1}+c_{n-2}x^{n-2}+\cdots+c_1 x+c_0\right)\left(h_k x^k+h_{k-1}x^{k-1}+\cdots+h_1 x+h_0\right) \tag{9-31}$$

要使式（9-30）成立，则必须满足式（9-31）中的$(n-1)$次项到k次项的系数全部为0这一要求，即

$$\left.\begin{array}{ll}(n-1)\text{次项系数} & c_{n-1}h_0+c_{n-2}h_1+\cdots+c_{n-k}h_{k-1}+c_{n-k-1}h_k=0\\ (n-2)\text{次项系数} & c_{n-2}h_0+c_{n-3}h_1+\cdots+c_{n-k-1}h_{k-1}+c_{n-k-2}h_k=0\\ \vdots & \vdots\\ (k+1)\text{次项系数} & c_{k+1}h_0+c_k h_1+\cdots+c_2 h_{k-1}+c_1 h_k=0\\ k\text{次项系数} & c_k h_0+c_{k-1}h_1+\cdots+c_1 h_{k-1}+c_0 h_k=0\end{array}\right\} \tag{9-32}$$

将上述$(n-k)$个等式写成统一形式为

$$\sum_{i=0}^{k}c_{n-i-j}h_i=0,\ 1\leqslant j\leqslant n-k \tag{9-33}$$

式（9-33）就是线性循环码的一致检验方程。将式（9-33）写成矩阵形式，则有

$$(c_{n-1}c_{n-2}\cdots c_1 c_0)\cdot\begin{bmatrix} h_0 & 0 & \cdots & 0 & 0\\ h_1 & h_0 & \cdots & 0 & 0\\ \vdots & h_1 & & \vdots & \vdots\\ h_{k-1} & \vdots & & 0 & 0\\ h_k & h_{k-1} & & h_0 & 0\\ 0 & h_k & & h_1 & h_0\\ 0 & 0 & & \vdots & h_1\\ \vdots & \vdots & & h_{k-1} & \vdots\\ 0 & 0 & \cdots & h_k & h_{k-1}\\ 0 & 0 & \cdots & 0 & h_k \end{bmatrix}=\mathbf{0} \tag{9-34}$$

将上式与式（9-15）中的$\boldsymbol{G}\cdot\boldsymbol{H}^{\mathrm{T}}=\mathbf{0}$比较可得

$$\boldsymbol{H}=\begin{bmatrix} h_0 & h_1 & \cdots & h_{k-1} & h_k & 0 & 0 & \cdots & 0 & 0 \\ 0 & h_0 & h_1 & \cdots & h_{k-1} & h_k & 0 & \cdots & 0 & 0 \\ \vdots & & & & & & & & & \vdots \\ 0 & & \cdots & & 0 & h_0 & \cdots & h_{k-1} & h_k & 0 \\ 0 & & \cdots & & 0 & 0 & h_0 & \cdots & h_{k-1} & h_k \end{bmatrix} \tag{9-35}$$

$$\underbrace{\qquad\qquad}_{(n-k-1)个}\qquad\underbrace{\qquad\qquad}_{(k+1)个}$$

式中，若 $h_0 = h_k = 1$，则 $\boldsymbol{H}$ 为(n,k)循环码的一致校验矩阵。可见，在(n,k)循环码的一致校验矩阵 $\boldsymbol{H}$ 中，第一行由校验多项式的反多项式的系数加上$(n-k-1)$个 0 组成，逐步向右平移一位，便可构成第二行及其以下各行。该矩阵是$(n-k)\times n$ 阶循环矩阵。

可以验证(n,k)循环码的生成矩阵 $\boldsymbol{G}$ 与一致校验矩阵 $\boldsymbol{H}$ 正交，即

$$\boldsymbol{G}\cdot\boldsymbol{H}^{\mathrm{T}}=\begin{bmatrix} g_{n-k} & g_{n-k-1} & \cdots & g_1 & g_0 & 0 & \cdots & 0 \\ 0 & g_{n-k} & \cdots & & g_1 & g_0 & \cdots & 0 \\ \vdots & & & & & & & \vdots \\ 0 & 0 & \cdots & 0 & g_{n-k} & g_{n-k-1} & \cdots & g_1 \end{bmatrix}\begin{bmatrix} h_0 & & \cdots & 0 & 0 \\ h_1 & h_0 & & 0 & 0 \\ \vdots & h_1 & & \vdots & \vdots \\ h_{k-1} & \vdots & & 0 & 0 \\ h_k & h_{k-1} & & h_0 & 0 \\ 0 & h_k & & \vdots & h_0 \\ 0 & 0 & & \vdots & \vdots \\ \vdots & \vdots & & h_{k-1} & \vdots \\ 0 & 0 & & h_k & h_{k-1} \\ 0 & 0 & \cdots & 0 & h_k \end{bmatrix}=\boldsymbol{0}$$

式中，$\boldsymbol{0}$ 为 $k\times(n-k)$阶零矩阵。由此可知，由生成多项式 $g(x)$ 得出的生成矩阵 $\boldsymbol{G}$ 与由校验多项式的反多项式 $h^*(x)$ 得出的一致校验矩阵 $\boldsymbol{H}$ 正交。

选定了生成多项式 $g(x)$，那么(n,k)循环码的纠错能力就定了。由定理 9.3 可得，$g(x)$ 是循环码中最小次数为 $n-k$ 的多项式，其他码多项式都是 $g(x)$ 的倍式，所以 $g(x)$ 是重量最小的码字所对应的多项式。这样，循环码的最小距离 $d_{\min}$ 可由 $g(x)$ 的系数决定。$(n-k)$次多项式 $g(x)$ 中系数为 1 的个数就是 $g(x)$ 对应的码字的重量，也就是 $g(x)$ 生成的(n,k)循环码的最小距离。

2．伴随式

循环码采用了多项式来描述，故也可以用多项式来表述错误图样和伴随式。设传送的码多项式 $C(x)$、接收多项式 $R(x)$ 及错误图样多项式 $E(x)$ 分别为

$$C(x)=c_{n-1}x^{n-1}+c_{n-2}x^{n-2}+\cdots+c_1x+c_0$$
$$R(x)=r_{n-1}x^{n-1}+r_{n-2}x^{n-2}+\cdots+r_1x+r_0$$
$$E(x)=e_{n-1}x^{n-1}+e_{n-2}x^{n-2}+\cdots+e_1x+e_0$$

并有

$$\begin{aligned} R(x)&=C(x)+E(x)\\ &=(c_{n-1}+e_{n-1})x^{n-1}+(c_{n-2}+e_{n-2})x^{n-2}+\cdots+(c_1+e_1)x+(c_0+e_0)\\ &=r_{n-1}x^{n-1}+r_{n-2}x^{n-2}+\cdots+r_1x+r_0 \end{aligned} \tag{9-36}$$

接收多项式除以生成多项式可得

$$\frac{R(x)}{g(x)}=\frac{C(x)}{g(x)}+\frac{E(x)}{g(x)} \tag{9-37}$$

因为$C(x)$是$g(x)$的倍式，所以接收多项式的余式等于错误图样多项式的余式。令错误图样多项式的余式为$S(x)$，称为**伴随式，则**

$$S(x)\equiv E(x)\ \mathrm{mod}[g(x)] \tag{9-38}$$

式中，$S(x)=s_{n-k-1}x^{n-k-1}+s_{n-k-2}x^{n-k-2}+\cdots+s_1x+s_0$。因为$g(x)$是$(n-k)$次多项式，所以式（9-38）的余式的次数必定小于$n-k$，最小次数为$n-k-1$。二元循环码的伴随式$S(x)$共有$2^{n-k}$种不同的表达式。

伴随式包含了错误图样的信息，故可以用伴随式来纠错。在接收端使接收多项式除以生成多项式$g(x)$，若余式为 0，则认为无错误，否则认为有错误。若余式为某种错误图样的伴随式，则认为错误是由这个错误图样引起的。由于$S(x)$只有2^{n-k}种不同的表达式，而$E(x)$却有2^n种不同的表达式，所以$S(x)$与$E(x)$是一对多的映射。若选择不同的$E(x)$对应同一$S(x)$，将得到不同的译码方法。仍然像线性分组码一样，从最大似然译码准则出发，首先选择重量最小的$E(x)$与$S(x)$对应，当接收端求得接收多项式的余式（伴随式）为$S(x)$时，就认为错误图样是$S(x)$所对应的重量最小的$E(x)$。然后，使$R(x)+E(x)=C'(x)$，译得所求发送码字。

例 9-9　表 9-1 中(7,3)循环码的生成多项式$g(x)=x^4+x^3+x^2+1$，接收码序列是R=(0010011)，求应译成的码字。

接收码序列对应的接收多项式是$R(x)=x^4+x+1$，使$R(x)$除以$g(x)$，由式（9-38）得到的伴随式是

$$S(x)=(x^4+x+1)\mathrm{mod}[g(x)]=x^3+x^2+x \xrightarrow{\text{对应}} S=(1110)$$

错误图样与伴随式的对应关系为

$$E_1(x)=(1000000)\longleftrightarrow S_1(x)=x^6\ \mathrm{mod}[g(x)]=x^3+x^2+x$$

$$E_2(x)=(1011101)\longleftrightarrow S_2(x)=(x^6+x^4+x^3+x^2+1)\mathrm{mod}[g(x)]=x^3+x^2+x$$

$$E_3(x)=(0110100)\longleftrightarrow S_3(x)=(x^5+x^4+x^2)\mathrm{mod}[g(x)]=x^3+x^2+x$$

不同的错误图样对应同一个伴随式。

若认为错误图样为$E_1(x)$，则所译码字为

$$C_1'(x)=R(x)+E_1(x)=x^6+x^4+x+1\longleftrightarrow C_1'=(1010011)$$

若认为错误图样为$E_2(x)$，则所译码字为

$$C_2'(x)=R(x)+E_2(x)=x^6+x^3+x^2+x\longleftrightarrow C_2'=(1001110)$$

若认为错误图样为$E_3(x)$，则所译码字为

$$C_3'(x)=R(x)+E_3(x)=x^5+x^2+x+1\longleftrightarrow C_3'=(0100111)$$

$$\vdots$$

一般情况下，对二元对称无记忆信道而言，重量最小的错误图样出现的概率最大，重量较小的错误图样出现的概率大于重量较大的错误图样，所以从最小错误概率译码准则角度考

虑，传输过程中引起的错误图样为$E_1(x)=x^6$，可译得发送码字$C'(x)=(1010011)$。

当然，这样选择也会引起译码错误。若发送的码字是(1001110)或(0100111)，传输后也可能发生多位码元错误，使收到的接收序列为(0010011)。按照上述方法进行译码，都将译得发送码字为(1010011)，这会造成译码错误。

9.5.4 循环码的编码器、解码器

一种好的纠错码，除了要纠错能力强、误码率小、信息传输速率大，还要易于实现，也就是要求编码器、解码器既简单又易构建。而循环码正好具有这些特点，故得到广泛应用。

1．编码器

在确定了(n,k)循环码的生成多项式$g(x)$后，编码方法就是先用信息多项式乘以x^{n-k}，得到$x^{n-k}m(x)$，然后用它除以$g(x)$求得余式，信息多项式加上余式所得的结果即为所求码字。故循环码的编码是由多项式的乘法、除法及加法运算共同完成的。

为此，系统循环码的编码器可由移位寄存器及各类数字逻辑电路来实现。这样编码电路相当简单，也易于构建。

图 9-3 所示为(7,4)系统循环码的编码电路框图。(7,4)系统循环码的生成多项式$g(x)=x^3+x+1$。

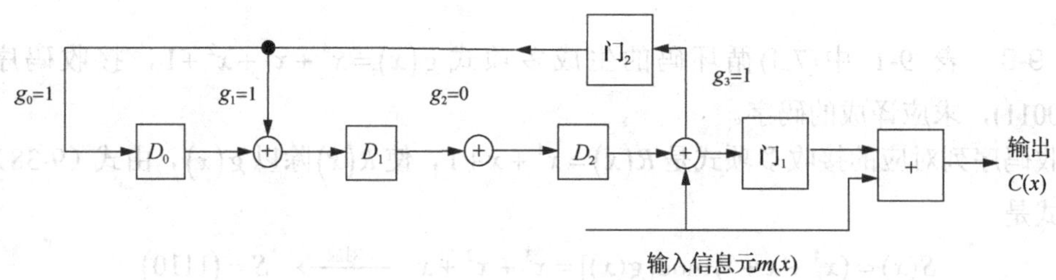

图 9-3 (7,4)系统循环码的编码电路框图

在图 9-3 中，$\boxed{D_i}$是一个二进制移位寄存器，一般由触发器组成；$\oplus$是模二加法器，即异或门电路；$\boxed{门_i}$是门电路；$\boxed{+}$是或门电路。

当生成多项式中的$g_i(x)=1$时，接通连线；当生成多项式中的$g_i(x)=0$时，断开连线。因为生成多项式的首项和尾项的系数都是1，即$g_0(x)=g_{n-k-1}(x)=1$，表示接通，所以一定有连线。编码电路中移位寄存器的个数取决于$r=n-k$（r为校验元位数，n为码长，k为信息元位数）的值。现为(7,4)系统循环码，移位寄存器只需有$r=7-4=3$个。

上述讨论的是一个主要由 3 级移位寄存器组成的(7,4)系统循环码的编码器。任何(n,k)系统循环码都可类似地由$r=n-k$级移位寄存器构成的编码器来实现。当校验元位数r比信息元位数k大很多时，编码器会用到许多移位寄存器。这时，可考虑根据式（9-33）来编码。

由上述讨论可知，系统循环码的编码电路很简单，尤其在数字集成电路高速发展的今天，这种编码器极易实现。所以，一般通信系统中实际采用的码都是循环码。

2．解码器

循环码的伴随式$S(x)$能反映出信道中错误图样$E(x)$的信息，并且伴随式与错误图样

之间存在某种对应关系，所以循环码可以与其他线性分组码一样，利用伴随式进行译码。

循环码的译码方法有通用译码法（梅吉特译码法）、捕错译码法及大数逻辑译码法等。

梅吉特解码器主要由伴随式计算电路（由移位寄存器组成的除法电路）、错误图样检测电路（具有(*n*–*k*)个输入端的组合逻辑电路）及缓冲寄存电路等组成。

当接收码$R(x)$输入时，先$R(x)$送入伴随式计算电路，求得伴随式$S(x)$，并将$R(x)$移入缓冲寄存器，暂时寄存，以便以后输出时纠正发现的错误。然后，把伴随式送入检测器，当检测器检出可纠的错误图样时，输出纠错信号，这表明缓存器输出的符号有错，将其纠正。同时，将此信号送入伴随式计算电路，修正伴随式，从伴随式中去掉那位码元错误的影响。直到逐位完成纠错后，接收码字在被纠错后作为所译码字$C(x)$全部输出。最后，伴随式寄存器中呈全 0 状态，则表示错误全部被纠正了。否则，就是检出了不可纠正的错误图样。

这种通用解码器原则上适用于任何循环码，但是否实用取决于组合逻辑电路的复杂程度。在有些情况下，例如纠$t \leqslant 2$的随机错误时（t为纠错位数），检测器的组成可以很简单，所以特别适用。当码长n和纠错位数t增大时，检测器的组成会变得很复杂，以至难以实现。

9.6　卷积码

9.6.1　卷积码的结构

通常卷积编码器由K级（每级k bit）和n个线性代数函数发生器组成，如图 9-4 所示。将二进制数移位输入卷积编码器，沿着移位寄存器每次移位k bit。每个k bit 长的输入序列对应一个n bit 长的输出序列。因此，将卷积码的信息传输速率定义为$R_c = k/n$，这和分组码的信息传输速率的定义一致，参数K被称为卷积码的约束长度。

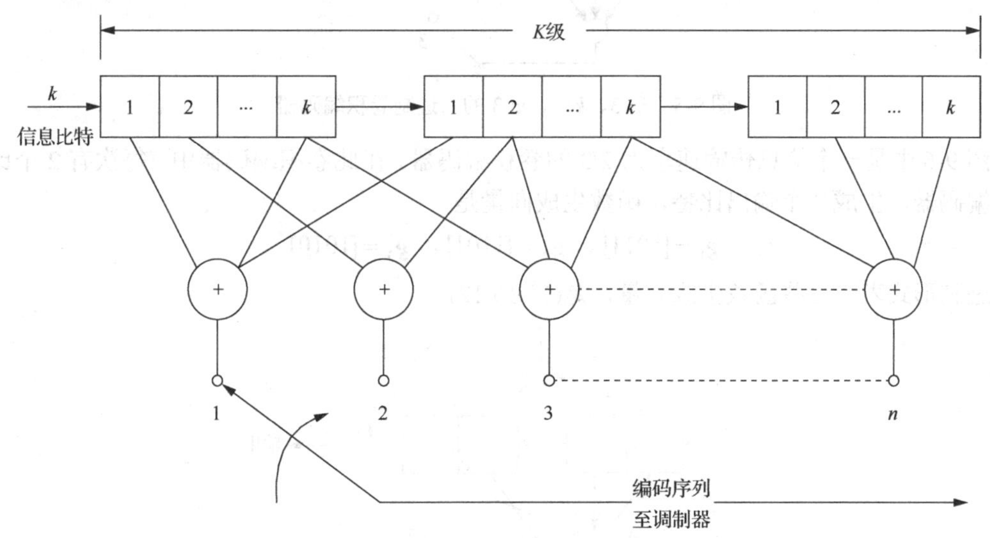

图 9-4　卷积编码器结构图

描述卷积码的方法之一是给出它的生成矩阵，正如处理分组码的做法一样。一般来说，卷积码的生成矩阵是半（单边）无限矩阵，这是因为输入序列本身的长度是半无限的。生成矩阵可以用一组（n 个）向量来表示，每个向量对应n个模二加法器中的一个，这与生成矩阵在功能上是等效的。每个向量有 Kk 维，包含编码器和模二加法器之间连接关系的信息。如果某向量的第 i 个元素是 1，则表示第 i 级移位寄存器和模二加法器相连；如果某向量的第 i 个元素是 0，则表示第 i 级移位寄存器和模二加法器不相连。

具体地，可以看图 9-5 中这个 K=3、k=1、n=3 的二进制卷积编码器，移位寄存器初始是全 0 状态。如果第 1 个输入比特是 1，那么 3bit 输出序列是 111；如果第 2 个输入比特是 0，那么 3bit 输出序列是 001；如果第 3 个输入比特是 1，那么 3bit 输出序列是 100，以此类推。现若将 3bit 输出序列从上到下按 1、2 和 3 编号，并对每个对应的函数生成向量也进行类似的编号，则由于只有第 1 级与第 1 个函数生成器相连（不需要模二加法器），因此第 1 个函数生成向量是

$$\boldsymbol{g}_1 = [100]$$

第 2 个函数生成向量和第 1、3 级相连，所以第 2 个函数生成向量是

$$\boldsymbol{g}_2 = [101]$$

最后，第 3 个函数生成向量为

$$\boldsymbol{g}_3 = [111]$$

这种码的函数生成向量用八进制形式表示为(4,5,7)更方便。由这个例子可以看出：当 k=1 时，编码器需要用 n 个函数生成向量来表示，每个向量是 K 维的。对于更一般的 $k>1$、约束长度为 K、信息传输速率为 k/n 的二进制卷积码，则有 n 个 Kk 维的函数生成向量。

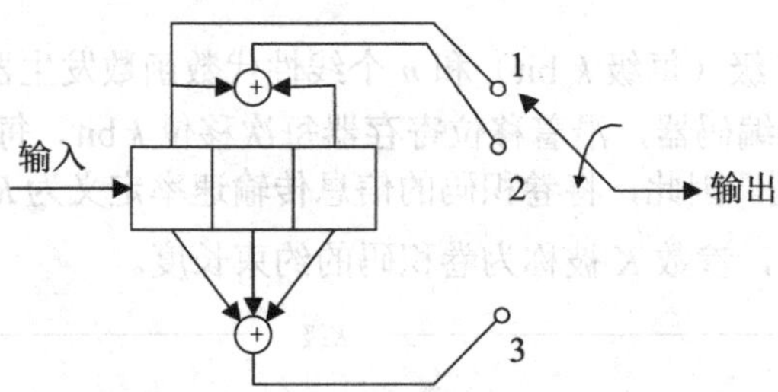

图 9-5　K=3、k=1、n=3 的二进制卷积编码器

图 9-6 中是一个信息传输速率为 2/3 的卷积编码器。在此卷积编码器中，每次有 2 个比特移入编码器，生成 3 个输出比特，函数生成向量是

$$\boldsymbol{g}_1 = [1011]，\ \boldsymbol{g}_2 = [1101]，\ \boldsymbol{g}_3 = [1010]$$

用八进制形式表示这些函数生成向量，是(13,15,12)。

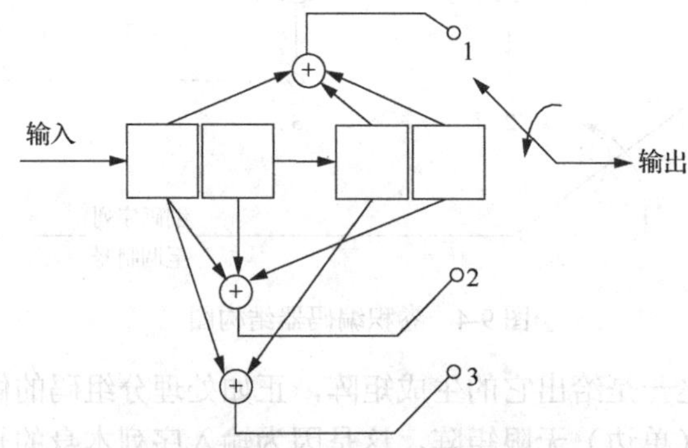

图 9-6　K=2、k=2、n=3 的卷积编码器的结构

9.6.2　卷积码的状态图

描述卷积码通常有 3 种可供选择的方法，即树图、网格图和状态图。例如，图 9-7 给出了图 9-5 对应卷积码的树图。假设编码器的初始状态为全 0，那么树图表明：若第 1 个输入比特是 0，则输出序列为 000；若第 1 个输入比特为 1，则输出序列为 111；若第 1 个输入比特为 1，而第 2 个输入比特为 0，则第 2 组的 3 个输出比特是 001。按此树图继续下去，若第 3 个输入比特是 0，则输出序列为 011；若第 3 个输入比特是 1，则输出序列为 100。因此，如果 1 个特定的序列已经把我们带到树图的某个特定节点处，那么可按如下规律继续取分支：如果下 1 个输入比特是 0，就取上分支；如果下 1 个输入比特为 1，就取下分支。这样，1 个确定的输入序列在树图中就有 1 条确定的路径轨迹。

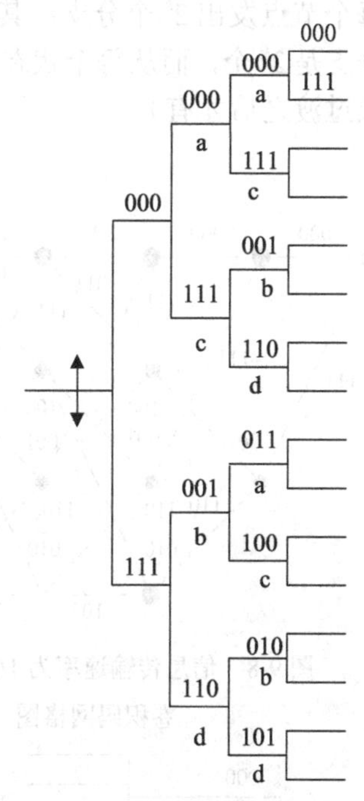

图 9-7　信息传输速率为 1/3、K=3 的卷积码树图

仔细观察图 9-7 所示树图，会发现第三级之后是重复自身的结构，这个特点与约束长度 K=3 这个事实是相符的。也就是说，每级的 3bit 输出序列是怎样的取决于当前的输入比特和早先输入的两个比特（已包含在移位寄存器前两级中的那两个比特）。移位寄存器最后一级中的比特是向右移出的，并不影响输出。于是可以说，每个输入比特所对应的 3bit 输出序列是怎样的取决于比特和移位寄存器的 4 种状态，这 4 种状态可表示为 a=00、b=01、c=10、d=11。如果在树图中的每个节点处做标记，使所做标记与移位寄存器的 4 种状态相对应，则会发现，在树图的第三级，有两个节点标为 a，两个节点标为 b，两个节点标为 c，两个节点标为 d。可见，从两个有同样标记（同样状态）的节点发出的分支具有相同的输出序列，从这个意义上说，这两个节点是等同的，两个有相同标记的节点可以合并。如果把图 9-7 中的树图合并，就得到一种较紧凑的图，称为**网格图**。例如，图 9-8 就是图 9-7 对应卷积编码器的网格图。在网格图中，实线表示输入比特为 0 时产生的输出，虚线表示输入比特为 1 时产生的输出。由本例可看出，在完成初始过渡之后，网格图的每一级都包含 4 个节点，对应移位寄存器的 4 种状态 a、b、c 和 d。从第二级开始，网格图的每个节点都有两条进入的路径和两条出去的路径。在这两条出去的路径中，一条对应输入比特为 0 时应走的路径，另外一条对应输入比特为 1 时应走的路径。

编码器的输出情况取决于输入和编码器的状态。还有一种比网格图更为紧凑的图，就是状态图。状态图是一种表示编码器可能的状态及由一种状态到另外一种状态可能的转移图形。图 9-5 所示编码器的状态图参见图 9-9。这幅状态图表明，可能的状态转移是

$$a\xrightarrow{0}a\quad a\xrightarrow{1}c\quad b\xrightarrow{0}a\quad b\xrightarrow{1}c\quad c\xrightarrow{0}b\quad c\xrightarrow{1}d\quad d\xrightarrow{0}b\quad d\xrightarrow{1}d$$

这里，$\alpha\xrightarrow{1}\beta$ 表示当输入比特为 1 时，由状态 α 转移到状态 β。状态图中标在每个分支旁边的 3 个比特代表输出比特，虚线表示输入比特为 1 时的状态转移，实线表示输入比特为 0 时的状态转移。

考虑图 9-6 中 K=2、信息传输速率为 2/3 的卷积码，最初的一对输入比特可以为 00、01、10 或 11，相应的输出比特分别为 000、010、111 或 101。当下一对输入比特进入编码器时，

第一对输入比特已移到第二级寄存器。相应的输出比特情况取决于已经移到第二级寄存器的那一对输入比特和新输入的一对比特。因此，该码的树图［见图 9-10（a）］的每个节点有 4 个分支，与 4 种可能的输入比特对相对应。由于这种码的约束长度 K=2，所以树图从第二级之后就开始重复。合并具有相同标记的节点，就得到图 9-10（b）所示的网格图。

推广到一般情况，一个信息传输速率为 k/n、约束长度为 K 的卷积码有如下特点：其树图的每个节点发出 2^k 个分支；其网格图和状态图各有 $2^{k(K-1)}$ 种可能的状态；可能进入每个状态的分支是 2^k 个，而从每个状态发出的分支也是 2^k 个（在网格图和树图中，最后一个特点仅在完成过渡之后才有）。

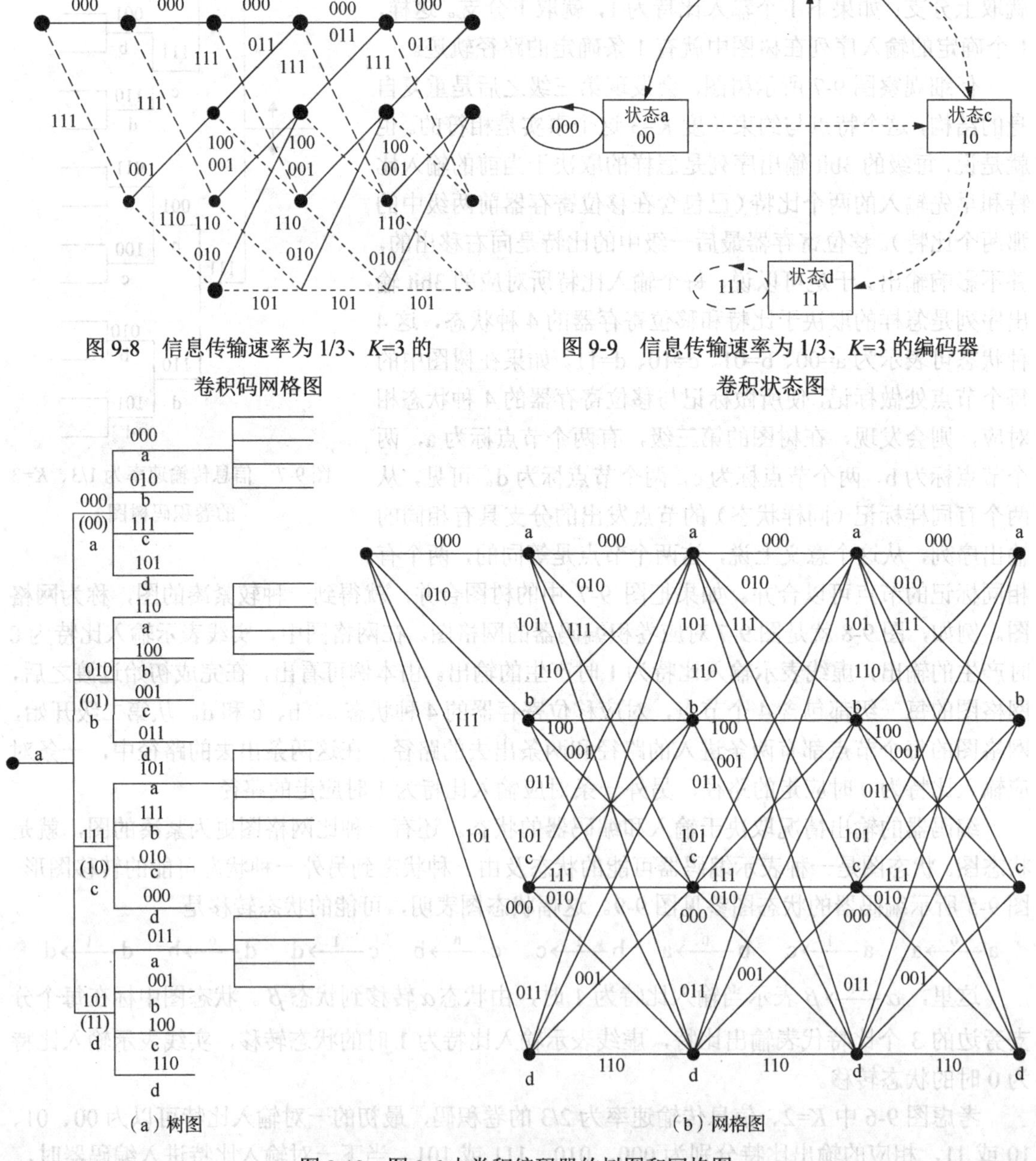

图 9-8　信息传输速率为 1/3、K=3 的卷积码网格图

图 9-9　信息传输速率为 1/3、K=3 的编码器卷积状态图

（a）树图

（b）网格图

图 9-10　图 9-6 中卷积编码器的树图和网格图

维特比算法

下面介绍卷积码常用的基于最大似然的序列译码方法。这里仅就维特比于 1967 年提出的维特比算法的思路做简要介绍。

维特比算法的基本思想是：对接收序列与所有可能的发送序列进行比较，选择码字距离最小的序列作为发送序列。但是，这种算法在发送序列的位数较大时，由于计算机要存储所有可能的序列，存储量太大。维特比对此做了简化，下面仍以图 9-5 所示编码器所编的卷积码为例，对照图 9-8 所示的网格图来说明维特比算法的思路。

假设发送的信息序列为 1010，则相应的卷积编码输出序列为 111001100001，由于噪声等原因产生了误码，所以接收序列为 110001101011。由于该卷积码的编码约束长度为 3，因此先选择前 3 段接收序列 110001101 作为标准序列，与到达第 3 级的 4 个节点的 8 条路径进行对照，逐步算出每条路径与接收序列 110001101 之间的累计码字距离。每个节点保留 1 条码字距离较小的路径作为幸存路径。若将当前节点移到第 4 级，则同样也有 8 条路径。逐步推进筛选幸存路径，最后到达终点 a 的 1 条幸存路径即为译码路径。根据这条路径，对照图 9-8 可知译码结果为 1010，与发送的信息序列一致。

图 9-4 所示输入序列长度为 k bit、约束长度为 K 的二进制卷积编码器生成的卷积码将产生包含 $2^{k(K-1)}$ 种状态的网格图。如果想用维特比算法对这种码进行译码，就要保存 $2^{k(K-1)}$ 条留存路径和 $2^{k(K-1)}$ 个路径度量。在网格图每一级的每个节点处，有 2^k 条路径汇合于此，要计算 2^k 个度量，并保留一条最小距离路径。因此，在执行每一级译码操作的过程中，计算量将随 k 和 K 的增大呈指数增长，维特比算法通常应用于 k 和 K 均较小情况下的译码。

习题

1．考虑一个(8,4)线性系统分组码，其一致校验方程如下。

$$\begin{cases} c_3 = m_1 + m_2 + m_4 \\ c_2 = m_1 + m_3 + m_4 \\ c_1 = m_1 + m_2 + m_3 \\ c_0 = m_2 + m_3 + m_4 \end{cases}$$

其中，(m_1, m_2, m_3, m_4) 为信息位，(c_3, c_2, c_1, c_0) 为校验位。

（1）求该码的生成矩阵和一致校验矩阵。

（2）证明该码的最小重量为 4。

（3）若接收序列 $\boldsymbol{R}$ 的伴随式 $\boldsymbol{S}=[1011]$，求其错误图样 $\boldsymbol{E}$ 及发送码字 $\boldsymbol{C}$。

（4）若接收序列 $\boldsymbol{R}$ 的伴随式 $\boldsymbol{S}=[0111]$，则发生了几位码元错误？

2．设一分组码具有一致校验矩阵 $\boldsymbol{H}=\begin{bmatrix} 1 & 0 & 0 & 1 & 0 & 1 \\ 0 & 1 & 0 & 0 & 1 & 1 \\ 0 & 0 & 1 & 1 & 1 & 1 \end{bmatrix}$。

（1）求此分组码的生成矩阵。

（2）列出所有可用码字。

（3）如果发送码字 C=(001111)，但接收序列为 R=(000010)，那么其伴随式 S 是什么？

3．在二元信息序列进入二元对称信道传输前，进行如下编码：

$$00\to00000,\ 01\to01101,\ 10\to10111,\ 11\to11010$$

（1）写出该码的生成矩阵和一致校验矩阵。

（2）列出译码表。

（3）设二元对称信道中错误转移概率为 p，按译码表进行译码的错误概率计算。

4．设某(7,3)循环码的生成多项式 $g(x)=x^4+x^2+x+1$。

（1）列出其所有码字，并求最小码字距离。

（2）列出其系统循环码的标准生成矩阵。

（3）列出该码的校验多项式及标准一致校验矩阵。

5．若(15,11)汉明循环码的生成多项式为 $g(x)=x^4+x+1$。

（1）求此码的最小距离。

（2）若接收多项式为 $x^8+x^6+x^5+x^2+1$，该接收序列是码多项式吗？求其伴随式，并写出纠正后所译成的码多项式。

（3）若信息多项式为 $m(x)=x^7+x^4+x+1$，求用其编得的码多项式及对应的码字序列。

6．已知(8,5)线性分组码的生成矩阵为 $\boldsymbol{G}=\begin{bmatrix}1&0&0&0&0&1&1&1\\0&1&0&0&0&1&0&0\\0&0&1&0&0&0&1&0\\0&0&0&1&0&0&0&1\\0&0&0&0&1&1&1&1\end{bmatrix}$

（1）证明该码是循环码。

（2）求该码的生成多项式 $g(x)$、校验多项式和最小码字距离。

（3）求该码的码字。

第 10 章　数字基带信号和数字调制技术

信道编码器的输出信号将以数字基带信号或调制信号的形式在信道中传输。因此，数字通信系统分为数字基带传输系统和频带传输系统。数字基带传输系统中传输的未经调制的数字基带信号，其频谱是低通型的。而频带传输系统需要先将数字基带信号调制到适合信道传输的频段，再进行传输。我们讨论基带传输系统的原因，一是在一些实际系统中采用的信号传输方式就是基带传输，比如局域网、数字用户环路及 PCM 基带传输系统；二是它是频带传输的基础，是数字通信中不可缺少的环节。

10.1　数字基带信号

10.1.1　数字基带信号的常用波形

数字基带传输系统结构框图如图 10-1 所示。来自信道编码器的信息序列经过数字基带信号形成器被转换成适合信道传输的波形信号。实际信道中传输的数字基带信号波形是各种各样的。数字基带信号形成电路输出的是符合信道要求的特定波形。接收端的解调器对信道输出信号进行滤波处理，以恢复原信息代码。

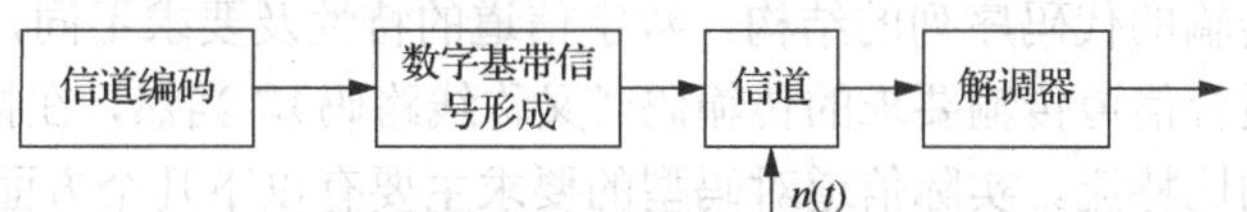

图 10-1　数字基带传输系统结构框图

从传送不同的数字符号状态这一目的来说，只要是可以区分的并有利于改善传输性能的数字基带信号波形，就可以用于数字基带传输系统。不过应用最广泛也最简单的数字基带信号仍是方波信号。常见的数字基带信号形式如图 10-2 所示。

对二进制信号来说，一般只需两个电平分别对应 0 码、1 码（称为绝对对应关系）。这里分为单极性（0—A）波形和双极性（$-A$—$+A$）波形。还有一种归零的信号，即在一个码元期间，1 码只在一段时间内持续为高电平（或低电平），其余时间为 0 电平。高电平持续时间长度占码元宽度 T_b 的百分比被称为占空比。图 10-2 中的双极性归零波形具有 0.5 的占空比。对双极性归零波形来说，实际上出现了 3 个电平（$+A$、$-A$ 和 0），但它对应的是二进制信号，所以这种信号又被称为伪三进制信号。如果代码序列与信号电平之间不是绝对对应关系，而是用 1 码、0 码分别对应前后两个码元电平的“变”与“不变”两种情况，那么画出的波形就是差分码波形。图 10-2 中的多电平波形是四进制波形。由该图可以看出，在同样的传码速率（单位为符号/s）下，多电平信号可以得到更大的信息传输速率（单位为 bit/s）。

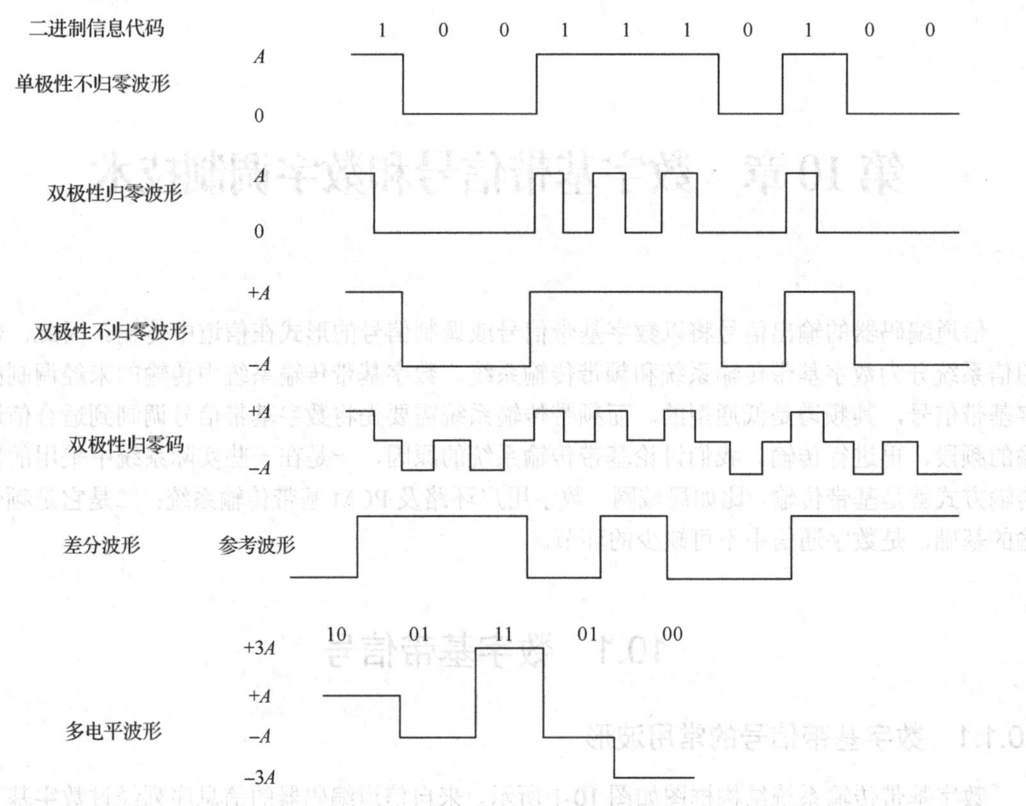

图 10-2 常见的数字基带信号形式

10.1.2 数字基带信号的码型

码型指的是所传输的代码序列的结构。数字信道的特性及要求不同，需要将比特流按照一定的规则转换成适合信道传输要求的传输码（又称线路码）。当然，在接收端，最终还是要将它们转换成原来的比特流。实际信道对码型的要求主要有以下几个方面。

（1）码型有利于从传输序列中提取定位信息，这对于位同步时钟脉冲的产生至关重要。

（2）码型中应没有直流分量及小的低频分量，因为实际信道一般都是交流信道。

（3）码型应具有尽可能高的传输效率，即在一定的传码速率下具有较大的信息传输速率。

（4）码型能适应不同的信源统计特性而不至于影响传输码在信道中的传输性能。

（5）码型具有一定的自检错能力。

实际系统中使用的码型有很多种，下面仅介绍二进制系统中一些常用的码型。

1）差分码

将码元在传输前后发生了变化（如 1 变为 0，或者 0 变为 1）的码定义为 1 码，将码元在传输前后未发生变化（如 0—0 或 1—1）的码定义为 0 码。按照这样的规则转换过来的新的码元序列就被称为差分码。对应的信号波形便是差分码波形。差分码通过前后码元的相对变化关系反映原信息代码序列的 1 码和 0 码，因此又称相对码。对应的原信息代码被称为绝对码。对于二进制码元序列，按照上述规则从绝对码序列转换成相对码很容易。令$\{a_n\}$和$\{b_n\}$分别表示绝对码和差分码，差分码的编码过程由下式实现。

$$b_n = a_n \oplus b_{n-1} \tag{10-1}$$

而译码过程由下式实现。

$$a_n = b_n \oplus b_{n-1} \tag{10-2}$$

式中，下标为 n 的项代表当前第 n 个码元；下标为 n–1 的项代表第 n 个码元的前一个码元；$\oplus$ 代表模二加运算符号。差分码序列由式（10-1）确定。按照式（10-1）和式（10-2）可实现差分码的编译码电路，如图 10-3 所示。差分码的产生及波形如图 10-4 所示。

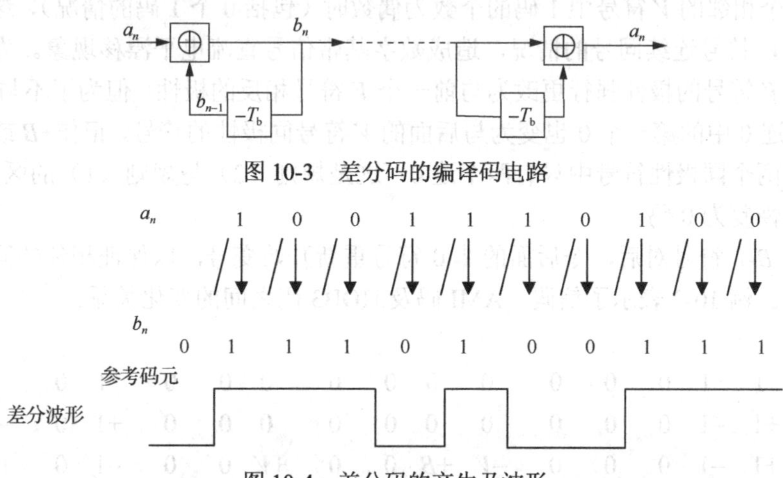

图 10-3　差分码的编译码电路

图 10-4　差分码的产生及波形

将差分码波形作为数字基带信号来传输，可以有效地解决信道传输过程中的极性模糊现象。极性模糊是指这样一种现象：信号在交流信道中传输，经过多次反相放大，在接收端进行判决时，已不可能确定原先 1 码、0 码对应的高低电平。而采用差分码波形传输则不会出现这种现象。

2）AMI 码

AMI 码是传号交替反转码的简称。1 码通常叫作传号，0 码通常叫作空号，这沿用了早期电报通信中的叫法。AMI 码的编码规则是：1 码交替变为+1、–1，0 码不变。+1、–1 分别用信号的正电平、负电平代表。因为 AMI 码已是三状态信号，所以它是伪三进制码。下面举例说明信码序列和它对应的 AMI 码。

例 10-1

信码序列	1	1	1	0	0	1	0	1	0	0	1
AMI 码	+1	–1	+1	0	0	–1	0	+1	0	0	–1

AMI 码的优点是：按 AMI 码编码规则形成的数字基带信号没有直流分量，低频分量也很小；AMI 码编码规则很简单，如果在传输过程中发生了错码，也很容易看出来，因此 AMI 码是一种基本的线路码型；AMI 码是一个 1B/1T 类型的码序列，可以把一个二进制信号变成一个三进制信号，因此它的传输效率较低，传输效率 $\eta = \dfrac{\log_2 2}{\log_2 3} \approx 63\%$。

当 1 码相连时，AMI 码会有较多的交变信息，有利于位定时信息的提取。但当出现多个连续的 0 码时，就会影响到位定时信息的获取。为此，在 AMI 码的基础上又提出了 HDB3 码。

3）HDB3 码

HDB3 码的全称是三阶高密度双极性码。三阶高密度是指该码的连 0 个数最多为 3。HDB3

码是在 AMI 码的基础上变化而来的，它的编码规则共有 3 条，下面结合例 10-2 来看一下。

（1）在 AMI 码的基础上，当连 0 个数超过 3 时，第 4 个 0 码变为与前面的 1 码同极性的符号，记作+*V* 或–*V*（实际上与+1 或–1 的电平相同），称为破坏点。当译码恢复时的特征为两个相邻的极性符号相同时，后一个极性符号必定是破坏点。这在 AMI 码中是不可能出现的，应将后一个极性符号恢复为 0 码。

（2）当两个相邻的 *V* 符号中 1 码的个数为偶数时（包括 0 个 1 码的情况），这时根据规则（1），会出现 *V* 符号连续同号的情况，造成数字基带信号直流电平漂移现象。为克服这一现象，将后一个 *V* 符号的极性强行更改为与前一个 *V* 符号相反的极性。但为了不与规则（1）冲突，就将 3 个连 0 中的第一个 0 也变为与后面的 *V* 符号同极性的符号，记作+*B* 或–*B*，称作补偿点。此时，两个同极性符号中只有两个连 0，这是规则（2）与规则（1）的区别。译码时，这两个符号都恢复为 0 码。

（3）出现 *B*-*V* 符号对后，令后面的非 0 符号重新开始变号，以保证相邻的同极性符号最多只能有两个。例 10-2 表示了信码、AMI 码及 HDB3 码之间的变化关系。

例 10-2

信码	1	1	0	0	0	0	0	0	0	0	0	0	1	0	1
AMI 码	+1	–1	0	0	0	0	0	0	0	0	0	0	+1	0	–1
HDB3 码	+1	–1	0	0	0	–*V*	+*B*	0	0	+*V*	0	0	–1	0	+1

HDB3 码同样是一个伪三进制码，即 1B/1T 码。它的传输效率与 AMI 码一样，只有 63%左右。

4）*n*B*m*B 码

*n*B*m*B 码是一种二进制的线路码，可以把 *n* 个二进制的信码转变为 *m* 个二进制的线路码，通常 *m*=*n*+1。在高速光纤传输系统中，应用较为广泛的 *n*B*m*B 码是 5B6B 码。5B6B 编码表如表 10-1 所示。5B6B 编码需要从 6 位二进制数的 64 种组合中精选出 32 个码组，并对信码进行编码。该表列有正模式和负模式，使用时成对选择，以使码序列中 1 码、0 码的个数趋于平衡。

经过选择构成的 5B6B 码具有以下特性：该传输序列中最大的连 0 及连 1 个数为 5；累积的 1 码、0 码个数的差值（称为数字和）在–3～+3 范围内变化，该特性也可用于误码监测，相邻码元发生交变的比例约为 60%；各码组的数字和不为±1，该特性可用于码组同步，即当分组多次出现±1 时，说明码组同步有误，应重新移位分组同步。

5B6B 码具有较高的传输效率，虽然码元位数增加了 20%（5bit 经过编码变成了 6bit），但得到的低频分量小，有利于位定时信息的提取，并具有可用于误码监测、码组同步的优点。

表 10-1 5B6B 编码表

输入二进制码组	输出二进制码组			
	正模式	数字和	负模式	数字和
00000	110010	0	110010	0
00001	110011	2	100001	–2
00010	110110	2	100010	–2
00011	100011	0	100011	0
00100	110101	2	100100	–2

续表

输入二进制码组	输出二进制码组			
	正模式	数字和	负模式	数字和
00101	100101	0	100101	0
00110	100110	0	100110	0
00111	100111	2	000111	0
01000	101011	2	101000	−2
01001	101001	0	101001	0
01010	101010	0	101010	0
01011	001011	0	001011	0
01100	101100	0	100001	0
01101	101101	2	000101	−2
01110	101110	2	000110	−2
01111	001110	0	001110	0
10000	110001	0	110001	0
10001	111001	2	010001	−2
10010	111010	2	010010	−2
10011	010011	0	010011	0
10100	110100	0	110100	0
10101	010101	0	010101	0
10110	010110	0	010110	0
10111	010111	2	010100	−2
11000	111000	0	011000	−2
11001	011001	0	011001	0
11010	011010	0	011010	0
11011	011011	2	001010	−2
11100	011100	0	011100	0
11101	011101	2	001001	−2
11110	011110	2	001100	−2
11111	001101	0	001101	0

5）双相码

双相码又称曼彻斯特码。它的变化规则非常简单，即每个码元均用两个不同相位的电平信号表示，但 0 码和 1 码的相位正好相反。信码和双相码的对应关系为

信码　　双相码

0 ——→ 0 1

1 ——→ 1 0

例 10-3

信码　　1　0　0　1　1　0　1

双相码　10　01　01　10　10　01　10

数字基带信号采用双极性波形，因而没有直流分量，但却有很大的位定时频率分量。当

然，它的实际占用带宽要增大一倍。在实际应用中，以太网的线路传输码就采用双相码。

6）米勒码

米勒码又称延迟调制码，是双相码的一种变形。用双相码的每个下降沿去触发双稳态电路，产生二进制波形的跳变沿，这样就形成了米勒码（见图 10-5）。米勒码实际脉冲的最大宽度为两个码元的宽度，最小宽度则为一个码元的宽度，这一点可以用于检错。米勒码占用的带宽是双相码的一半。它具有与双相码类似的特性。

7）CMI 码

CMI 码的全称是传号反转码，其编码规则是 1 码交替用 11 和 00 表示，0 码则用 01 表示。因此，CMI 码也具有检错能力。比如，00 和 11 是不可能连续出现的；在正常情况下，10 波形不可能出现。由于 CMI 码含有较丰富的位定时信息，因此它被 ITU-T 推荐为 PCM 四次群线路接口码型，也被用于光纤传输系统的线路码型。图 10-5 所示为双相码、米勒码和 CMI 码的波形及其比较。

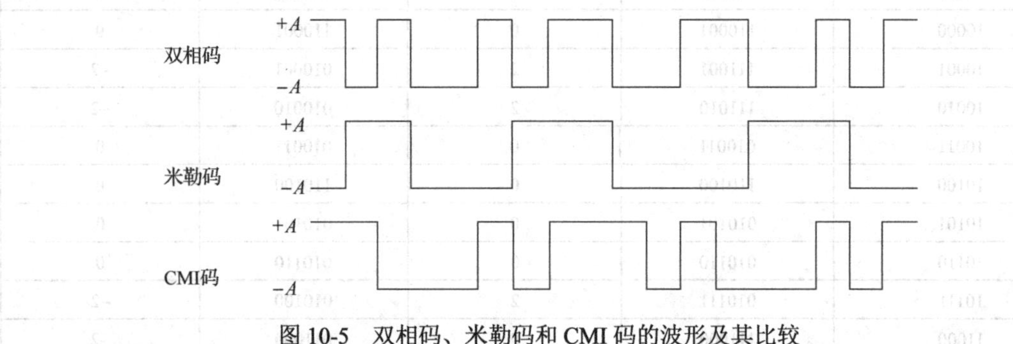

图 10-5　双相码、米勒码和 CMI 码的波形及其比较

10.1.3　数字基带信号的功率谱密度

由于码元序列是随机序列，因此数字基带信号也是随机信号，它们的频谱函数也是无法用确定函数表示的。但在实际系统中，常常需要了解数字基带信号在频带内的功率分布情况，需要知道其中是否存在位定时信息，以及功率的大小等。为此，下面将给出关于数字基带信号的功率谱密度分布特性的一些结论。对于任意的二进制随机信号，如果 1 码的基带波形用 $g_1(t)$ 表示，0 码的基带波形用 $g_2(t)$ 表示，码序列为 a_n，那么该信号的波形可表示为

$$s(t)=\sum_{n=-\infty}^{\infty}a_n g_1(t-nT_{\mathrm{b}})+\sum_{n=-\infty}^{\infty}\overline{a}_n g_2(t-nT_{\mathrm{b}}) \tag{10-3}$$

式中，T_{b} 为码元周期。若 $a_n=1$，则 $\overline{a}_n=0$；若 $a_n=0$，则 $\overline{a}_n=1$。

根据对随机二元序列的分析，式（10-3）对应的随机波形可分解为稳态部分和交变部分。其中，稳态部分为 $v(t)=E[s(t)]=\sum\limits_{n=-\infty}^{\infty}[Pg_1(t-nT_{\mathrm{b}})+(1-P)g_2(t-nT_{\mathrm{b}})]$，而交变部分为 $u(t)=s(t)-E[s(t)]$，P 表示 1 码出现的概率。根据第 2 章中功率谱密度的定义式，可以算出 $s(t)$ 的功率谱密度等于 $v(t)$ 和 $u(t)$ 的功率谱密度之和。由于 $v(t)$ 是周期信号，其傅里叶级数展开为

$$v(t)=\sum_{m=-\infty}^{\infty}f_{\mathrm{b}}[PG_1(mf_{\mathrm{b}})+(1-P)G_2(mf_{\mathrm{b}})]\mathrm{e}^{\mathrm{j}2\pi mf_{\mathrm{b}}t} \tag{10-4}$$

式中，$f_b=\frac{1}{T_b}$；$G_1(mf_b)$ 和 $G_2(mf_b)$ 分别表示 $g_1(t)$ 和 $g_2(t)$ 的频谱函数的样值。

根据式（10-4）可以算出 $v(t)$ 的功率谱密度，即

$$P_v(f)=\sum_{m=-\infty}^{\infty} f_b^2\left[PG_1(mf_b)+(1-P)G_2(mf_b)\right]^2\delta(f-mf_b) \tag{10-5}$$

通过计算 $u(t)$ 的自相关函数，并对自相关函数进行傅里叶变换，可以得到 $u(t)$ 的功率谱密度，即

$$P_u(f)=f_bP(1-P)\left|G_1(f)-G_2(f)\right|^2 \tag{10-6}$$

因此，$s(t)$ 的功率谱密度为

$$P_s(f)=\sum_{m=-\infty}^{\infty} f_b^2\left[PG_1(mf_b)+(1-P)G_2(mf_b)\right]^2\delta(f-mf_b)+f_bP(1-P)\left|G_1(f)-G_2(f)\right|^2 \tag{10-7}$$

由式（10-7）可以看出，随机序列功率谱可分为连续谱和离散谱两部分。连续谱反映的是数字基带信号中交变的部分（它总是存在的），而离散谱反映的是数字基带信号中的周期信号成分。在离散谱中，可以从 $m=\pm1$ 的谱线中提取用于抽样判决的位定时信息。

对于单极性信号，$g_1(t)=g(t)$，$g_2(t)=0$，则式（10-7）可表示为

$$P_s(f)=f_bP(1-P)\left|G(f)\right|^2+f_b^2\sum_{m=-\infty}^{\infty}\left|PG(mf_b)\right|^2\delta(f-mf_b) \tag{10-8}$$

其中，$G(f)$ 为 $g(t)$ 的频谱函数。

对于双极性信号，$g_1(t)=-g_2(t)=g(t)$，则式（10-8）变为

$$P_s(f)=4f_bP(1-P)\left|G(f)\right|^2+f_b^2\sum_{m=-\infty}^{\infty}\left|(2P-1)G(mf_b)\right|^2\delta(f-mf_b) \tag{10-9}$$

当 P=1/2 时

$$P_s(f)=f_b\left|G(f)\right|^2$$

若 $g(t)$为矩形脉冲，脉冲宽度为 T_b，脉冲幅度为 A，则上式变为

$$P_s(f)=f_b\left|AT_b\frac{\sin\pi f T_b}{\pi f T_b}\right|^2=A^2T_b\mathrm{Sa}^2(\pi fT_b) \tag{10-10}$$

例 10-4　求幅度为 $\pm A$ 的双相码的功率谱密度。

双相码中 1 码的波形满足以下条件。

$$g_1(t)=\begin{cases}+A, & 0\leqslant t<\frac{T_b}{2}\\ -A, & \frac{T_b}{2}\leqslant t<0\end{cases},\quad g_2(t)=-g_1(t)$$

求出 $G(f)$，并将其代入式（10-9）中，即得

$$P_s(f)=4A^2T_bP(1-P)\frac{\sin^4(\pi f T_b/2)}{(\pi f T_b)^2}+A^2\sum_{\substack{m=-\infty\\ m\neq0}}^{\infty}(2P-1)^2\left(\frac{2}{m\pi}\right)^2\delta(f-mf_b)$$

10.2 数字调制技术

信道的自然属性（噪声、衰落、干扰等）会造成传输数据的损伤。为了在信道中传输二进制数据流，需要生成一种能表示二进制数据流并且与信道特征相匹配的信号。数字调制是指将数字符号转换成与信道特性相匹配的波形的过程。数字调制方式框图如图 10-6 所示，调制器在信道编码之后，解调器在信道解码之前。调制包括前面的数字基带信号形成。因此，调制信号的波形和采用的数字基带信号波形相关。调制后的信号为带通信号，其带宽适合信道所提供的传输带宽。调制分为无记忆调制和有记忆调制。在无记忆调制中，二进制序列被分成若干段长度为 k 的序列，每段序列被独立映射成相应的符号 $s_m(t)$（$1\leqslant m\leqslant M$，$M=2^k$）。假设符号周期为 T_s，则符号速率 $R_s=1/T_s$，比特率 $R=kR_s$（bit/s）。在有记忆调制中，发送符号取决于当前 k 个比特及之前的若干比特。

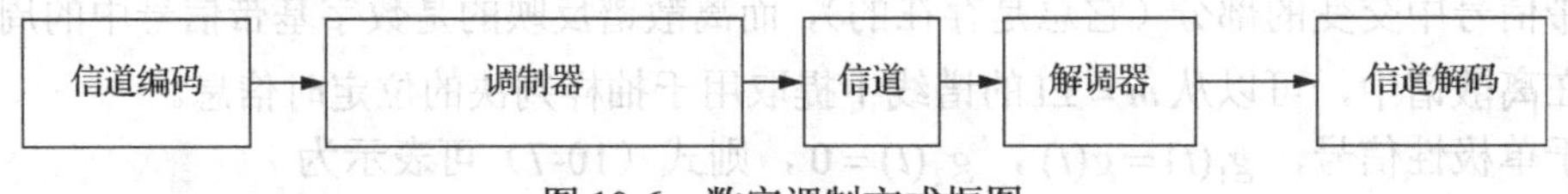

图 10-6 数字调制方式框图

与调制对应的过程是解调。解调一般分为相干解调与非相干解调。相干解调是由接收信号与本地参考载波信号的互相关运算实现的，非相干解调一般指的是包络检波解调。与相干解调相比，非相干解调降低了接收机的复杂性，同时抗噪声性能有所下降。

10.2.1 二进制数字调制技术

基本的二进制数字调制技术有二进制幅移键控（2ASK）、二进制频移键控（2FSK）、二进制相移键控（2PSK）和二进制差分相移键控（2DPSK）。下面讨论这 4 种二进制数字调制技术。

1）2ASK

2ASK 信号在实际中较少使用，但它是研究数字调制的基础。了解 ASK 后，就比较容易理解频移键控（FSK）、相移键控（PSK）的原理及性能了。在 ASK 中，载波幅度是随着调制信号变化的。2ASK 的等效低通信号可以表示为 $s_{lm}(t)=a_m g(t)$（$m=1,2$），其中，$g(t)$ 是数字基带信号的时域波形，a_m 是取值为 0 或 1（$a_1=0$，$a_2=1$）的二进制信息符号。2ASK 信号被载波调制成带通信号后，可以表示为

$$s_{2ASK,m}(t)=\mathrm{Re}\left[s_{lm}(t)e^{j\omega_c t}\right]=a_m g(t)\cos\omega_c t \tag{10-11}$$

式中，ω_c 为载波角频率。当数字基带信号波形为方波时，2ASK 信号的时间波形如图 10-7 所示。令 $f(t)=\sqrt{\dfrac{2}{\varepsilon_g}}g(t)\cos\omega_c t$ 表示能量为 1 的基函数（$\varepsilon_g=\int_0^{T_s}g^2(t)dt$ 为 $g(t)$ 的能量），式（10-11）所示的 2ASK 信号可以表示为 $s_{2ASK,m}(t)=\sqrt{\dfrac{\varepsilon_g}{2}}a_m f(t)$。

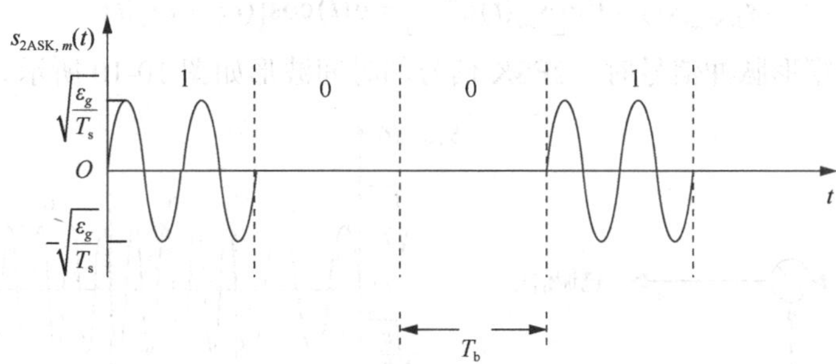

图 10-7　2ASK 信号的时间波形

2ASK 带通信号的功率谱密度为

$$P_{2ASK}(f)=\frac{1}{4}\left[P_1(f+f_c)+P_1(f-f_c)\right] \tag{10-12}$$

式中，$P_1(f)$是等效低通信号 $s_1(t)$ 的功率谱密度。当 $s_1(t)$ 是 0、1 等概率出现的单极性矩形随机脉冲序列（符号周期为 T_s）时，结合式（10-8），$s_1(t)$ 的功率谱密度 $P_1(f)=\frac{T_s}{4}\mathrm{Sa}^2(\pi f T_s)+\frac{\varepsilon_g}{4T_s}\delta(f)$，于是

$$P_{2ASK}(f)=\frac{T_s}{16}\left\{\mathrm{Sa}^2\left[\pi(f+f_c)T_s\right]+\mathrm{Sa}^2\left[\pi(f-f_c)T_s\right]\right\}+\frac{\varepsilon_g}{16T_s}\left[\delta(f+f_c)+\delta(f-f_c)\right] \tag{10-13}$$

式中，载频 $f_c=\frac{\omega_c}{2\pi}$。根据式（10-13）可以画出 2ASK 信号功率谱，如图 10-8 所示。显然，2ASK 信号的带宽是数字基带信号的带宽的两倍。

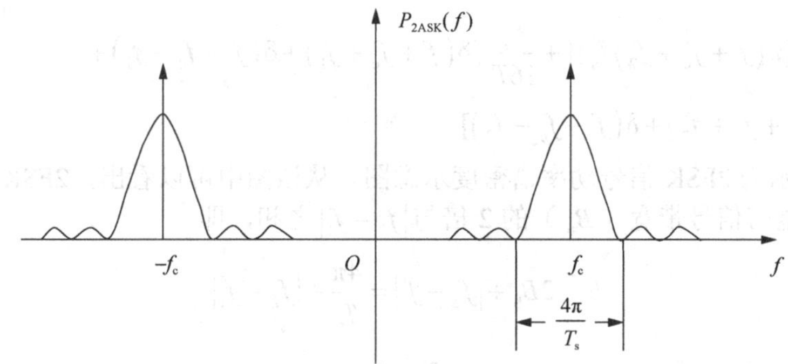

图 10-8　2ASK 信号功率谱

2ASK 调制器可以用一个相乘器实现，如图 10-9 所示。对通断键控信号来说，相乘器也可以用一个开关电路来代替，调制信号为“1”时，开关电路导通；调制信号为“0”时，开关电路切断。因此，2ASK 信号常被称为通断键控信号（OOK 信号）。

2）2FSK

2FSK 信号是用两个不同频率的载波来传送二元数字信号的。在 2FSK 中，载频随着信息符号是“1”或“0”而变化，“1”对应着载频 f_1，“0”对应着载频 f_2。2FSK 的等效低通信号可以表示为 $s_{1m}(t)=g(t)\mathrm{e}^{\mathrm{j}2\pi f_m t}$ （$m=1,2$），调制后的带通信号可以表示为

$$s_{2\text{FSK},m}(t)=\text{Re}\left[s_{\text{l}m}(t)\text{e}^{\text{j}\omega_0 t}\right]=g(t)\cos\left[(\omega_\text{c}+\omega_m)t\right] \tag{10-14}$$

当$g(t)$为单个矩形脉冲信号时，2FSK 信号的时间波形如图 10-10 所示。

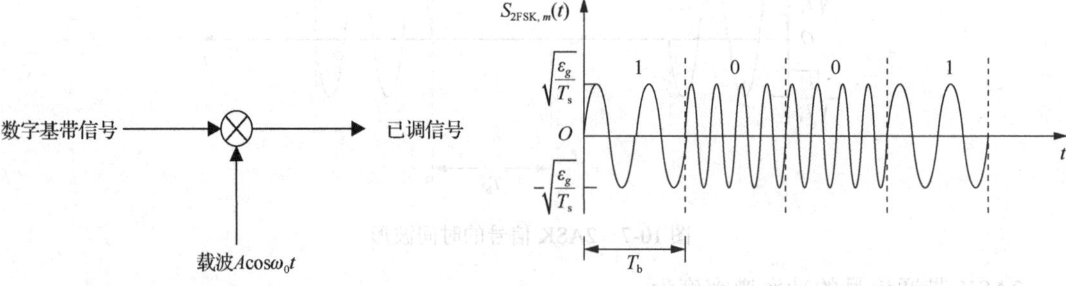

图 10-9　2ASK 调制器模型　　　　图 10-10　2FSK 信号的时间波形

可以证明，当$|f_2-f_1|=\dfrac{1}{2T_\text{b}}$，$\omega_m=2\pi f_m$，$m=1,2$时，两个不同频率的信号正交。令$f_1(t)=\sqrt{\dfrac{2}{\varepsilon_g}}g(t)\cos((\omega_0+\omega_1)t)$和$f_2(t)=\sqrt{\dfrac{2}{\varepsilon_g}}g(t)\cos((\omega_0+\omega_2)t)$表示单位能量的正交基函数，显然，$s_1(t)=\begin{bmatrix}\sqrt{\dfrac{\varepsilon_g}{2}} & 0\end{bmatrix}\begin{bmatrix}f_1(t)\\ f_2(t)\end{bmatrix}$，$s_2(t)=\begin{bmatrix}0 & \sqrt{\dfrac{\varepsilon_g}{2}}\end{bmatrix}\begin{bmatrix}f_1(t)\\ f_2(t)\end{bmatrix}$。因此，2FSK 信号是二维信号，可以表示成两个正交基函数的线性组合。

相位不连续的 FSK 信号可以被看作两个 ASK 信号叠加的结果。因此，其功率谱密度是两个 ASK 信号的功率谱密度之和，即

$$\begin{aligned}P_{2\text{FSK}}(f)=&\frac{T_\text{s}}{16}\{\text{Sa}^2[\pi(f-f_\text{c}-f_1)T_\text{s}]+\text{Sa}^2[\pi(f+f_\text{c}+f_1)T_\text{s}]+\text{Sa}^2[\pi(f-f_\text{c}-f_2)T_\text{s}]+\\&\text{Sa}^2[\pi(f+f_\text{c}+f_2)T_\text{s}]\}+\frac{\varepsilon_g}{16T_\text{s}}[\delta(f+f_\text{c}+f_1)+\delta(f-f_\text{c}-f_1)+\\&\delta(f+f_\text{c}+f_2)+\delta(f-f_\text{c}-f_2)]\end{aligned} \tag{10-15}$$

图 10-11 所示为 2FSK 信号功率谱密度示意图。从该图中可以看出，2FSK 信号的频率带宽（B）是数字基带信号带宽（B_b）的 2 倍与$|f_2-f_1|$之和，即

$$B=2B_\text{b}+|f_2-f_1|=\frac{4\pi}{T_\text{s}}+|f_2-f_1| \tag{10-16}$$

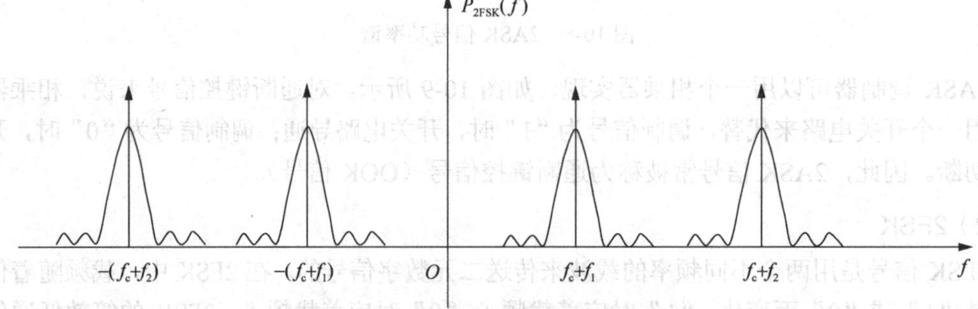

图 10-11　2FSK 信号功率谱密度示意图

2FSK 调制器可以采用模拟调频电路来实现，但更容易的实现方法是图 10-12 所示的键控法。两个独立的载波发生器的输出受控于输入的二进制信号，按照“1”或“0”分别选择一个载波作为输出。

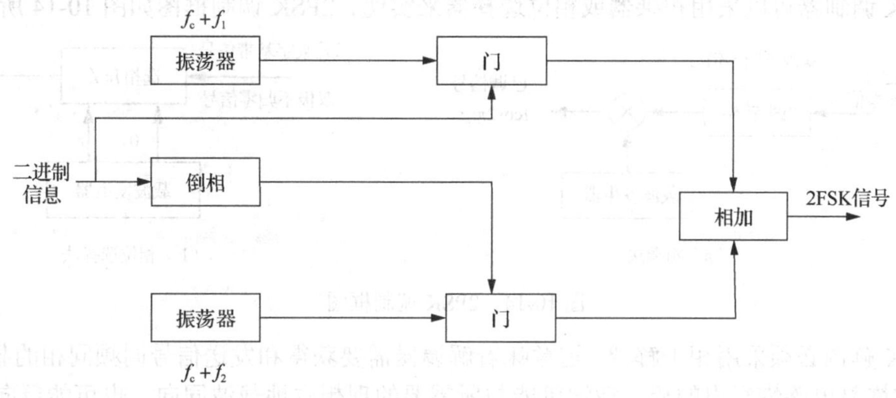

图 10-12　2FSK 调制器

3）2PSK

2PSK 使用同一个载波的两种相位来表示数字信号。在 2PSK 中，载波的相位随信息符号 1 或 0 而变化。2PSK 的等效低通信号可以表示为 $s_{lm}(t)=g(t)e^{jm\pi}$ （$m=0,1$），调制后的带通信号可以表示为

$$s_{2PSK,m}(t)=\mathrm{Re}\left[s_{lm}\,e^{j\omega_c t}\right]=g(t)\cos(\omega_c t+m\pi) \tag{10-17}$$

当数字基带信号波形为方波时，2PSK 信号的时间波形如图 10-13 所示。令 $f(t)=\sqrt{\dfrac{2}{\varepsilon_g}}g(t)\cos\omega_c t$ 表示能量为 1 的基函数，式（10-17）所示的 2PSK 信号可以表示为 $s_{2PSK,m}(t)=\sqrt{\dfrac{\varepsilon_g}{2}}f(t)a_m$。

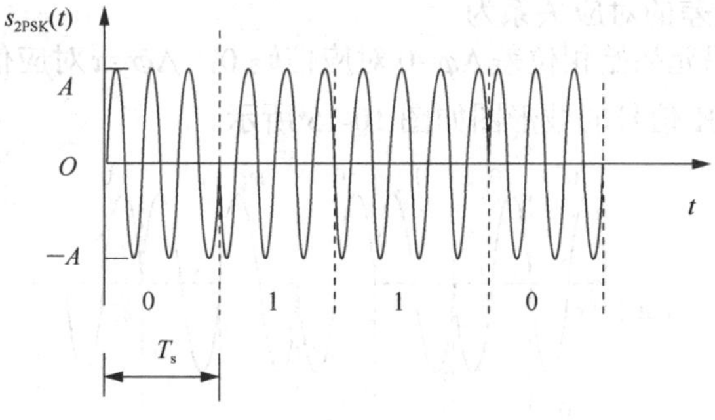

图 10-13　2PSK 信号的时间波形

对比式（10-17）所示 2PSK 信号与前面的 2ASK 信号可知，2PSK 信号调制是双极性不归零码的双边带调制，而 2ASK 信号调制则是单极性不归零码的双边带调制。前者没有直流分量，因而是抑制载波的双边带调制。由此可见，2PSK 信号的功率谱密度与 2ASK 信号相同，只是少了一个离散的载频分量。

下面来看 2PSK 信号的功率谱密度。当调制信号为双极性不归零信号时，2PSK 信号的功率谱密度为

$$s_{\mathrm{2PSK}}(f)=\frac{T_{\mathrm{s}}}{4}\left\{\mathrm{Sa}^2\left[\pi\left(f-f_{\mathrm{c}}\right)T_{\mathrm{s}}\right]+\mathrm{Sa}^2\left[\pi\left(f+f_{\mathrm{c}}\right)T_{\mathrm{s}}\right]\right\} \tag{10-18}$$

2PSK 信号的带宽与 2ASK 信号相同，等于数字基带信号带宽的 2 倍。

2PSK 调制器可以采用相乘器或相位选择器来实现。2PSK 调制框图如图 10-14 所示。

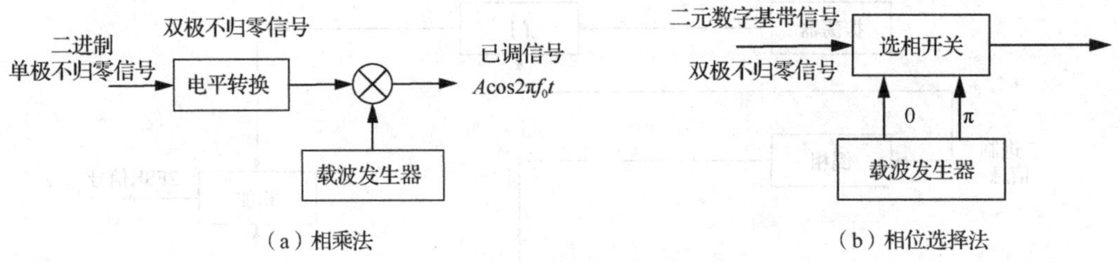

图 10-14 2PSK 调制框图

2PSK 解调必须采用相干解调，这意味着解调器需要获得和发送信号同频同相的载波。常用的载波恢复电路恢复出的相干载波可能与所需要的理想本地载波同向，也可能反向。这种现象叫作相位模糊，也叫“倒 π”现象，因而解调得到的数字信号可能极性完全相反，1 和 0 倒置。克服相位模糊影响的最常用又有效的办法是采用差分相位调制技术。

4）2DPSK

在 2PSK 信号中，相位变化是以未调载波的相位作为参考基准的。这种利用载波相位的绝对值传送数字信息的调制方式被称为绝对调相。另一种利用前后码元载波相位的差值传送数字信息的调制方式被称为相对调相，又称差分调相。DPSK 的系统只与前后码元的相对相位有关系，而与绝对相位无关，故解调时不存在反相（相位模糊）的问题。由此，实际系统中常采用 DPSK 技术。下面举例说明 2PSK 信号和相位、2DPSK 信号和相位差的对应关系差异。

例 10-5 已知信息代码 0010110，画出 2PSK 信号和 2DPSK 信号的时间波形图。

解：设 2PSK 信号和相位的对应关系为

0 相位—0；π 相位—1

2DPSK 信号与相位差的对应关系为

前后码元初始相位差 $\Delta\varphi=0$ 对应信码 0，$\Delta\varphi=\pi$ 对应信码 1

2PSK 信号和 2DPSK 信号的波形图如图 10-15 所示。

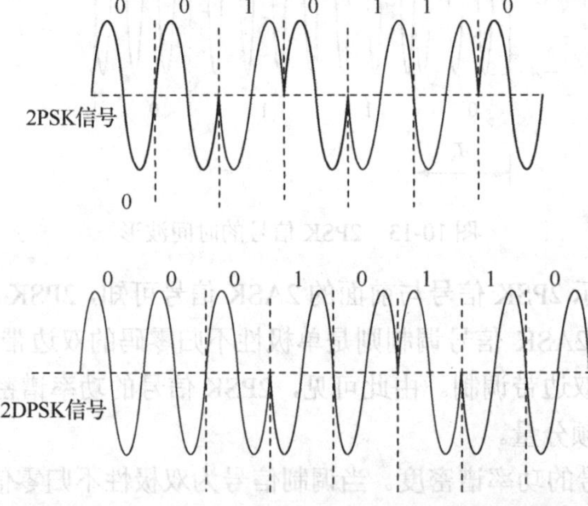

图 10-15 2PSK 信号和 2DPSK 信号的时间波形图

应注意的是，对于差分波形，必须先画出前一个参考波形，才能再画出第一个码元的实际波形。同时，本例中是按照 2DPSK 定义的相位差画出时间波形的。

实现相对调相最常用的方法是：首先对数字基带信号进行差分编码[编码方法为式(10-1)]，即由绝对码变为相对码；然后进行绝对调相，2DPSK 调制框图如图 10-16 所示；再对例 10-5 中的 0010110 进行差分编码，得到 0011011；最后对 0011011 进行 2PSK 调制，便可得到图 10-15 中的波形。

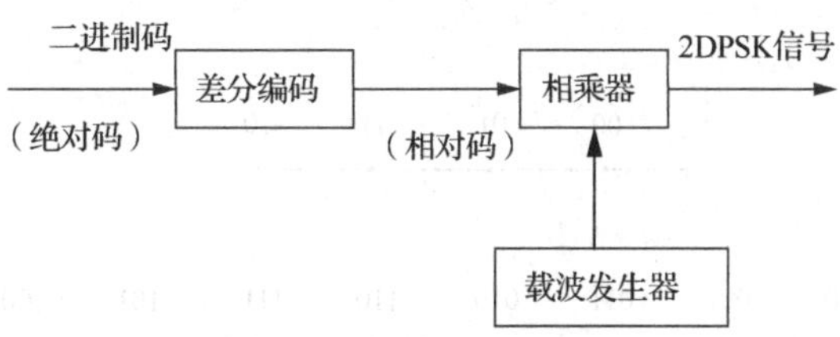

图 10-16　2DPSK 调制框图

由于 2DPSK 中的数字信息是用前后码元已调制信号的相位变化来表示的，因此虽然存在相位模糊现象，解调得到的相对码可能 0、1 倒置，但经差分译码后得到的绝对码却不会发生任何倒置现象。

10.2.2　多进制数字调制技术

本节将介绍多进制数字调制技术及其调制信号的表示方法。多进制数字调制技术主要包括多进制幅度调制（MPAM）、多进制相位调制（MPSK）、多进制正交幅度调制（MQAM）、多进制频率调制（MFSK）和最小相位频移键控（MSK）。

1）MPAM

在考虑双极性信号的情况下，MPAM 的数字基带信号可以表示为 $s_{1m}(t)=A_m g(t)$，其中，$A_m=2m-1-M$，$m=1,2,\cdots,M$；M 表示高阶调制的进制数。$\{A_m, m=1,2,\cdots,M\}$ 表示可能的幅值集合，每个幅值信号携带 $k=\log_2 M$ bit 信息。调制后的带通信号为

$$s_m(t)=\mathrm{Re}[s_{1m}(t)\mathrm{e}^{\mathrm{j}2\pi f_c t}]=A_m g(t)\cos(2\pi f_c t) \tag{10-19}$$

图 10-17 展示了 4PAM 的数字基带信号和调制信号的波形。

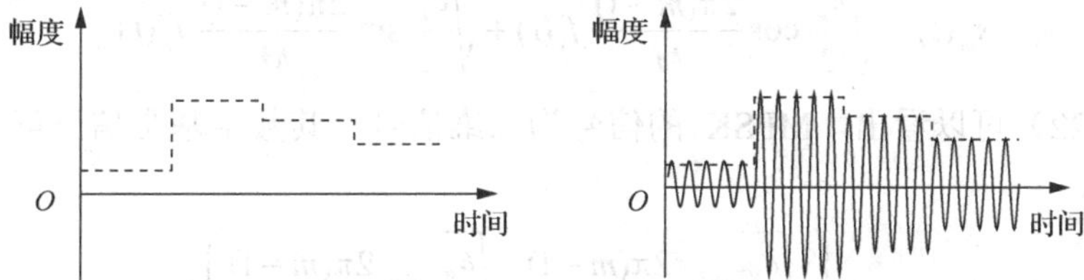

图 10-17　4PAM 的数字基带信号和调制信号的波形

信号 $s_m(t)$ 的能量为 $\varepsilon_m=\dfrac{1}{2}A_m^2\int_0^{T_s}g^2(t)\mathrm{d}t=\dfrac{1}{2}A_m^2\varepsilon_g$，MPAM 信号的平均能量为

$$\bar{\varepsilon}=\frac{\sum_{m=1}^{M}\varepsilon_m}{M}=\frac{\varepsilon_g\sum_{m=1}^{M}A_m^2}{2M}=\frac{\varepsilon_g\left(M^2-1\right)}{6} \tag{10-20}$$

令 $f(t)=\sqrt{\dfrac{2}{\varepsilon_g}}g(t)\cos 2\pi f_c t$ 表示能量为 1 的信号，则 $s_m(t)$ 可以表示为 $s_m(t)=\sqrt{\dfrac{\varepsilon_g}{2}}A_m f(t)=s_m f(t)$。常用的将信息比特映射至不同幅值的方法为格雷编码，这种编码方法使得相邻幅度只相差一个二进制数字，可以减小噪声导致的解调误差。格雷编码的 PAM 信号星座图（$M=4,8$）如图 10-18 所示。每个星座点对应一个 s_m，星座图中信号间的最小欧氏距离为 $d_{\min}=|s_m-s_{m-1}|=\sqrt{2\varepsilon_g}$。在符号的平均能量相等的情况下，$M$ 越大，$d_{\min}$ 越小，解调错误概率就越大。

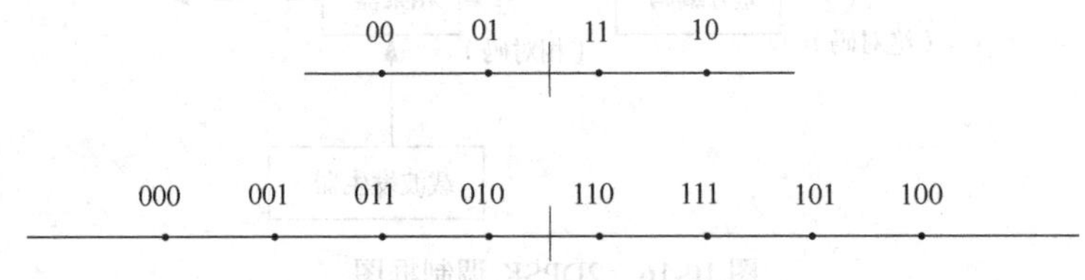

图 10-18　格雷编码的 PAM 信号星座图（M=4,8）

2）MPSK

在 MPSK 中，数字基带信号可以表示为 $s_{lm}(t)=g(t)\mathrm{e}^{\mathrm{j}\frac{2\pi(m-1)}{M}}$，$m=1,2,\cdots,M$，其中，$\dfrac{2\pi(m-1)}{M}$ 是载波的 M 个可能的相位。调制后的 MPSK 带通信号为

$$\begin{aligned}s_m(t)&=\mathrm{Re}[s_{lm}(t)\mathrm{e}^{\mathrm{j}2\pi f_c t}]\\&=g(t)\cos\left[2\pi f_c t+\frac{2\pi(m-1)}{M}\right]\\&=g(t)\cos\frac{2\pi(m-1)}{M}\cos 2\pi f_c t-g(t)\sin\frac{2\pi(m-1)}{M}\sin 2\pi f_c t\end{aligned}\tag{10-21}$$

调相信号的每个波形具有相同的能量，因此 MPSK 信号的平均能量 $\bar{\varepsilon}=\varepsilon_m=\dfrac{1}{2}\varepsilon_g$。令 $f_1(t)=\sqrt{\dfrac{2}{\varepsilon_g}}g(t)\cos 2\pi f_c t$，$f_2(t)=\sqrt{\dfrac{2}{\varepsilon_g}}g(t)\sin 2\pi f_c t$ 表示能量为 1 的正交信号，则 $s_m(t)$ 可以表示为这两个正交函数的线性组合，即

$$s_m(t)=\sqrt{\frac{\varepsilon_g}{2}}\cos\frac{2\pi(m-1)}{M}f_1(t)+\sqrt{\frac{\varepsilon_g}{2}}\sin\frac{2\pi(m-1)}{M}f_2(t)\tag{10-22}$$

由式（10-22）可以看出，MPSK 的信号为二维信号，其数字基带信号可以用二维向量表示：

$$\boldsymbol{s}_m=\left(\sqrt{\frac{\varepsilon_g}{2}}\cos\frac{2\pi(m-1)}{M},\sqrt{\frac{\varepsilon_g}{2}}\sin\frac{2\pi(m-1)}{M}\right)\tag{10-23}$$

与 MPAM 类似，可以利用格雷编码将 k bit 信息映射到 MPSK 的二维信号空间，用 $\boldsymbol{s}_m$ 表示星座图中的点。当 M=4,8 时，星座图如图 10-19 所示。利用式（10-23）可以算出，图 10-19 中星座点间的最小距离为 $d_{\min}=|\boldsymbol{s}_m-\boldsymbol{s}_{m-1}|=\sqrt{2\varepsilon_g\sin^2\dfrac{\pi}{M}}$。

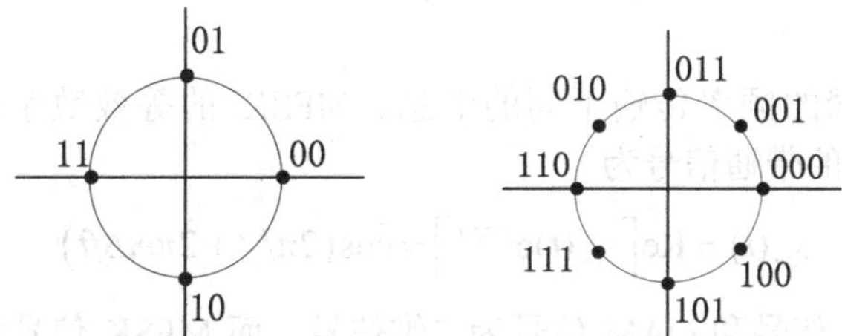

图 10-19　四相移相键控（QPSK）信号（左）和八进制相移键控（8PSK）信号（右）的星座图

3）MQAM

由两个正交载波调制的幅度调制信号被称为 QAM 信号。QAM 的数字基带信号可以表示为$s_{lm}(t)=\left(A_{mi}+jA_{mj}\right)g(t)=r_m e^{j\theta_m}g(t)$。其中，$A_{mi}$ 和 A_{mj} 分别表示复信号的实部和虚部，r_m 和 θ_m 分别表示复信号的幅值和相位。调制后的 QAM 带通信号可以表示为

$$\begin{aligned}s_m(t)&=\mathrm{Re}[s_{lm}(t)e^{j2\pi f_c t}]\\&=A_{mi}g(t)\cos 2\pi f_c t-A_{mj}g(t)\sin 2\pi f_c t\\&=r_m g(t)\cos\left(2\pi f_c t+\theta_m\right)\end{aligned} \tag{10-24}$$

因此，QAM 信号波形既可被看作由两个正交载波调制的 PAM 信号波形，又可被看作组合的幅度和相位调制信号波形。信号 $s_m(t)$ 的能量为$\varepsilon_m=\dfrac{\varepsilon_g}{2}(A_{mi}^2+A_{mj}^2)$。考虑图 10-20 所示正方形的 MAQM 信号星座图，即星座图中有 $\sqrt{M}\cdot\sqrt{M}$ 个星座点的情况。该星座图中的点在两个方向上的幅度为$\pm 1,\pm 3,\cdots,\pm\left(2m-1-\sqrt{M}\right)$，$m=1,2,\cdots,\sqrt{M}$，因此信号的平均能量为

$$\bar{\varepsilon}=\frac{1}{M}\frac{\varepsilon_g}{2}\sum_{m=1}^{\sqrt{M}}\sum_{n=1}^{\sqrt{M}}\left(A_{mi}^2+A_{nj}^2\right)=\frac{M-1}{3}\varepsilon_g \tag{10-25}$$

QAM 信号和 MPSK 信号类似，也是二维信号，将 $f_1(t)$ 和 $f_2(t)$ 组为正交基，带通信号可以表示为

$$s_m(t)=A_{mi}\sqrt{\varepsilon_g/2}f_1(t)+A_{mj}\sqrt{\varepsilon_g/2}f_2(t) \tag{10-26}$$

因此，数字基带信号的向量表达式为$\boldsymbol{s}_m=\left[A_{mi}\sqrt{\varepsilon_g/2},A_{mj}\sqrt{\varepsilon_g/2}\right]$。$\boldsymbol{s}_m$ 对应星座图中的点，星座点间的距离为$d_{mn}=\sqrt{\dfrac{\varepsilon_g}{2}\left[\left(A_{mi}-A_{ni}\right)^2+\left(A_{mj}-A_{nj}\right)^2\right]}$，星座点间的最小距离为$d_{\min}=\sqrt{2\varepsilon_g}$。

由 MPAM、MPSK、MQAM 的带通信号的表达式可以看出，这些信号的通用表达式为

$$s_m(t)=\mathrm{Re}[A_m g(t)e^{j2\pi f_c t}] \tag{10-27}$$

式中，A_m 由信号调制方式决定，MPAM 的 A_m 为实数，MPSK 的 A_m 等于 $e^{j\frac{2\pi(m-1)}{M}}$，MQAM 的 A_m 为一般复数。从这个意义上讲，这三种信号调制方式属于同一种类型，MPAM 和 MPSK 可以被看作 MQAM 的特例。

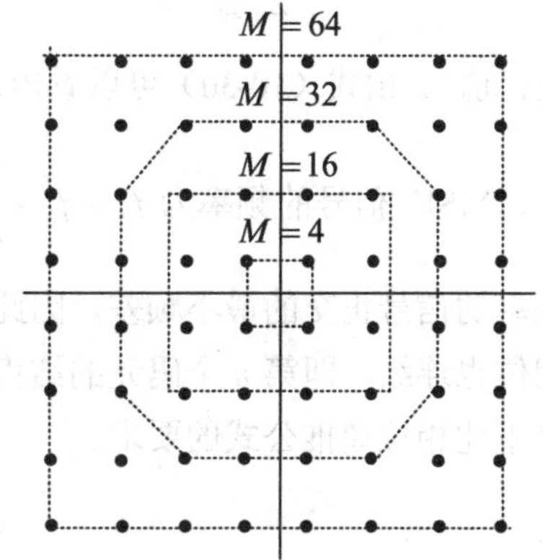

图 10-20　正方形的 MQAM 信号星座图

4）MFSK

MFSK 用多个不同的频率传输不同的消息。MFSK 的等效数字基带信号可以表示为 $s_{lm}(t)=\mathrm{e}^{\mathrm{j}2\pi m\Delta f t}$，调制后的带通信号为

$$s_m(t)=\mathrm{Re}\left[s_{lm}(t)\mathrm{e}^{\mathrm{j}2\pi f_c t}\right]=\cos\left(2\pi f_c t+2\pi m\Delta f t\right) \tag{10-28}$$

前面介绍的 MPSK 信号和 QAM 信号为二维信号，而 MFSK 信号为 M 维信号，M 个不同频率的信号构成一个正交信号集。为满足不同波形间的正交性，需要满足条件

$$\mathrm{Re}\left[\int_0^{T_s} s_{lm}(t)s_{ln}(t)\mathrm{d}t\right]=0,\ \forall m\neq n \tag{10-29}$$

由上式可以推导出，当且仅当 $\sin\left\{c\left[2T_s(m-n)\Delta f\right]\right\}=0$ （$m\neq n$）时，不同频率的信号相互正交。保证正交性的最小频率间隔为 $\Delta f=\dfrac{1}{2T_s}$，其中 T_s 为符号周期。

5）MSK

MFSK 是一种无记忆的调制技术，从一个频率到另一个频率的切换是通过使用 M 个调谐到期望频率的振荡器，根据所传输的比特，从 M 个频率中选择一个。这种突发式的切换会造成信号在主要频段之外有比较大的旁瓣，需要占据较宽的频带。为减小旁瓣，可以采用连续相位频移键控（CPFSK）技术。这种类型的 FSK 是有记忆的，可以保证载波相位连续变化。

MSK 是二进制 CPFSK。一般的 FSK 信号所占带宽较大。而 MSK 信号却能做到在最小频差的情况下，保持相位连续，从而消除两个码元间跳变处的高频扩散。MSK 信号通常可用下式表示。

$$\begin{aligned} s(t)&=A\cos\left[2\pi f_c t+\frac{\pi}{2}a_n\left(\frac{t-nT_s}{T_s}\right)+\theta_n\right]\\ &=A\cos\left[2\pi\left(f_c+\frac{a_n}{4T_s}\right)t-\frac{1}{2}\pi n a_n+\theta_n\right],\ nT_s\leqslant t\leqslant(n+1)T_s \end{aligned} \tag{10-30}$$

式中，A 为信号幅度；a_n 为第 n 个符号周期内的符号，若输入的是双极性不归零脉冲信号，则 $a_n=\pm1$；$\theta_n=\dfrac{\pi}{2}\sum_{m=0}^{n-1}a_m$ 为第 n 个符号周期内的初始相位（θ_n 也表示直到$(n-1)T_s$时的所有符号记忆值）。由式（10-30）可以看出：当 $a_n=1$ 时，MSK 信号的频率为 $f_1=f_c+\dfrac{1}{4T_s}$；当 $a_n=-1$ 时，MSK 信号的频率为 $f_2=f_c-\dfrac{1}{4T_s}$。f_1 和 f_2 的最小频差为 $\dfrac{1}{2T_s}$，而这恰好是保证两个不同频率的信号正交的最小频差，因此称 MSK 信号为最小相位频移信号。为了满足码元转移时，相位也连续，即第 n 个码元的结束相位等于第$(n+1)$个码元的初始相位这一条件，相位必须满足下述相位递推公式的要求。

$$\theta_{n+1}=\frac{\pi a_n}{2}+\theta_n \tag{10-31}$$

由此可见，在每个码元间隔内，MSK 载波信号相位偏移在一个码元期间准确地线性变化 $\pm\pi/2$。

将 MSK 信号的表达式——式（10-30）展开，为简单起见，设 A=1，可得到

$$
\begin{aligned}
s(t) &= \cos\left[2\pi f_c t + \frac{\pi a_n}{2T_s}t + \varphi_n\right] \\
&= \cos\varphi_n \cos\left(\frac{\pi}{2T_s}t\right)\cos\omega_c t - a_n \sin\varphi_n \sin\left(\frac{\pi}{2T_s}t\right)\cos\omega_c t - \\
&\quad a_n \cos\varphi_n \sin\left(\frac{\pi}{2T_s}t\right)\sin\omega_c t - \sin\varphi_n \cos\left(\frac{\pi}{2T_s}t\right)\sin\omega_c t
\end{aligned} \tag{10-32}
$$

其中，$\varphi_n = -\frac{n\pi}{2}a_n + \theta_n = \frac{\pi}{2}\sum_{m=0}^{n-1}(a_m - a_n)$，$nT_s \leqslant t \leqslant (n+1)T_s$。因此，$\varphi_n$ 的取值只能是 0 或 π 的整数倍，$\sin\varphi_n = 0$，式（10-32）可以简化为

$$
s(t) = \cos\varphi_n \cos\left(\frac{\pi}{2T_s}t\right)\cos\omega_c t - a_n \cos\varphi_n \sin\left(\frac{\pi}{2T_s}t\right)\sin\omega_c t \tag{10-33}
$$

依据式（10-33），MSK 信号可用正交调制方法产生。MSK 信号正交调制框图如图 10-21 所示。

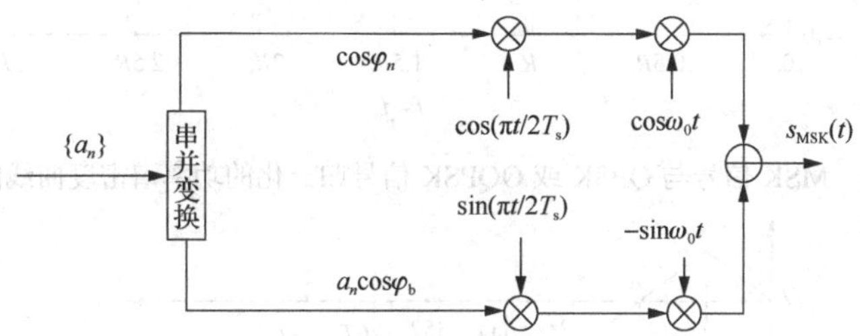

图 10-21　MSK 信号正交调制框图

MSK 信号的功率谱密度为

$$
P(f) = \frac{16A^2 T_s \cos 2\pi f\, T_s}{\pi^2\left(1-16f^2T_s^2\right)^2} \tag{10-34}
$$

由上式可以看出，MSK 信号的功率谱密度旁瓣峰值按频率的 4 次幂衰减，而 ASK 和相控信号的功率谱密度旁瓣峰值按频率的 2 次幂衰减。显然，MSK 信号的功率谱非常集中，带外功率小。图 10-22 所示为 MSK 信号与 QPSK 或偏置四相相移键控（OQPSK）信号归一化的功率谱密度曲线的比较。其中，$R_s = 1/T_s$，表示符号速率。

例 10-6　设发送数字信息序列为+1,−1,−1,−1,−1,−1,+1，试画出 MSK 信号的瞬时相位偏移图。若符号速率为 1000Baud，载频为 3000Hz，试画出 MSK 信号的时间波形图。

解：MSK 信号的瞬时相位偏移图和时间波形图如图 10-23 所示，其中初始相位设为 0［画波形图时，应该注意 nT_s（n=1,2,⋯,7）时载波的相位］。

6）OQPSK

OQPSK 是在 QPSK 的基础上发展起来的一种恒包络数字调制技术，是 QPSK 的改进型。

我们知道，实际的通信系统总是带限系统。数字已调信号经带限系统传输后，其高频分量被滤除，因而在码元的交变处会出现包络恒为 0 的现象。减小高频分量并保持已调信号包络恒定是数字调制技术的改进方向之一，相应的技术就是恒包络数字调制技术。前述的 MSK

和这里的 OQPSK 都属于此类技术。

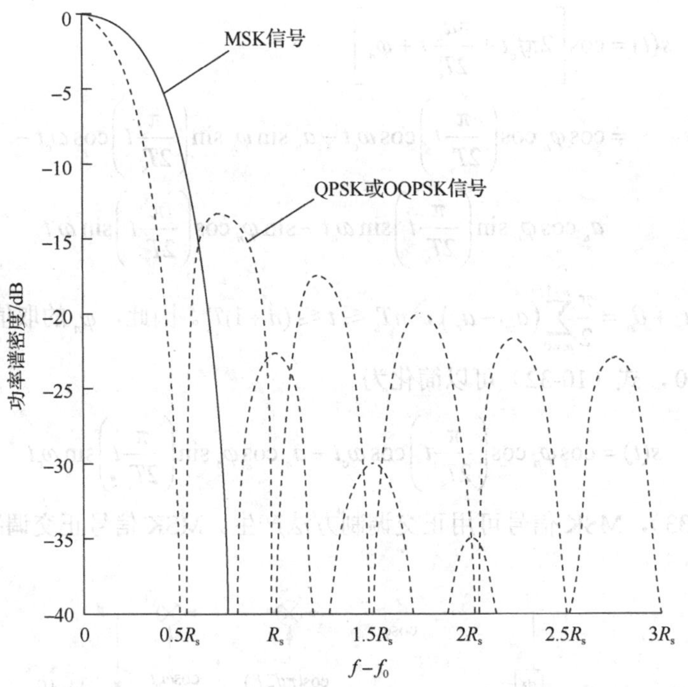

图 10-22 MSK 信号与 QPSK 或 OQPSK 信号归一化的功率谱密度曲线的比较

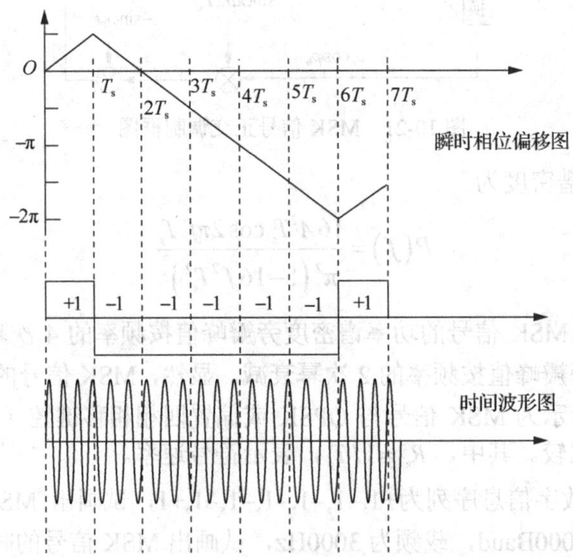

图 10-23 MSK 信号的瞬时相位偏移图和时间波形图

OQPSK 和 QPSK 有相同的相位关系，都先把输入码分流成两路，然后进行正交调制。OQPSK 信号和 QPSK 信号不同的是，它将同相和正交两条支路的码流在时间上错开了半个码元周期。由于两条支路码元半个周期的偏移，每次只有一条去路可能发生极性跳变，不会发生两条支路码元的同时翻转现象。因此，OQPSK 信号相位只能跳变 0°、±90°，而不会出现 180° 的相位跳变，这样会减小码元交变处的包络起伏。

OQPSK 信号可以表示为

$$S_{\mathrm{OQPSK}}(t)=A\left[I(t)\cos\omega_{\mathrm{c}}t-Q(t)\sin\omega_{\mathrm{c}}t\right] \tag{10-35}$$

其中，$I(t)=\sum_{n}a_{n}g\left[t-(2n-1)T_{\mathrm{b}}\right]$，$Q(t)=\sum_{n}b_{n}g\left[t-2nT_{\mathrm{b}}\right]$，$g(t)$ 为矩形窗函数；a_n 和 b_n 的取值为±1，–1 和 1 分别对应信息比特 0 和 1，$\{a_n\}$ 和 $\{b_n\}$ 是输入代码序列经串并变换后得到的两个序列，矩形脉冲数字基带信号的极性由它们确定；T_{b} 为输入信息序列的周期，若设双比特周期为 T_{s}，则 $T_{\mathrm{b}}=T_{\mathrm{s}}/2$。

OQPSK 信号的功率谱密度与 QPSK 信号相同，其表达式为

$$\varphi_{\mathrm{OQPSK}}(f)=\varphi_{\mathrm{QPSK}}(f)=2A^{2}T_{\mathrm{b}}\left\{\frac{\sin\left[2(f-f_{\mathrm{c}})\pi T_{\mathrm{b}}\right]}{2(f-f_{\mathrm{c}})\pi T_{\mathrm{b}}}\right\}^{2} \tag{10-36}$$

QPSK 信号与 OQPSK 信号的相位变化比较如图 10-24 所示。可以看出，QPSK 信号有 180° 的相移，而 OQPSK 信号则不同，其最大相移是 90°。OQPSK 信号的调制器和解调器的方框图如图 10-25 所示。

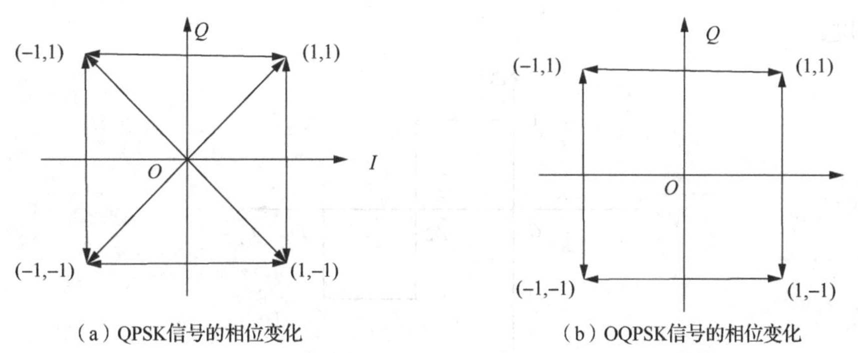

图 10-24　QPSK 信号与 OQPSK 信号的相位变化比较

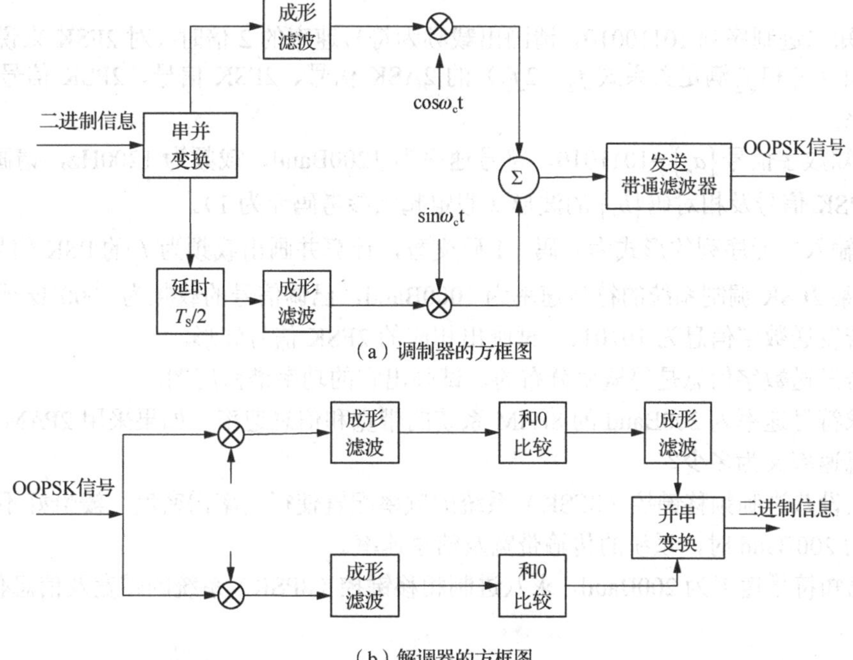

图 10-25　OQPSK 信号的调制器和解调器的方框图

习题

1．8PSK 信号的符号速率为 10000Baud，计算该信号的比特率。

2．八进制幅度调制（8PAM）的比特率为 3000bit/s，计算该信号的符号速率。

3．在图 10-20 中，如果星座点间的最小距离为 $2A$，计算信号的平均功率。

4．对语音信号进行 PCM 编码，以 8kHz 的速率抽样，对每个样值进行 8bit 编码。该 PCM 信号以 MPAM 方式在 AWGN 信道上传输。对以下进制数 M 求传输所需的带宽：①M=4；②M=8；③M=16。

5．信息序列$\{a_n\}$是 IID 随机变量序列，每个随机变量等概率取值 1 和–1。该序列采用双向编码方案在基带上传输，传输信号 $s(t)=\sum\limits_{n}a_n g(t-nT)$，$g(t)$ 为题图 10-1 所示信号。求 $s(t)$ 的功率谱密度。

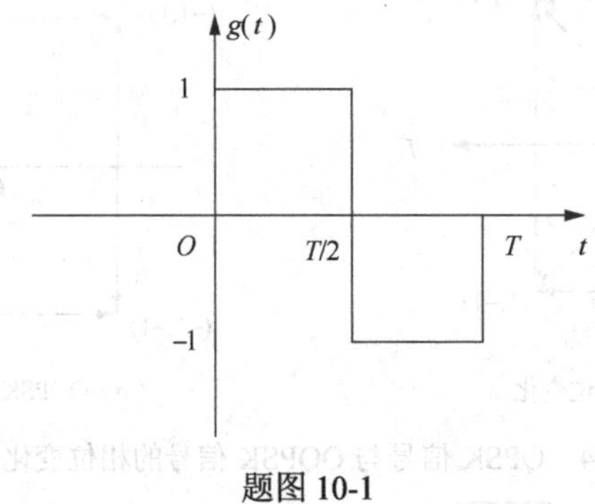

题图 10-1

6．已知二进制序列 10110010，请画出载频为符号速率的 2 倍时（对 2FSK 来说，等效低通信号的频点 f_1 和 f_2 满足关系式 $f_2=2f_1$）的 2ASK 信号、2FSK 信号、2PSK 信号、2DPSK 信号的波形。

7．已知数字信号$\{a_n\}$=1011010，符号速率为 1200Baud，载频为 1200Hz，请画出 2PSK 信号、2DPSK 信号及相对码$\{b_n\}$的波形（假定起始参考码元为 1）。

8．设输入二元序列的形式为 0 码、1 码交替，计算并画出载频为 f_c 的 PSK 信号频谱。

9．设某 2FSK 调制系统的符号速率为 1000Baud，已调信号的载频为 1000Hz 或 2000Hz。

（1）若发送数字信息为 101011，试画出相应的 2FSK 信号波形。

（2）若发送数字信息是等概率分布的，试画出它的功率谱密度图。

10．求符号速率为 200Baud 的 8PAM 系统的带宽和信息速率。如果采用 2PAM 系统，其带宽和信息速率又为多少？

11．假设八进制频移键控（8FSK）系统的频率配置使得功率谱密度主瓣恰好不重叠，求符号速率为 200Baud 时，系统的传输带宽及信息速率。

12．已知符号速率为 200Baud，求八进制相移键控（8PSK）系统的带宽及信息传输速率。

第 11 章　AWGN 信道的最佳接收机

第 10 章介绍了各种类型的调制器，调制器的主要功能是将数字序列映射成可以在信道中传输的信号的波形。这些信号在信道中传输时会遭受损伤，接收端的解调器便负责将受到损伤的信号恢复成原始的发送符号。不同的信道会对信号造成不同的损伤，因此需要设计不同的解调器。本章主要考虑最简单的 AWGN 信道，研究各种调制信号受到 AWGN 影响时，最佳解调器的设计方法和性能。

11.1　波形与 AWGN 信道模型

假设信道的输入信号为$s_m(t)$（$s_m(t)$也是调制器的输出信号，$m=1,2,\cdots,M$）。假设调制器能生成 M 种可能的波形，$s_m(t)$波形是 M 种可能的波形之一。带通信号$s_m(t)$可以表示为$s_m(t)=\mathrm{Re}\left[s_{ml}(t)\mathrm{e}^{\mathrm{j}2\pi f_c t}\right]$，其中，$s_{ml}(t)$为$s_m(t)$的等效低通信号，$f_c$为载频。在$s_m(t)$通过 AWGN 信道后，输出信号可以表示为

$$x(t)=s_m(t)+n(t) \tag{11-1}$$

式中，$n(t)$为高斯白噪声过程，其均值为 0，功率谱密度为$N_0/2$。AWGN 信道模型如图 11-1 所示。接收端最佳相干接收机的作用是从$x(t)$中恢复$s_{ml}(t)$。

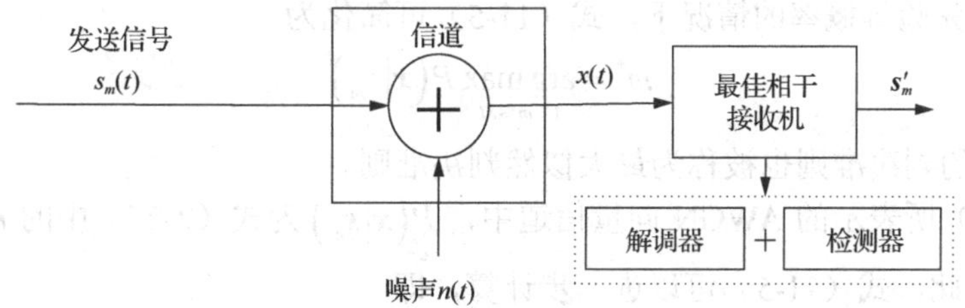

图 11-1　AWGN 信道模型

为了便于后面的分析，对发送波形$\{s_m(t),m=1,2,\cdots,M\}$进行施密特正交化处理，获得发送波形的标准正交基$\{f_j(t),j=1,2,\cdots,N\}$。每个发送波形可以表示成标准正交基的线性组合，即$s_m(t)=\sum_{j=1}^{N}s_{mj}f_j(t)$，$s_{mj}$为$s_m(t)$在标准正交基上的投影。因此，有

$$x_j=\int_{-\infty}^{\infty}x(t)f_j(t)\mathrm{d}t=s_{mj}+n_j \tag{11-2}$$

其中，$n_j=\int_{-\infty}^{\infty}n(t)f_j(t)\mathrm{d}t$。可以证明：$E\left(n_j\right)=0$，$E\left(n_i n_j\right)=\begin{cases}N_0/2,\ i=j\\0,\ i\neq j\end{cases}$。

通过上述变换，可以将式（11-1）所描述的波形信道等效地表示为下面的向量形式：

$$\boldsymbol{x}=\boldsymbol{s}_m+\boldsymbol{n} \tag{11-3}$$

其中，$\boldsymbol{x}=[x_1,x_2,\cdots,x_N]$，$\boldsymbol{s}_m=[s_{m1},s_{m2},\cdots,s_{mN}]$，$\boldsymbol{n}=[n_1,n_2,\cdots,n_N]$。

11.2 最佳相干接收机

在本节中，先介绍最佳相干接收机设计的一般性原理，再以二进制和高进制调制信号为例，介绍不同二进制和高进制调制信号的解调方法和检测错误概率。

11.2.1 基于最大后验概率的检测方法

接收机对向量信号 $\boldsymbol{x}$ 进行判决，输出可能的发送信号 $\boldsymbol{s}'_m$。如果 $\boldsymbol{s}'_m=\boldsymbol{s}_m$，则判决正确；反之，则判决错误。我们的目标是设计一个最佳检测器，使得判决错误概率最小。和第 8 章中设计最小错误概率译码准则的方法类似，要最小化 $\boldsymbol{x}$ 被检测错误的概率，应将 $\boldsymbol{x}$ 判决为具有最大后验概率的输入符号，即若有条件概率关系式 $P(\boldsymbol{s}^*\mid\boldsymbol{x})\geqslant P(\boldsymbol{s}_m\mid\boldsymbol{x})$，则将 $\boldsymbol{x}$ 判决为 $\boldsymbol{s}^*$。根据最大化后验概率的准则进行判决的接收机被称为最大后验概率接收机（MAP 接收机）。根据贝叶斯定理，后验概率公式可以表示为

$$P(\boldsymbol{s}_m|\boldsymbol{x})=\frac{P(\boldsymbol{s}_m)P(\boldsymbol{x}|\boldsymbol{s}_m)}{P(\boldsymbol{x})} \tag{11-4}$$

其中，$P(\boldsymbol{s}_m)$ 为发送信号 $\boldsymbol{s}_m$ 的概率，$P(\boldsymbol{x}|\boldsymbol{s}_m)$ 为条件概率，$P(\boldsymbol{x})$ 为接收信号 $\boldsymbol{x}$ 的概率。因此，MAP 接收机的判决准则为

$$m^*=\underset{1\leqslant m\leqslant M}{\arg\max}\,P(\boldsymbol{s}_m)P(\boldsymbol{x}|\boldsymbol{s}_m) \tag{11-5}$$

在发送符号先验等概率的情况下，式（11-5）可简化为

$$m^*=\underset{1\leqslant m\leqslant M}{\arg\max}\,P(\boldsymbol{x}|\boldsymbol{s}_m) \tag{11-6}$$

式（11-6）所示的判决准则也被称为最大似然判决准则。

在式（11-3）所表示的 AWGN 向量信道中，$P(\boldsymbol{x}|\boldsymbol{s}_m)$ 为式（2-27）中的 n 维高斯随机向量 $\boldsymbol{x}$ 的 PDF。因此，式（11-5）可以进一步计算，即

$$\begin{aligned}m^*&=\underset{1\leqslant m\leqslant M}{\arg\max}\,P(\boldsymbol{s}_m)P(\boldsymbol{x}|\boldsymbol{s}_m)=\underset{1\leqslant m\leqslant M}{\arg\max}\left[P(\boldsymbol{s}_m)\mathrm{e}^{-\frac{\|\boldsymbol{x}-\boldsymbol{s}_m\|^2}{N_0}}\right]\\&=\underset{1\leqslant m\leqslant M}{\arg\max}\left[\frac{N_0}{2}\ln P(\boldsymbol{s}_m)-\frac{1}{2}(\|\boldsymbol{x}\|^2+\|\boldsymbol{s}_m\|^2-2\boldsymbol{x}\boldsymbol{s}_m^{\mathrm{T}})\right]\\&=\underset{1\leqslant m\leqslant M}{\arg\max}\left[\frac{N_0}{2}\ln P(\boldsymbol{s}_m)-\frac{1}{2}\|\boldsymbol{s}_m\|^2+\boldsymbol{x}\boldsymbol{s}_m^{\mathrm{T}}\right]\end{aligned} \tag{11-7}$$

在发送符号先验等概率的情况下，上式可以简化为

$$m^*=\underset{1\leqslant m\leqslant M}{\arg\max}\left[-\|\boldsymbol{x}-\boldsymbol{s}_m\|^2\right]=\underset{1\leqslant m\leqslant M}{\arg\min}\,\|\boldsymbol{x}-\boldsymbol{s}_m\| \tag{11-8}$$

在发送符号先验等概率且等能量时，式（11-8）可以简化为

$$m^* = \arg\max_{1 \leqslant m \leqslant M} \left[\boldsymbol{x}\boldsymbol{s}_m^{\mathrm{T}} \right] \tag{11-9}$$

式（11-8）有明确的几何解释。接收机接收 $\boldsymbol{x}$，并以标准欧氏距离在所有可能的发送符号中寻找与 $\boldsymbol{x}$ 最近者，这样的检测器被称为最近邻检测器或最小距离检测器。在这种情况下，判决域 D_m 和 D_n 的边界是与 $\boldsymbol{s}_m$ 和 $\boldsymbol{s}_n$ 等距离的点的集合，即这两个信号点连线的垂直平分线。图 11-2 所示的例子为一个具有 4 个信号点的二维（N=2）星座（比如 QPSK 信号星座），实线表示判决域的边界，它是连接各信号点的虚线的垂直平分线。

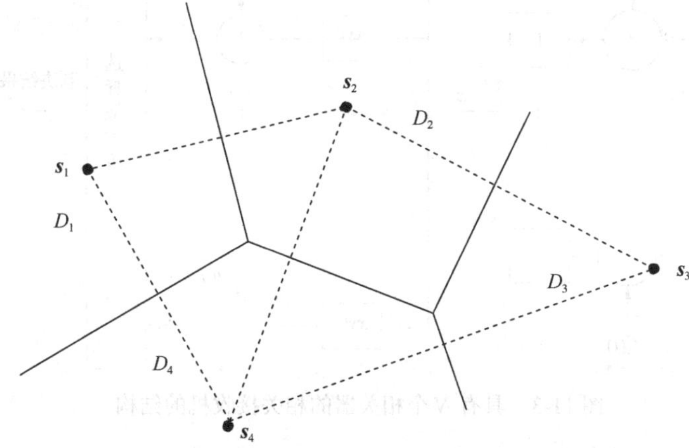

图 11-2　等概率传输信号的判决域

MAP 的判决域被定义为

$$D_m = \{\boldsymbol{x} : \boldsymbol{x}\boldsymbol{s}_m^{\mathrm{T}} + \frac{N_0}{2}\ln P(\boldsymbol{s}_m) - \frac{1}{2}\|\boldsymbol{s}_m\|^2 > \boldsymbol{x}\boldsymbol{s}_n^{\mathrm{T}} + \frac{N_0}{2}\ln P(\boldsymbol{s}_n) - \frac{1}{2}\|\boldsymbol{s}_n\|^2, n \neq m\} \tag{11-10}$$

当 $\boldsymbol{x} \in D_m$ 时，$\boldsymbol{x}$ 被判决为 $\boldsymbol{s}_m$。如果 $\boldsymbol{x}=\boldsymbol{s}_n+\boldsymbol{n}$，但 $\boldsymbol{x}$ 被判决为 $\boldsymbol{s}_m$，则出现判决错误。因此，对于 M 进制调制信号，平均判决错误概率为

$$P_{\mathrm{E}} = \sum_{m=1}^{M} P(\boldsymbol{s}_m) P(\boldsymbol{x} \notin D_m) \tag{11-11}$$

11.2.2　最佳相干接收机的实现方法

本节描述 MAP 接收机的不同实现方法，不同结构的 MAP 接收机的实现基于式（11-7）所示的判决准则。

1）相关接收机

具有 N 个相关器的相关接收机的结构如图 11-3 所示，该图是最佳相干接收机的第一种实现方法。首先，接收机使基函数 $f_j(t)$ 和 $x(t)$ 相乘、积分后得到 $x(t)$ 的全部分量，即 $\boldsymbol{x}$ 中的各个元素；然后，计算 $\boldsymbol{x}$ 和每个 $\boldsymbol{s}_m$ 的内积；最后，加上偏移量 $\eta_m = \frac{N_0}{2}\ln P(\boldsymbol{s}_m) - \frac{1}{2}\|\boldsymbol{s}_m\|^2$，选择令结果最大的 m 作为判决输出。因为对 $x(t)$ 和 $f_j(t)$ 进行了相关计算，所以这种最佳相干接收机的实现方法被称为相关接收机。因为 $\boldsymbol{x}\boldsymbol{s}_m^{\mathrm{T}} = \int_{-\infty}^{\infty} x(t) s_m(t) \mathrm{d}t$，所以图 11-3 中的 $\boldsymbol{x}\boldsymbol{s}_m^{\mathrm{T}}$ 也可以直接对 $x(t)$ 和 $s_m(t)$ 进行相关计算而得到。图 11-4 给出了最佳相干接收机的第二种实现方法，该方

法需要 M 个相关器（乘法器跟随积分器）。

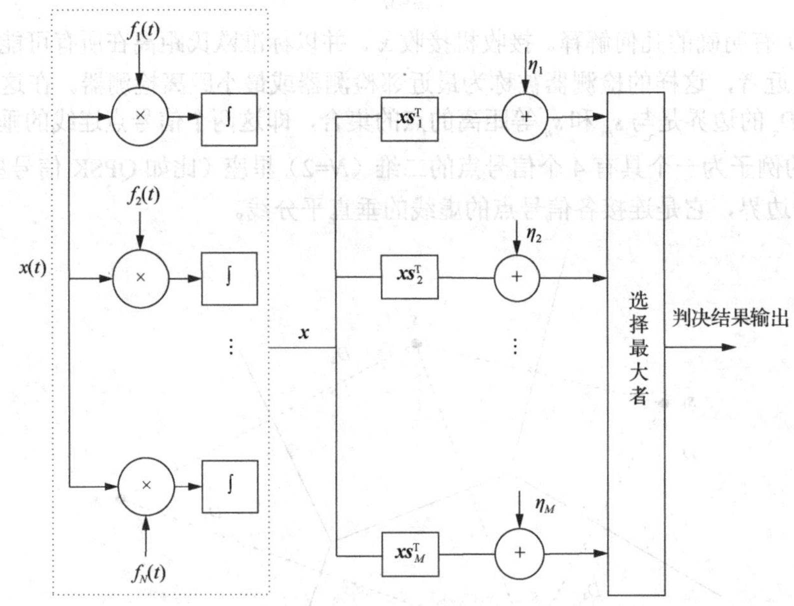

图 11-3　具有 N 个相关器的相关接收机的结构

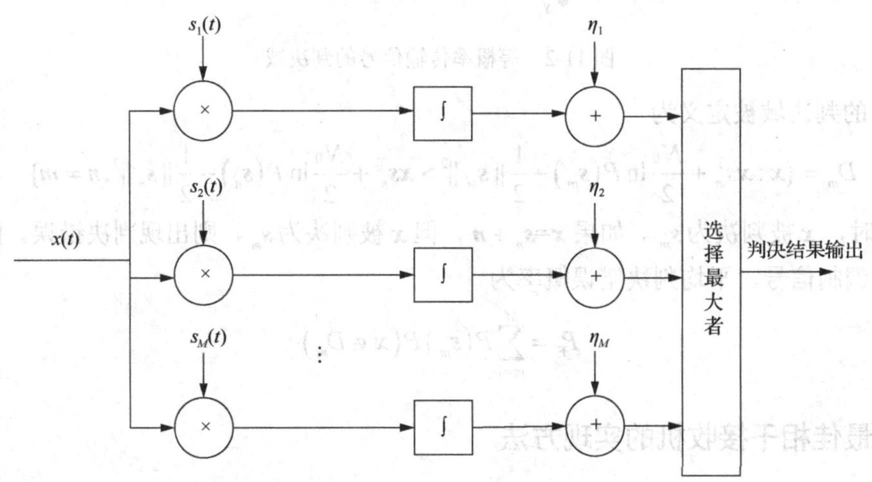

图 11-4　具有 M 个相关器的相关接收机的结构

2）匹配滤波器

假设 $x(t)$ 通过一个冲激响应 $h_m(t)=s_m(T-t)$（T 为符号周期）的滤波器，输出 $y(t)$ 为 $x(t)$ 和 $h_m(t)$ 的卷积，即

$$y(t)=\int_{-\infty}^{\infty}x(\tau)h_m(t-\tau)\mathrm{d}\tau=\int_{-\infty}^{\infty}x(\tau)s_m(T-t+\tau)\mathrm{d}\tau \tag{11-12}$$

$y(t)$ 在时刻 T 的样值 $y(T)=\int_{-\infty}^{\infty}x(\tau)s_m(\tau)\mathrm{d}\tau$。也就是说，图 11-4 中相关器（乘法器跟随积分器）的输出可以通过匹配滤波器在时刻 $t=T$ 抽样得到。当发送符号等概率分布、等能量时，图 11-4 的实现方法等同于图 11-5。匹配滤波器必须满足物理可实现性，因此输出最大信噪比时刻必须在输入信号结束时刻 T 之后。对接收机来说，总是希望时延尽可能小，因此一般抽样时刻就取 T。

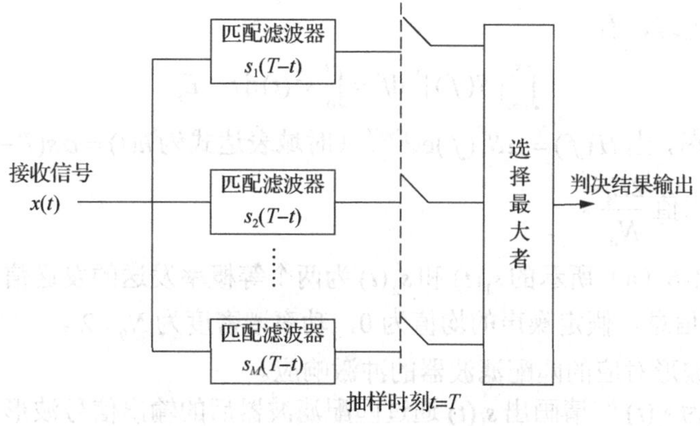

图 11-5　匹配滤波器接收机的结构

接下来，将从频域角度对匹配滤波器的设计进行解释。假设 $x(t)=s(t)+n(t)$ 通过一个冲激响应为 $h_m(t)$、频率响应为 $H_m(f)$ 的滤波器，输出 $y(t)=x(t)\otimes h_m(t)=s_o(t)+n_o(t)$（$s_o(t)$ 和 $n_o(t)$ 分别是 $s(t)$ 和 $n(t)$ 与 $h_m(t)$ 卷积的结果）。$s_o(t)=s(t)\otimes h_m(t)$ 的傅里叶变换为 $H_m(f)S(f)$（$S(f)$ 为 $s(t)$ 的频谱函数），因此 $s_o(t)$ 可以表示为

$$s_o(t)=\int_{-\infty}^{+\infty}S(f)H_m(f)\mathrm{e}^{\mathrm{j}2\pi ft}\mathrm{d}f \tag{11-13}$$

在抽样时刻 T，$s_o(t)$ 可以表示为

$$s_o(T)=\int_{-\infty}^{+\infty}S(f)H_m(f)\mathrm{e}^{\mathrm{j}2\pi fT}\mathrm{d}f \tag{11-14}$$

白噪声通过滤波器后，功率谱密度为 $\frac{N_0}{2}|H_m(f)|^2$，功率为

$$P_n=\frac{N_0}{2}\int_{-\infty}^{\infty}|H_m(f)|^2\mathrm{d}f \tag{11-15}$$

因此，在抽样时刻 T，滤波器输出信号的信噪比为

$$\mathrm{SNR}=\frac{\left|\int_{-\infty}^{+\infty}S(f)H_m(f)\mathrm{e}^{\mathrm{j}2\pi fT}\mathrm{d}f\right|^2}{\frac{N_0}{2}\int_{-\infty}^{\infty}|H_m(f)|^2\mathrm{d}f} \tag{11-16}$$

为计算使信噪比取最大值的滤波器频率响应，需要当且仅当 $Y(f)=\alpha X^*(f)$（α 可为任意常数）时，柯西-施瓦兹不等式

$$\left|\int_{-\infty}^{+\infty}X(f)Y(f)\mathrm{d}f\right|^2\leqslant\int_{-\infty}^{+\infty}|X(f)|^2\mathrm{d}f\int_{-\infty}^{+\infty}|Y(f)|^2\mathrm{d}f \tag{11-17}$$

中的等号成立。

由柯西-施瓦兹不等式可得

$$\begin{aligned}\mathrm{SNR}&=\frac{\left|\int_{-\infty}^{+\infty}S(f)H_m(f)\mathrm{e}^{\mathrm{j}2\pi fT}\mathrm{d}f\right|^2}{\frac{N_0}{2}\int_{-\infty}^{\infty}|H_m(f)|^2\mathrm{d}f}\leqslant\frac{\int_{-\infty}^{\infty}|H_m(f)|^2\mathrm{d}f\cdot\int_{-\infty}^{\infty}|S(f)\mathrm{e}^{\mathrm{j}2\pi fT}|^2\mathrm{d}f}{\frac{N_0}{2}\int_{-\infty}^{\infty}|H_m(f)|^2\mathrm{d}f}\\&=\frac{\int_{-\infty}^{\infty}|S(f)|^2\mathrm{d}f}{N_0/2}\end{aligned} \tag{11-18}$$

根据帕塞瓦尔定理，有

$$\int_{-\infty}^{\infty}|S(f)|^2\,\mathrm{d}f=\int_0^T s^2(t)\,\mathrm{d}t=E_s \tag{11-19}$$

式中，E_s 为信号功率。当 $H(f)=\alpha S^*(f)\mathrm{e}^{-\mathrm{j}2\pi fT}$（时域表达式为 $h(t)=\alpha s(T-t)$）时，滤波器的输出信噪比达到最大值 $\dfrac{2E_s}{N_0}$。

例 11-1　图 11-6（a）所示的 $s_1(t)$ 和 $s_2(t)$ 为两个等概率发送的发送信号波形，被用来在 AWGN 信道上传输信息。假定噪声的均值为 0，功率谱密度为 $N_0/2$。

（1）求这两个波形对应的匹配滤波器的冲激响应。

（2）如果输入为 $s_1(t)$，请画出 $s_1(t)$ 通过匹配滤波器后的输出信号波形。

（3）计算在 AWGN 信道中，$s_1(t)$ 被错判的概率。

在图 11-5 所示的匹配滤波器接收机中，可以看出，$s_1(t)$ 和 $s_2(t)$ 对应的匹配滤波器的冲激响应［见图 11-6（b）］分别为

$$h_1(t)=s_1(T-t)=\begin{cases}A,\ T/2\leqslant t\leqslant T\\0,\ 其他\end{cases}$$

$$h_2(t)=s_2(T-t)=\begin{cases}A,\ 0\leqslant t\leqslant T/2\\0,\ 其他\end{cases}$$

如果输入为 $s_1(t)$，$s_1(t)$ 通过两个匹配滤波器后的输出信号波形如图 11-6（c）所示。其中，$y_{1s}(t)=s_1(t)\otimes h_1(t)$，$y_{2s}(t)=s_1(t)\otimes h_2(t)$，输出信号在 t=T 时的采样值为 $y_{1s}(T)=A^2T/2$ 和 $y_{2s}(T)=0$。

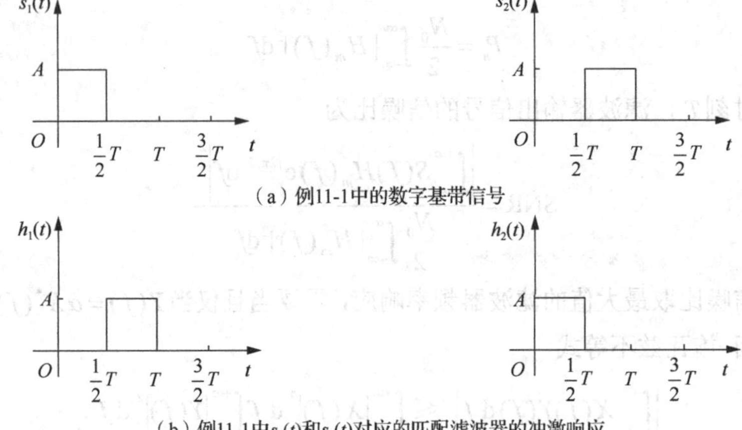

（a）例11-1中的数字基带信号

（b）例11-1中 $s_1(t)$ 和 $s_2(t)$ 对应的匹配滤波器的冲激响应

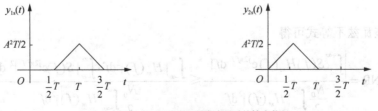

（c）例11-1中 $s_1(t)$ 通过匹配滤波器后的输出信号

图 11-6　例 11-1 中的数字基带信号，$s_1(t)$ 和 $s_2(t)$ 对应的匹配滤波器的冲激响应，以及 $s_1(t)$ 通过匹配滤波器后的输出信号波形

在 AWGN 信道中，如果输入为$s_1(t)$，信道输出信号波形为$r(t)=s_1(t)+n(t)$，因此在时刻 $t=T$，由两个匹配滤波器输出形成的向量是$\boldsymbol{r}=(r_1,r_2)=\left(\dfrac{A^2T}{2}+n_1,n_2\right)$。其中，$n_1=\int_0^T n(t)s_1(t)\mathrm{d}t$，$n_2=\int_0^T n(t)s_2(t)\mathrm{d}t$。显然，$E(n_1)=E(n_2)=0$，$\mathrm{var}[n_1]=\mathrm{var}[n_2]=\dfrac{N_0}{2}\dfrac{A^2T}{2}$。第一个匹配滤波器在时刻 T 的输出信噪比是$\mathrm{SNR}_1=\dfrac{A^2T}{N_0}$。由于$s_1(t)$和$s_2(t)$为等概率发送、等能量的波形，因此应该根据式（11-9）进行判决。当$A^2T/2+n_1<n_2$时，$s_1(t)$被错判，因此$s_1(t)$被错判的概率为$P_\mathrm{e}=P\left(n_2-n_1>A^2T/2\right)=Q\left(\sqrt{\dfrac{A^2T}{2N_0}}\right)$，其中$Q(x)=\dfrac{1}{2\pi}\int_x^\infty \mathrm{e}^{-\frac{t^2}{2}}\mathrm{d}t$。

11.2.3　PAM 信号的最佳检测方法和错误概率分析

1）2PAM 信号的最佳检测方法和错误概率分析

在本节中，将根据式（11-7）所示的判决准则，分析在 2PAM 信号传输过程中的判决准则和平均判决错误概率。根据第 10 章的内容，可以知道 2PAM 的带通信号为$s(t)=ag(t)\cos\omega_\mathrm{c}t$，$a=1$ 或 0，以$f(t)=\sqrt{\dfrac{2}{\varepsilon_g}}g(t)\cos\omega_\mathrm{c}t$作为基函数。该信号的一维向量表示形式为$s_1=\sqrt{\varepsilon_g/2}$，$s_2=0$。

假设$s_1(t)$和$s_2(t)$出现的概率分别为p和$1-p$。带通信号的平均功率为$\bar{\varepsilon}=\dfrac{1}{2}\varepsilon_g p$。AWGN 信道的输出信号的一维向量表示形式为$x=s_m+n$，其中，$n$表示方差为$N_0/2$的高斯噪声。根据式（11-7），判决域为

$$
\begin{aligned}
D_1&=\left\{x:x\sqrt{\varepsilon_g/2}+\frac{N_0}{2}\ln p-\frac{1}{4}\varepsilon_g>\frac{N_0}{2}\ln(1-p)\right\}\\
&=\left\{x:x>\frac{\dfrac{N_0}{2}\ln\dfrac{1-p}{p}+\dfrac{1}{4}\varepsilon_g}{\sqrt{\varepsilon_g/2}}\right\}
\end{aligned}
\tag{11-20}
$$

式中，$\dfrac{\dfrac{N_0}{2}\ln\dfrac{1-p}{p}+\dfrac{1}{4}\varepsilon_g}{\sqrt{\varepsilon_g/2}}=r_\mathrm{th}$，为判决门限。当$x>r_\mathrm{th}$时，$x$被判决为$s_1$；否则，$x$被判决为$s_2$。错误判决主要包括两种情况：发送信号为$s_1$，但$x$被判决为$s_2$；发送信号为$s_2$，但$x$被判决为$s_1$。当发送信号为$s_1$时，$x$是均值为$s_1$、方差为$N_0/2$的高斯变量；当发送信号为$s_2$时，$x$是均值为$s_2$、方差为$N_0/2$的高斯变量。因此，2PAM 的平均判决错误概率为

$$
\begin{aligned}
P_\mathrm{E}&=pP\left(x<r_\mathrm{th}\right)+(1-p)P\left(x>r_\mathrm{th}\right)\\
&=p\int_{-\infty}^{r_\mathrm{th}}p\left(x\middle|s=\sqrt{\varepsilon_g/2}\right)\mathrm{d}x+(1-p)\int_{r_\mathrm{th}}^{\infty}p\left(x\middle|s=0\right)\mathrm{d}x\\
&=pQ\left(\frac{\sqrt{\varepsilon_g/2}-r_\mathrm{th}}{\sqrt{N_0/2}}\right)+(1-p)Q\left(\frac{r_\mathrm{th}}{\sqrt{N_0/2}}\right)
\end{aligned}
\tag{11-21}
$$

当$p=\dfrac{1}{2}$时，$r_{\text{th}}=\sqrt{\varepsilon_g/8}$，信噪比$\text{SNR}=\dfrac{\overline{\varepsilon}}{N_0/2}=\dfrac{\varepsilon_g}{2N_0}$，式（11-21）简化为

$$P_{\text{E}}=Q\left(\sqrt{\varepsilon_g/4N_0}\right)=Q\left(\sqrt{\overline{\varepsilon}/N_0}\right)=Q\left(\sqrt{\text{SNR}/2}\right) \tag{11-22}$$

因为2PAM信号为一维信号，所以当发送信号为2PAM信号时，图11-3中的$f_N(t)=\cos\omega_{\text{c}}t$，解调器的实现框图可以简化为图11-7所示形式。

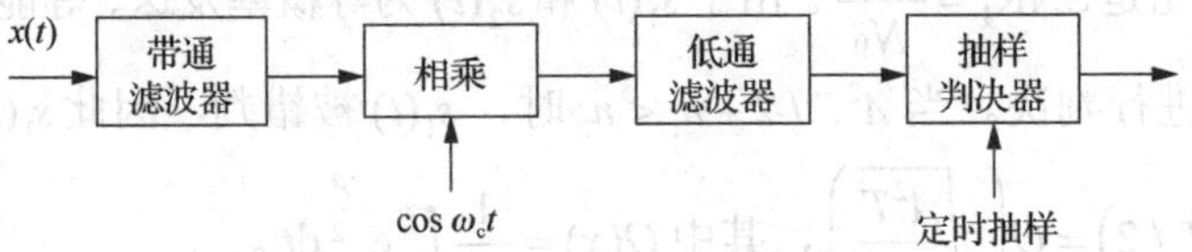

图11-7　2PAM信号相干解调器框图

2）MPAM信号的最佳检测方法和错误概率分析

在考虑双极性信号的情况下，MPAM信号可以表示为$x(t)=A_m g(t)\cos\omega_{\text{c}}t$，其一维向量表示形式为$s_m=A_m\sqrt{\dfrac{\varepsilon_g}{2}}$，其中，$A_m=2m-1-M$，$m=1,2,\cdots,M$。图11-8所示为MAPM信号星座图。在该星座图中，相邻两点s_m和s_{m+1}之间的距离为$\sqrt{2\varepsilon_g}$。

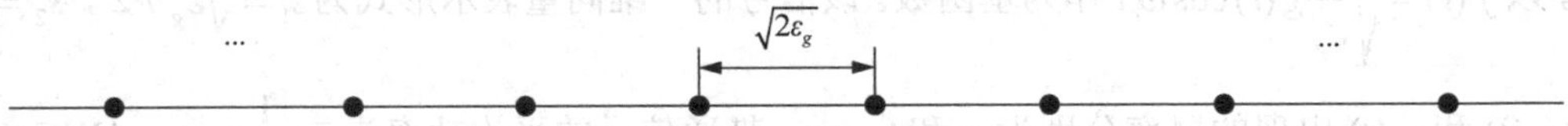

图11-8　MAPM信号星座图

考虑发送符号等概率分布的情况，可采用式（11-8）对应的最小距离检测器。首先，根据最小距离准则，确定不同星座点的判决域。MPAM信号星座图中有两种类型的点：(*M*–2)个内点和2个外点。内点的判决域为$D_m=\left\{x:|x-s_m|<\sqrt{2\varepsilon_g}/2\right\}$。如果$s_m$被发送，当$|x-s_m|>\sqrt{2\varepsilon_g}/2$时，会发生检测错误。外点检测错误概率是内点检测错误概率的一半，这是因为噪声仅在一个方向引起错误。因为$x-s_m$是均值为0、方差为$N_0/2$的高斯随机变量，所以内点检测错误概率为

$$P_{\text{e1}}=P\left(|n|>\sqrt{2\varepsilon_g}/2\right)=2Q\left(\sqrt{\varepsilon_g/N_0}\right) \tag{11-23}$$

外点检测错误概率为

$$P_{\text{e2}}=\frac{1}{2}P_{\text{e1}}=Q\left(\sqrt{\varepsilon_g/N_0}\right) \tag{11-24}$$

符号平均检测错误概率为

$$\begin{aligned}P_{\text{e}}&=\frac{1}{M}\sum_{m=1}^{M}P(x\notin D_m|s_m)\\&=\frac{1}{M}\left[2(M-2)Q\left(\sqrt{\varepsilon_g/N_0}\right)+2Q\left(\sqrt{\varepsilon_g/N_0}\right)\right]=\frac{2(M-1)}{M}Q\left(\sqrt{\varepsilon_g/N_0}\right)\end{aligned} \tag{11-25}$$

由式（11-25）可以看出，当发送符号的平均功率一定时，增大*M*将增大符号平均检测错误概率。

11.2.4　PSK 信号的最佳检测方法和错误概率分析

1）2PSK 信号的最佳检测方法和错误概率分析

在 2PSK 信号的传输过程中，带通信号为 $s(t)=ag(t)\cos\omega_{\mathrm{c}}t$，$a=\pm1$，一维向量表示形式为 $s_1=\sqrt{\varepsilon_g/2}$，$s_2=-\sqrt{\varepsilon_g/2}$。带通信号的平均功率为 $\bar{\varepsilon}=\dfrac{\varepsilon_g}{2}$。假设 $s_1(t)$ 和 $s_2(t)$ 出现的概率分别为 p 和 $1-p$。AWGN 信道的输出信号的一维向量表示形式为 $x=s_m+n$，其中，n 是方差为 $N_0/2$ 的高斯噪声。根据式（11-7），判决域为

$$\begin{aligned}D_1&=\left\{x:x\sqrt{\varepsilon_g/2}+\frac{N_0}{2}\ln p-\frac{1}{4}\varepsilon_g>-x\sqrt{\varepsilon_g/2}+\frac{N_0}{2}\ln(1-p)-\frac{1}{4}\varepsilon_g\right\}\\&=\left\{x:x>\frac{N_0}{4\sqrt{\varepsilon_g/2}}\ln\frac{1-p}{p}\right\}\end{aligned}\tag{11-26}$$

式中，$\dfrac{N_0}{4\sqrt{\varepsilon_g/2}}\ln\dfrac{1-p}{p}=r_{\mathrm{th}}$，为判决门限。和 2PAM 信号的判决错误概率分析类似，2PSK 的平均判决错误概率为

$$\begin{aligned}P_{\mathrm{E}}&=pP(x<r_{\mathrm{th}})+(1-p)P(x>r_{\mathrm{th}})\\&=p\int_{-\infty}^{r_{\mathrm{th}}}p\left(x\middle|s=\sqrt{\varepsilon_g/2}\right)\mathrm{d}x+(1-p)\int_{r_{\mathrm{th}}}^{\infty}p\left(x\middle|s=-\sqrt{\varepsilon_g/2}\right)\mathrm{d}x\\&=pQ\left(\frac{\sqrt{\varepsilon_g/2}-r_{\mathrm{th}}}{\sqrt{N_0/2}}\right)+(1-p)Q\left(\frac{\sqrt{\varepsilon_g/2}+r_{\mathrm{th}}}{\sqrt{N_0/2}}\right)\end{aligned}\tag{11-27}$$

当 $p=\dfrac{1}{2}$ 时，$r_{\mathrm{th}}=0$，信噪比 $\mathrm{SNR}=\dfrac{\bar{\varepsilon}}{N_0/2}=\dfrac{\varepsilon_g}{N_0}$，式（11-27）简化为

$$P_{\mathrm{E}}=Q\left(\sqrt{\varepsilon_g/N_0}\right)=Q\left(\sqrt{2\bar{\varepsilon}/N_0}\right)=Q\left(\sqrt{\mathrm{SNR}}\right)\tag{11-28}$$

2PSK 信号解调器框图和图 11-7 所示的 2PAM 信号相干解调器框图类似，唯一的区别是判决器中的判决门限不同。

2）MPSK 信号的最佳检测方法和错误概率分析

MPSK 信号为二维信号，其向量表达式为 $\boldsymbol{s}_m=\left(\sqrt{\varepsilon_g/2}\cos\left[\dfrac{2\pi}{M}(m-1)\right]\quad\sqrt{\varepsilon_g/2}\sin\left[\dfrac{2\pi}{M}(m-1)\right]\right)$，$1\leqslant m\leqslant M$。每个 $\boldsymbol{s}_m$ 对应图 11-9 中的一个星座点。由于星座点具有对称性，因此每个符号被错误判决的概率相同。假设发送信号为 $\boldsymbol{s}_1=\left(\sqrt{\varepsilon_g/2},0\right)$，分析 $\boldsymbol{s}_1$ 被错误判决的概率。信道的输出信号 $\boldsymbol{x}=\boldsymbol{s}_1+\boldsymbol{n}$，$\boldsymbol{n}$ 中的元素是均值为 0、方差为 $\sigma^2=N_0/2$ 的高斯变量。输出信号的 PDF 的表达式为

$$p(\boldsymbol{x})=p(x_1,x_2)=\frac{1}{\pi N_0}\mathrm{e}^{-\frac{(x_1-\sqrt{\varepsilon_g/2})^2+x_2^2}{N_0}}\tag{11-29}$$

令 (r,θ) 表示 $\boldsymbol{x}$ 的幅值和相位，则 $p(\boldsymbol{x})$ 的极坐标形式为

$$p(r,\theta)=\frac{r}{\pi N_0}\mathrm{e}^{-\frac{r^2+\varepsilon_g/2-2\sqrt{\varepsilon_g/2}r\cos\theta}{N_0}} \tag{11-30}$$

根据式（11-30），可以得到θ的 PDF：

$$p(\theta)=\int_0^\infty p(r,\theta)\mathrm{d}r=\frac{\mathrm{e}^{-\frac{\varepsilon_g}{2N_0}\sin^2\theta}}{2\pi}\int_0^\infty r\mathrm{e}^{-\frac{(r-\sqrt{\varepsilon_g/N_0}\cos\theta)^2}{2}}\mathrm{d}r \tag{11-31}$$

当$\varepsilon_g/N_0\gg 1$时，$p(\theta)$可以近似取值，即

$$p(\theta)\approx\sqrt{\frac{\varepsilon_g}{2N_0}}\cos\theta\mathrm{e}^{-\frac{\varepsilon_g}{2N_0}\sin^2\theta} \tag{11-32}$$

根据最小距离判决准则，s_1对应的判决域$D_1=\{\theta:-\pi/M<\theta<\pi/M\}$。因此，$s_1$被错误判决的概率为

$$\begin{aligned}P_{\mathrm{e}1}&=1-\int_{-\pi/M}^{\pi/M}p(\theta)\mathrm{d}\theta\approx1-\int_{-\pi/M}^{\pi/M}\sqrt{\frac{\varepsilon_g}{2N_0}}\cos\theta\mathrm{e}^{-\frac{\varepsilon_g}{2N_0}\sin^2\theta}\mathrm{d}\theta\\&=2Q\left(\sqrt{\frac{\varepsilon_g}{N_0}}\sin\frac{\pi}{M}\right)\end{aligned} \tag{11-33}$$

由于发送符号等概率分布，因此符号的平均检测错误概率和单符号的错误概率相等。

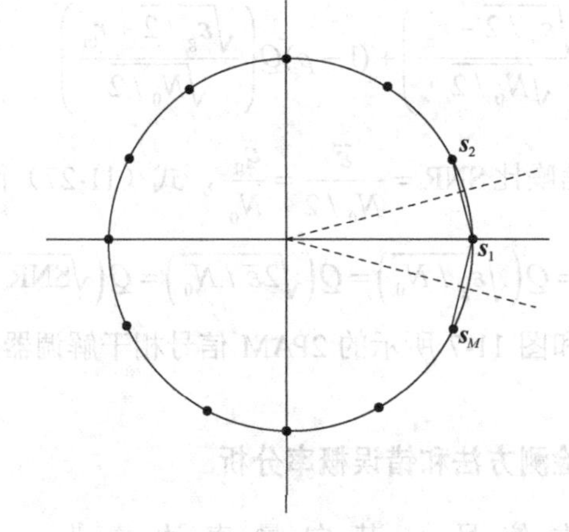

图 11-9 MPSK 信号星座图

当在星座图映射中采用格雷码时，邻近相位的两个符号仅相差 1bit。由于噪声引起的大多数可能的错误情况是错误地选择了与正确相位相邻的相位，所以k bit 符号错误仅包含单个比特错误（$k=\log_2 M$）。MPSK 的等价比特错误概率可以近似表示，即

$$P_{\mathrm{b}}\approx\frac{1}{k}P_{\mathrm{e}} \tag{11-34}$$

11.2.5 2FSK 信号的最佳检测方法和错误概率分析

在 2FSK 信号的传输过程中，其带通信号为$s(t)=\mathrm{Re}\left[g(t)\mathrm{e}^{\mathrm{j}\omega_m t}\mathrm{e}^{\mathrm{j}\omega_c t}\right]=g(t)\cos(\omega_m+\omega_c)t$，$m=1,2$。不同于 2PAM 信号和 2PSK 信号，2FSK 信号为二维信号，其向量表示形式为

$\boldsymbol{s}_1=\left[\sqrt{\varepsilon_g/2}\quad 0\right]$，$\boldsymbol{s}_2=\left[0\quad \sqrt{\varepsilon_g/2}\right]$。带通信号的平均功率为$\bar{\varepsilon}=\dfrac{\varepsilon_g}{2}$。假设$\boldsymbol{s}_1(t)$和$\boldsymbol{s}_2(t)$出现的概率分别为$p$和$1-p$。信道的输出信号$\boldsymbol{x}=\boldsymbol{s}_m+\boldsymbol{n}$，其中，$\boldsymbol{n}$为二维高斯向量，该向量中的元素是方差为$N_0/2$的高斯变量。因此，根据式（11-7），判决域为

$$\begin{aligned}D_1&=\left\{\boldsymbol{x}:\boldsymbol{x}\boldsymbol{s}_1^{\mathrm{T}}+\frac{N_0}{2}\ln p-\frac{1}{4}\varepsilon_g>\boldsymbol{x}\boldsymbol{s}_2^{\mathrm{T}}+\frac{N_0}{2}\ln(1-p)-\frac{1}{4}\varepsilon_g\right\}\\&=\left\{\boldsymbol{x}:\boldsymbol{x}(\boldsymbol{s}_1-\boldsymbol{s}_2)^{\mathrm{T}}>\frac{N_0}{2}\ln\frac{1-p}{p}\right\}\\&=\left\{\boldsymbol{x}:\boldsymbol{x}(1)-\boldsymbol{x}(2)>\frac{N_0}{\sqrt{2\varepsilon_g}}\ln\frac{1-p}{p}\right\}\end{aligned}\tag{11-35}$$

式中，$\boldsymbol{x}(1)$和$\boldsymbol{x}(2)$分别表示$\boldsymbol{x}$的第一个元素和第二个元素；$\dfrac{N_0}{\sqrt{2\varepsilon_g}}\ln\dfrac{1-p}{p}=r_{\mathrm{th}}$，为判决门限。令$r=\boldsymbol{x}(1)-\boldsymbol{x}(2)$，当发送的信息符号为$\boldsymbol{s}_1$时，$\boldsymbol{x}(1)=\sqrt{\varepsilon_g/2}+n_1$，$\boldsymbol{x}(2)=n_2$，其中，$n_1$和$n_2$是IID 的均值为 0、方差为$N_0/2$的高斯变量，因此$r$服从均值为$\sqrt{\varepsilon_g/2}$、方差为$N_0$的高斯分布。同理，当发送的信息符号为$\boldsymbol{s}_2$时，$r$服从均值为$-\sqrt{\varepsilon_g/2}$、方差为$N_0$的高斯分布。2FSK 的平均检测错误概率为

$$\begin{aligned}P_{\mathrm{E}}&=pP\left(r<r_{\mathrm{th}}\right)+(1-p)P\left(r>r_{\mathrm{th}}\right)\\&=p\int_{-\infty}^{r_{\mathrm{th}}}p\left(r|\boldsymbol{s}_1\right)\mathrm{d}r+(1-p)\int_{r_{\mathrm{th}}}^{\infty}p\left(r|\boldsymbol{s}_2\right)\mathrm{d}r\\&=pQ\left(\frac{\sqrt{\varepsilon_g/2}-r_{\mathrm{th}}}{\sqrt{N_0}}\right)+(1-p)Q\left(\frac{\sqrt{\varepsilon_g/2}+r_{\mathrm{th}}}{\sqrt{N_0}}\right)\end{aligned}\tag{11-36}$$

当$p=\dfrac{1}{2}$时，$r_{\mathrm{th}}=0$，信噪比$\mathrm{SNR}=\dfrac{\bar{\varepsilon}}{N_0}=\dfrac{\varepsilon_g}{2N_0}$，式（11-36）简化为

$$P_{\mathrm{E}}=Q\left(\sqrt{\varepsilon_g/2N_0}\right)=Q\left(\sqrt{\bar{\varepsilon}/N_0}\right)=Q\left(\sqrt{\mathrm{SNR}}\right)\tag{11-37}$$

在图 11-4 中，当输入信号为带通信号$x(t)$时，$s_1(t)=\cos(\omega_{\mathrm{c}}+\omega_1)t$，$s_2(t)=\cos(\omega_{\mathrm{c}}+\omega_2)t$，因此 2FSK 信号的解调器框图可以简化成图 11-10。

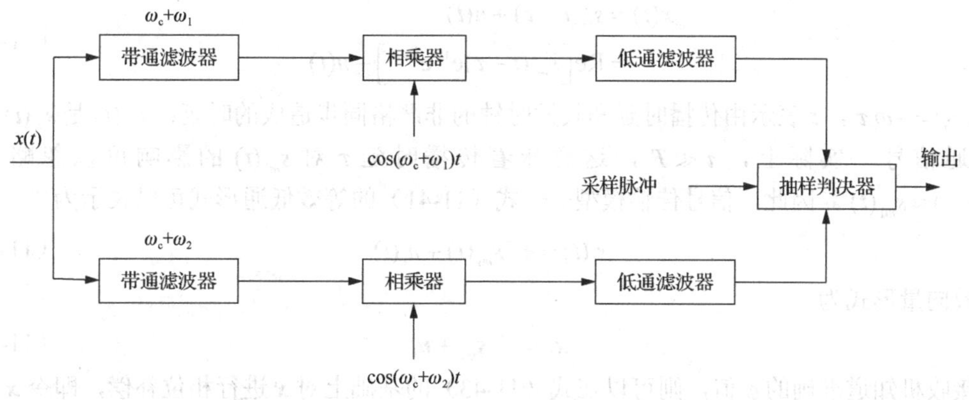

图 11-10 2FSK 信号的解调器框图

11.2.6 解调与检测

由于 $x(t)$ 为高频带通信号，直接对 $x(t)$ 进行解调要求采样频率大。因此，在接收机的设计中，往往先将接收信号解调为等效低通信号，然后再进行检测。根据式（2-12），$x(t)$ 可以表示为 $x(t)=\mathrm{Re}\left[x_1(t)\mathrm{e}^{\mathrm{j}2\pi f_0 t}\right]$，其中，$x_1(t)$ 为 $x(t)$ 的等效低通信号，可以通过图 2-4 中的解调过程将 $x(t)$ 转化为 $x_1(t)$。显然，

$$x_1(t)=s_{m1}(t)+n_1(t) \tag{11-38}$$

其中，$n_1(t)$ 为 $n(t)$ 的等效低通信号，即 $n(t)=\mathrm{Re}\left[n_1(t)\mathrm{e}^{\mathrm{j}2\pi f_0 t}\right]$。根据 $n(t)$ 和 $n_1(t)$ 之间的关系，可以推导出，当 $n(t)$ 的功率谱密度 $S_n(f)=\begin{cases}N_0/2, & |f-f_0|<W\\ 0, & 其他\end{cases}$ 时，$n_1(t)$ 的实部和虚部的功率谱密度均为 N_0，即 $S_{n_1}(f)=\begin{cases}2N_0, & |f|<W\\ 0, & 其他\end{cases}$。和带通信号的分析类似，可以通过正交化处理，得到低通信号的向量表示形式 $\boldsymbol{s}_{m1}$。因此，式（11-38）具有如下向量表示形式。

$$\boldsymbol{x}_1=\boldsymbol{s}_{m1}+\boldsymbol{n}_1 \tag{11-39}$$

低通信号 $\boldsymbol{s}_{m1}$ 可能是复数，因此式（11-7）可以转化为

$$\begin{aligned}
m^* &= \underset{1\leqslant m\leqslant M}{\arg\max}\, P(\boldsymbol{s}_{m1})P(\boldsymbol{x}_1|\boldsymbol{s}_{m1}) = \underset{1\leqslant m\leqslant M}{\arg\max}\left[P(\boldsymbol{s}_{m1})\mathrm{e}^{-\frac{\|\boldsymbol{x}_1-\boldsymbol{s}_{m1}\|^2}{2N_0}}\right]\\
&= \underset{1\leqslant m\leqslant M}{\arg\max}\left[N_0\ln P(\boldsymbol{s}_{m1})-\frac{1}{2}\|\boldsymbol{s}_{m1}\|^2+\mathrm{Re}(\boldsymbol{x}\boldsymbol{s}_{m1}^{\mathrm{H}})\right]\\
&= \underset{1\leqslant m\leqslant M}{\arg\max}\left[N_0\ln P(\boldsymbol{s}_{m1})-\frac{1}{2}\|\boldsymbol{s}_{m1}\|^2+\mathrm{Re}\left(\int_{-\infty}^{+\infty}x_1(t)s_{m1}^*(t)\mathrm{d}t\right)\right]
\end{aligned} \tag{11-40}$$

11.3 非相干接收机

为了实现 11.2 节中的相干解调，需要在接收端进行准确的载波恢复和符号同步。下面将分析非理想同步对传输模型及检测性能的影响。在考虑传播时延的条件下，式（11-1）对应的信号传输模型可以表示为

$$\begin{aligned}
x(t) &= s_m(t-\tau)+n(t)\\
&= \mathrm{Re}\left[s_{m1}(t-\tau)\mathrm{e}^{\mathrm{j}\varphi}\mathrm{e}^{\mathrm{j}\omega_c t}\right]+n(t)
\end{aligned} \tag{11-41}$$

其中，$\varphi=-\omega_c\tau$，τ 表示由传播时延和收发时钟的非严格同步造成的时延；$s_{m1}(t)$ 是 $s_m(t)$ 的等效低通信号。实际上，$\tau\ll T$，这意味着传播时延 τ 对 $s_{m1}(t)$ 的影响可以忽略，即 $s_{m1}(t-\tau)\approx s_{m1}(t)$。因此，信号传输模型——式（11-41）的等效低通形式可以表示为

$$x_1(t)=\mathrm{e}^{\mathrm{j}\varphi}s_{m1}(t)+n_1(t) \tag{11-42}$$

其等效向量形式为

$$\boldsymbol{x}_1=\mathrm{e}^{\mathrm{j}\varphi}\boldsymbol{s}_{m1}+\boldsymbol{n}_1 \tag{11-43}$$

如果接收机知道准确的 φ 值，则可以在式（11-43）的基础上对 $\boldsymbol{x}$ 进行相位补偿，即令 $\boldsymbol{x}$ 乘以

$e^{-j\varphi}$，从而得到式（11-39）所示的可以进行相关检测的向量表示形式。然而，当不知道准确的 φ 值时，往往将 φ 建模为在 0～2π 间均匀分布的随机变量。对比式（11-39）和式（11-43）可以发现，式（11-43）的信号项中存在由非理想同步导致的未知参数，在这种信道模型下，信号检测被称为非相干检测。

由于式（11-43）的信号项包括接收机不知道的参数 φ，因此只能采用非相干检测的方式解调信号。为了消除未知参数对检测的影响，非相关检测中的 MAP 判决准则为

$$\begin{aligned} m^* &= \arg\max_{1\leqslant m\leqslant M} P\left(\boldsymbol{s}_{ml}\right) p\left(\boldsymbol{x}_1 \middle| \boldsymbol{s}_{ml}\right) \\ &= \arg\max_{1\leqslant m\leqslant M} P\left(\boldsymbol{s}_{ml}\right) \int p\left(\boldsymbol{x}_1 \middle| \boldsymbol{s}_{ml}, \varphi\right) p(\varphi) \mathrm{d}\varphi \end{aligned} \tag{11-44}$$

其中，$p\left(\boldsymbol{x}_1 \middle| \boldsymbol{s}_{ml}, \varphi\right)$ 表示在已知 $\boldsymbol{s}_{ml}$、φ 的条件下，$\boldsymbol{x}_1$ 的 PDF；$p(\varphi)$ 表示 φ 的 PDF。因为 $p\left(\boldsymbol{x}_1 \middle| \boldsymbol{s}_{ml}, \varphi\right)$ 为 N 维高斯分布的 PDF，$p(\varphi) = \dfrac{1}{2\pi}$，$0 \leqslant \varphi \leqslant 2\pi$，所以式（11-44）可以进一步表示为

$$\begin{aligned} m^* &= \arg\max_{1\leqslant m\leqslant M} \frac{P\left(\boldsymbol{s}_{ml}\right)}{2\pi} \int_0^{2\pi} \mathrm{e}^{-\frac{\left\|\boldsymbol{x}_1 - \mathrm{e}^{\mathrm{j}\varphi}\boldsymbol{s}_{ml}\right\|^2}{2N_0}} \mathrm{d}\varphi \\ &= \arg\max_{1\leqslant m\leqslant M} P\left(\boldsymbol{s}_{ml}\right) \mathrm{e}^{-\frac{\left\|\boldsymbol{s}_{ml}\right\|^2}{2N_0}} \int_0^{2\pi} \mathrm{e}^{\frac{\mathrm{Re}\left[\left|\boldsymbol{x}_1\boldsymbol{s}_{ml}^{\mathrm{H}}\right| \mathrm{e}^{-\mathrm{j}(\varphi-\theta)}\right]}{N_0}} \mathrm{d}\varphi \\ &= \arg\max_{1\leqslant m\leqslant M} P\left(\boldsymbol{s}_{ml}\right) \mathrm{e}^{-\frac{\left\|\boldsymbol{s}_{ml}\right\|^2}{2N_0}} \int_0^{2\pi} \mathrm{e}^{\frac{\left|\boldsymbol{x}_1\boldsymbol{s}_{ml}^{\mathrm{H}}\right| \cos(\varphi-\theta)}{N_0}} \mathrm{d}\varphi \end{aligned} \tag{11-45}$$

其中，θ 是 $\boldsymbol{x}_1\boldsymbol{s}_{ml}^{\mathrm{H}}$ 的相位。式（11-45）中的被积函数是以 2π 为周期的 φ 的周期函数，因此 θ 的值不影响积分的结果。因为 $\mathrm{I}_0(x) = \dfrac{1}{2\pi}\displaystyle\int_0^{2\pi} \mathrm{e}^{x\cos\varphi} \mathrm{d}\varphi$ 为第一类零阶修正贝塞尔函数，所以式（11-45）可以表达为

$$m^* = \arg\max_{1\leqslant m\leqslant M} P\left(\boldsymbol{s}_{ml}\right) \mathrm{e}^{-\frac{\left\|\boldsymbol{s}_{ml}\right\|^2}{2N_0}} \mathrm{I}_0\left(\frac{\left|\boldsymbol{x}_1\boldsymbol{s}_{ml}^{\mathrm{H}}\right|}{N_0}\right) \tag{11-46}$$

一般情况下，式（11-46）难以简化。但在发送符号等概率分布、等能量的情况下，式（11-46）可以简化为

$$m^* = \arg\max_{1\leqslant m\leqslant M} \mathrm{I}_0\left(\frac{\left|\boldsymbol{x}_1\boldsymbol{s}_{ml}^{\mathrm{H}}\right|}{N_0}\right) \tag{11-47}$$

当 $x>0$ 时，$\mathrm{I}_0(x)$ 为 x 的增函数。因此，式（11-47）可以简化为

$$m^* = \arg\max_{1\leqslant m\leqslant M} \left|\boldsymbol{x}_1\boldsymbol{s}_{ml}^{\mathrm{H}}\right| \tag{11-48}$$

由式（11-48）可以看出，最佳非相干解调器是先对等效低通信号与所有 $\boldsymbol{s}_{ml}$ 进行相关运算，然后选择绝对值（包络）最大的，因此该检测器也被称为包络检测器。

11.3.1　2PAM 信号的非相干检测

由于幅度调制信号的能量不相等，因此只能采用式（11-46）所示的判决准则。这里只分

析简单的 2PAM 信号的非相干检测。2PAM 的等效低通信号为$s_{ml}(t)=ag(t)$（$a=0$或 1），其相应的一维向量表示形式为$s_{11}=\sqrt{\varepsilon_g}$，$s_{21}=0$。假设$s_{11}$和$s_{21}$出现的概率相等。信道输出的等效低通信号$x_1$的向量表达式为式（11-43）。根据式（11-46），将x_1判为s_{11}的判决域为$D_1=\left\{x_1:\mathrm{e}^{-\frac{\varepsilon_g}{2N_0}}\mathrm{I}_0\left(\frac{\left|x_1\sqrt{\varepsilon_g}\right|}{N_0}\right)>1\right\}$，将$x_1$判为$s_{21}$的判决域为$D_2=\left\{x_1:\mathrm{e}^{-\frac{\varepsilon_g}{2N_0}}\mathrm{I}_0\left(\frac{\left|x_1\sqrt{\varepsilon_g}\right|}{N_0}\right)<1\right\}$。由于$\mathrm{I}_0(x)$为$x$的增函数，因此判决域可以表示成更简单的形式，即$D_1=\{x_1:|x_1|>r_{\mathrm{th}}\}$和$D_2=\{x_1:|x_1|<r_{\mathrm{th}}\}$。判决门限$r_{\mathrm{th}}$可以通过计算$\mathrm{I}_0(x)$的反函数获得，但其表达式非常复杂，在大信噪比的情况下，$r_{\mathrm{th}}\approx\frac{\sqrt{\varepsilon_g}}{2}$。

下面将分析检测错误概率。假设发送信号为s_{11}，则$x_1=\mathrm{e}^{\mathrm{j}\varphi}\sqrt{\varepsilon_g}+n$，其中，$n$是均值为 0、方差为$2N_0$的复高斯变量。因此，$x_1$为均值非零的复高斯变量，其包络$|x_1|$服从如下莱斯分布。

$$f(x)=\frac{x}{N_0}\mathrm{I}_0(\sqrt{\varepsilon_g}x/N_0)\mathrm{e}^{-\frac{x^2+\varepsilon_g}{2N_0}} \tag{11-49}$$

根据判决准则，发送信号s_{11}被错判的概率为

$$\begin{aligned}P(|x|<r_{\mathrm{th}})&=\int_0^{r_{\mathrm{th}}}\frac{x}{N_0}\mathrm{I}_0(\sqrt{\varepsilon_g}x/N_0)\mathrm{e}^{-\frac{x^2+\varepsilon_g}{2N_0}}\mathrm{d}x\\&=1-Q_1\left(\frac{\sqrt{\varepsilon_g}}{N_0},\frac{r_{\mathrm{th}}}{N_0}\right)\end{aligned} \tag{11-50}$$

其中，$Q_1(\alpha,\beta)$为 Marcum Q 函数。

假设发送信号为s_{21}，则$x_1=n$。因此，x_1是均值为 0 的复高斯变量，其包络$|x_1|$服从如下瑞利分布。

$$f(x)=\frac{x}{N_0}\mathrm{e}^{-\frac{x^2}{2N_0}} \tag{11-51}$$

根据判决准则，发送信号s_{21}被错判的概率为

$$P(|x|>r_{\mathrm{th}})=\int_{r_{\mathrm{th}}}^{\infty}\frac{x}{N_0}\mathrm{e}^{-\frac{x^2}{2N_0}}\mathrm{d}x=\mathrm{e}^{-\frac{r_{\mathrm{th}}^2}{2N_0}} \tag{11-52}$$

综上，可以得到 2PAM 信号非相干检测的错误概率，即

$$P_{\mathrm{e}}=\frac{1}{2}\left(1-Q_1\left(\frac{\sqrt{\varepsilon_g}}{N_0},\frac{r_{\mathrm{th}}}{N_0}\right)\right)+\frac{1}{2}\mathrm{e}^{-\frac{r_{\mathrm{th}}^2}{2N_0}} \tag{11-53}$$

在大信噪比条件下，$Q_1\left(\frac{\sqrt{\varepsilon_g}}{N_0},\frac{r_{\mathrm{th}}}{N_0}\right)\approx Q\left(\frac{-\sqrt{\varepsilon_g}}{2N_0}\right)=1-Q\left(\frac{\sqrt{\varepsilon_g}}{2N_0}\right)$，$Q(x)\approx\frac{1}{x\sqrt{2\pi}}\mathrm{e}^{-\frac{x^2}{2}}$。因此，信噪比大时的错误概率可以近似表示，即

$$P_{\mathrm{e}}\approx\frac{N_0}{\sqrt{2\pi\varepsilon_g}}\mathrm{e}^{-\frac{\varepsilon_g}{8N_0^2}}+\frac{1}{2}\mathrm{e}^{-\frac{\varepsilon_g}{8N_0}} \tag{11-54}$$

图 11-11 所示为工程上 2PAM 信号非相干解调的框图。

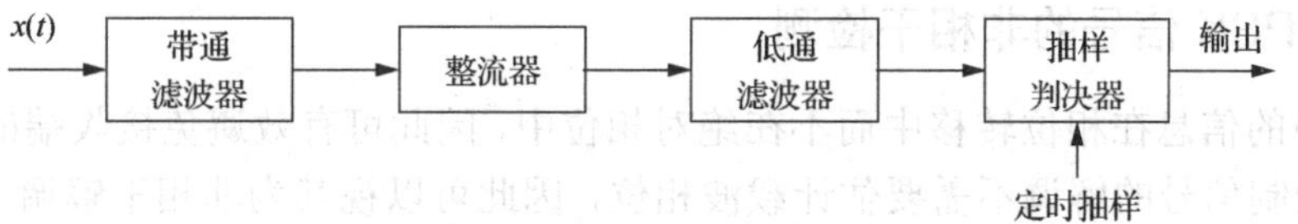

图 11-11　工程上 2PAM 信号非相干解调的框图

11.3.2　2FSK 信号的非相干检测

2FSK 的等效低通信号为 $s_{ml}(t)=g(t)\mathrm{e}^{\mathrm{j}2\pi f_m t}$（$m=1,2$），向量表示形式为 $\boldsymbol{s}_{11}=\left[\sqrt{\varepsilon_g}\quad 0\right]$，$\boldsymbol{s}_{21}=\left[0\quad \sqrt{\varepsilon_g}\right]$。假设传输过程中的两个符号等概率分布、等能量，信道的输出信号 $\boldsymbol{x}_1$ 的表达式为式（11-43）。根据式（11-48），将 $\boldsymbol{x}_1$ 判为 $\boldsymbol{s}_{11}$ 的判决域为 $D_1=\{\boldsymbol{x}_1:\left|\boldsymbol{x}_1\boldsymbol{s}_{11}^{\mathrm{H}}\right|>\left|\boldsymbol{x}_1\boldsymbol{s}_{21}^{\mathrm{H}}\right|\}$。

假设发送信号为 $\boldsymbol{s}_{11}$，则 $\boldsymbol{x}_1=\mathrm{e}^{\mathrm{j}\varphi}\boldsymbol{s}_{11}+\boldsymbol{n}_1$，$\left|\boldsymbol{x}_1\boldsymbol{s}_{11}^{\mathrm{H}}\right|=\left|\mathrm{e}^{\mathrm{j}\varphi}\varepsilon_g+\sqrt{\varepsilon_g}n_1\right|$，$\left|\boldsymbol{x}_1\boldsymbol{s}_{21}^{\mathrm{H}}\right|=\left|\sqrt{\varepsilon_g}n_2\right|$。其中，$n_1$ 和 n_2 为 $\boldsymbol{n}_1$ 中的元素，并且相互独立，服从均值为 0、方差为 $2N_0$ 的复高斯分布。因此，$\mathrm{e}^{\mathrm{j}\varphi}\varepsilon_g+\sqrt{\varepsilon_g}n_1$ 为均值非零的复高斯变量，其包络 $\left|\boldsymbol{x}_1\boldsymbol{s}_{11}^{\mathrm{H}}\right|$ 服从如下莱斯分布。

$$f(x_1)=\frac{x_1}{\varepsilon_g N_0}\mathrm{I}_0(x_1/N_0)\mathrm{e}^{-\frac{x_1^2+\varepsilon_g^2}{2\varepsilon_g N_0}} \tag{11-55}$$

$\sqrt{\varepsilon_g}n_2$ 是均值为 0 的复高斯变量，其包络 $\left|\boldsymbol{x}_1\boldsymbol{s}_{21}^{\mathrm{H}}\right|$ 服从如下瑞利分布。

$$f(x_2)=\frac{x_2}{\varepsilon_g N_0}\mathrm{e}^{-\frac{x_2^2}{2\varepsilon_g N_0}} \tag{11-56}$$

因为 $\left|\boldsymbol{x}_1\boldsymbol{s}_{11}^{\mathrm{H}}\right|$ 和 $\left|\boldsymbol{x}_1\boldsymbol{s}_{21}^{\mathrm{H}}\right|$ 相互独立，所以可以算出 $\boldsymbol{s}_1$ 被错判的概率，即

$$P(\left|\boldsymbol{x}_1\boldsymbol{s}_{11}^{\mathrm{H}}\right|<\left|\boldsymbol{x}_1\boldsymbol{s}_{21}^{\mathrm{H}}\right|)=\int_0^\infty f(x_1)\int_{x_1}^\infty f(x_2)\mathrm{d}x_2\mathrm{d}x_1 \tag{11-57}$$

$$=\int_0^\infty f(x_1)\mathrm{e}^{-\frac{x_1^2}{2\varepsilon_g N_0}}\mathrm{d}x_1=\frac{1}{2}\mathrm{e}^{-\frac{\varepsilon_g}{4N_0}}$$

平均检测错误概率为

$$P_{\mathrm{e}}=\frac{1}{2}P\left(\left|\boldsymbol{x}_1\boldsymbol{s}_{11}^{\mathrm{H}}\right|<\left|\boldsymbol{x}_1\boldsymbol{s}_{21}^{\mathrm{H}}\right|\right)+\frac{1}{2}P\left(\left|\boldsymbol{x}_1\boldsymbol{s}_{11}^{\mathrm{H}}\right|>\left|\boldsymbol{x}_1\boldsymbol{s}_{21}^{\mathrm{H}}\right|\right)=\frac{1}{2}\mathrm{e}^{-\frac{\varepsilon_g}{4N_0}} \tag{11-58}$$

根据不等式 $Q(x)\leqslant\frac{1}{2}\mathrm{e}^{-x^2/2}$，可知相干解调的错误概率小于非相干解调。

图 11-12 所示为 2FSK 信号非相干解调的框图。

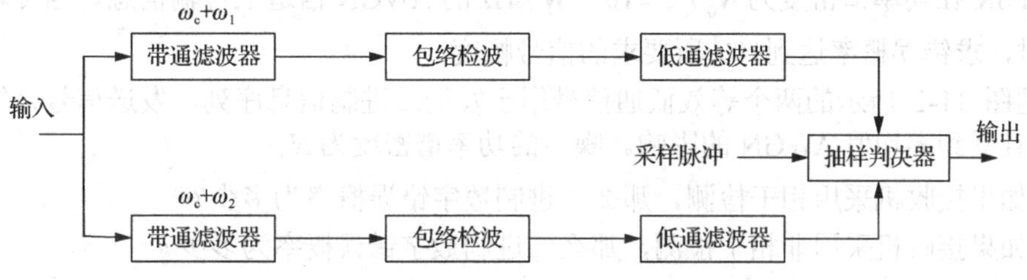

图 11-12　2FSK 信号非相干解调的框图

11.3.3 2DPSK 信号的非相干检测

DPSK 中的信息在相位转移中而不在绝对相位中，因此可有效避免接收端的相位模糊现象。DPSK 调制信号的解调不需要估计载波相位，因此可以视其为非相干解调。因为信息在相位转移中，所以必须在两个符号周期内对信号进行检测。在 2DPSK 信号的解调中，若两个相邻符号间的相位差为 0，则信息符号为 0；若两个相邻符号间的相位差为 π，则信息符号为 1。因此，信息符号 0 和 1 对应的等效低通信号分别为 $\boldsymbol{s}_1=\left(\sqrt{\varepsilon_g},\sqrt{\varepsilon_g}\right)$ 和 $\boldsymbol{s}_2=\left(\sqrt{\varepsilon_g},-\sqrt{\varepsilon_g}\right)$。在两个符号周期内的等效低通接收信号的向量表示形式为 $\boldsymbol{x}=\boldsymbol{s}_m\mathrm{e}^{\mathrm{j}\varphi}+\boldsymbol{n}$，$m=1,2$，$\boldsymbol{n}$ 为噪声。利用式（11-48）来确定 $\boldsymbol{x}$ 的判决域，其分析方法和 2FSK 的分析方法类似。最终可以得到 2DPSK 检测的错误概率，即

$$P_{\mathrm{e}}=\frac{1}{2}\mathrm{e}^{-\frac{\varepsilon_g}{2N_0}}$$

将该式的计算结果和 2PSK 信号相干检测的错误概率相比较，可以看出，2PSK 信号相干检测的错误概率小于 2DPSK 信号的非相干检测。

习题

1．通信系统利用信号 $s_1(t)$ 和 $s_2(t)$ 发送消息，$s_1(t)$ 和 $s_2(t)$ 的波形图如题图 11-1 所示。假设两个消息等概率发送，请画出最佳相干接收机的框图，并计算最佳检测器的错误概率。

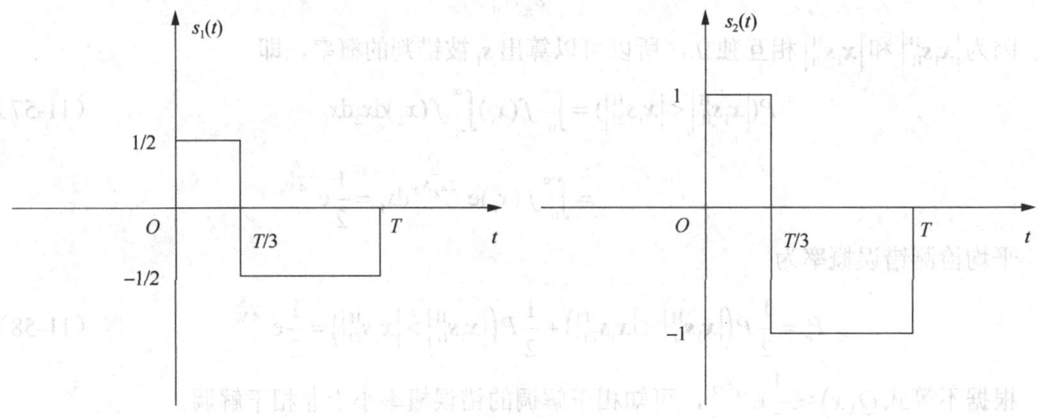

题图 11-1

2．2PSK 在功率谱密度为 $N_0/2=10^{-10}\,\mathrm{W/Hz}$ 的 AWGN 信道上传输信息。当传输速率为 10kbit/s 时，求错误概率达到 10^{-3} 所要求的信号幅度。

3．题图 11-2 所示的两个等效低通信号用于发送二进制信息序列。发送信号是等概率发送的，并且受到零均值 AWGN 的影响。噪声的功率谱密度为 N_0。

（1）如果接收机采用相干检测，那么二进制数字错误概率为多少？

（2）如果接收机采用非相干检测，那么二进制数字错误概率为多少？

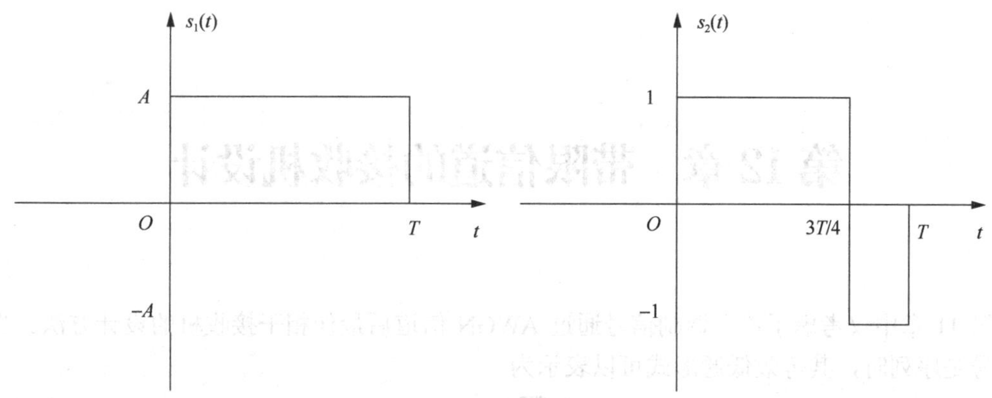

题图 11-2

4．有一信号为$s(t)=At\cos 2\pi f_c t$，其中，A为信号幅度，f_c为载频，$0\leqslant t\leqslant T$（T为信号持续时间）。

（1）求该信号的匹配滤波器的冲激响应。

（2）求在时刻$t=T$匹配滤波器的输出信号。

5．两个等概率消息m_1和m_2通过信道传输，信道的输入与输出的关系为$y=\rho x+n$，其中，ρ是信道系数，n是均值为 0、方差为σ^2的高斯噪声。

（1）假设$x=\pm A$，$\rho=1$，试求最佳判决准则和错误概率。

（2）假设$x=\pm A$，ρ等概率取值± 1，试求最佳判决准则和错误概率。

6．二进制通信系统采用$s_1(t)$和$s_2(t)$传输 0 和 1，其中，$s_1(t)=x(t)$，$s_2(t)=x(t-1)$，$x(t)$如题图 11-3 所示。噪声的功率谱密度为$N_0/2$。

（1）求该系统的最佳匹配滤波器接收机。

（2）求该系统的检测错误概率。

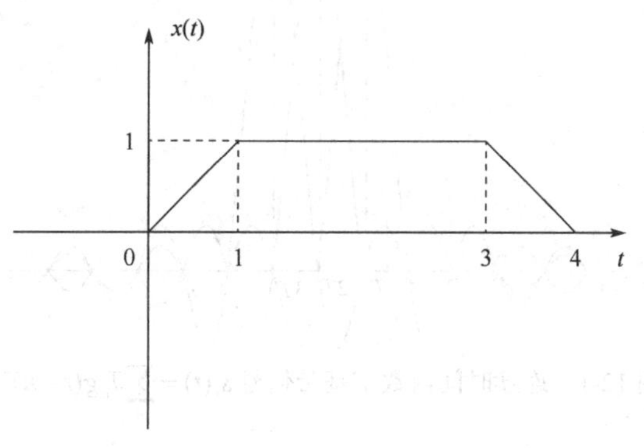

题图 11-3

第 12 章　带限信道的接收机设计

第 11 章中仅考虑了单个调制信号通过 AWGN 信道后最佳相干接收机的设计方法。当发送符号是序列时，其等效低通形式可以表示为

$$s_1(t)=\sum_n I_n g(t-nT) \tag{12-1}$$

其中，I_n 为离散符号序列，其具体形式取决于调制方式；T 为符号周期。如果 $g(t)=\operatorname{sinc}\left(t/T\right)=\dfrac{\sin\left(\pi t/T\right)}{\pi t/T}$，$I_n$ 为双极性二进制符号，连续时间内数字基带信号 $s_1(t)=\sum\limits_n I_n g(t-nT)$ 的波形如图 12-1 所示。在不同的符号周期内，时刻 $t=kT$（$k=0,1,\cdots$）的样值对应每个周期内的信息符号。因此，对第 k 个符号而言，基带波形应满足在时刻 $\tilde{k}T$（$\forall \tilde{k}\neq k$）的样值为 0 这一要求。否则，在时刻 kT 之前发送的符号会对时刻 kT 的符号造成干扰，这种干扰被称为 ISI。接收的数字基带信号是否存在 ISI 和信号的基带波形设计及信道的传输特性相关。无 ISI 的理想基带波形在通过非理想信道后，信道会改变波形在时刻 kT 的样值，使得本应为 0 的样值成为非零样值，从而造成 ISI。因此，在本章中，主要关注如何设计满足带宽要求的无 ISI 的基带波形，以及在非理想带限信道中能有效减少 ISI 的接收机设计方法。

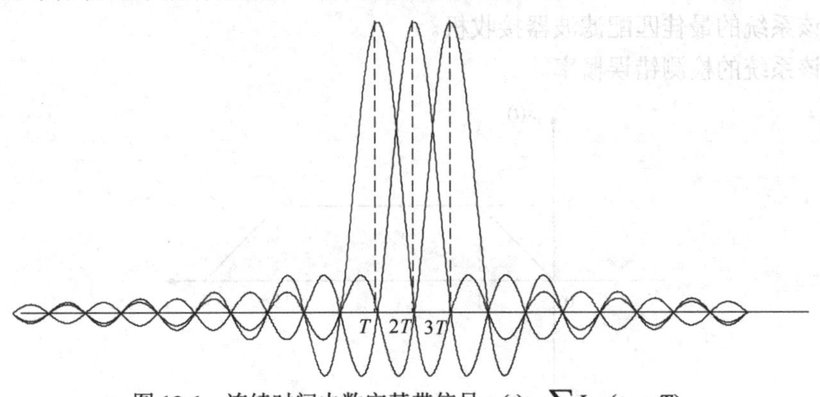

图 12-1　连续时间内数字基带信号 $s_1(t)=\sum\limits_n I_n g(t-nT)$

12.1　带限信道的特征

实际通信系统中的大部分信道都是带限信道。根据 2.2.2 节的内容，带限信道可以被表征为具有等效低通频率响应 $H_1(f)$ 的线性滤波器，其等效低通冲激响应记为 $h_1(t)$。如果信号 $s(t)=\mathrm{Re}[s_1(t)\mathrm{e}^{\mathrm{j}2\pi f_c t}]$（$f_c$ 为载频）在带通信道上传输，则等效低通接收信号为

$$r_1(t)=s_1(t)\otimes h_1(t)+z(t)=\int_{-\infty}^{\infty} s_1(\tau)h_1(t-\tau)\mathrm{d}\tau+z(t) \tag{12-2}$$

式中，积分表示 $s_1(t)$ 与 $h_1(t)$ 的卷积；$z(t)$ 表示加性噪声。从频域上看，式（12-2）中的信号的频谱函数满足关系式 $R_1(f)=S_1(f)H_1(f)+Z(f)$。如果信道带宽限于 W Hz，那么当 $|f|>W$ 时，$H_1(f)=0$。信号 $S_1(f)$ 中高于 $|f|=W$ 的任何频率分量都不能通过该信道。为此，我们把发送信号的带宽也限定为 W Hz。

在信道带宽内，频率响应可以表示为

$$H_1(f)=|H_1(f)|\mathrm{e}^{\mathrm{j}\theta(f)} \tag{12-3}$$

式中，$|H_1(f)|$ 和 $\theta(f)$ 分别是信道的幅度响应特性和信道的相位响应特性。此外，将包络延时特性定义为

$$\tau(f)=-\frac{1}{2\pi}\frac{\mathrm{d}\theta(f)}{\mathrm{d}f} \tag{12-4}$$

如果对于所有的 $|f|\leqslant W$，$|H_1(f)|$ 都是常数，$\theta(f)$ 都是频率的线性函数，即 $\tau(f)$ 是一个常数，则称这种信道是**无失真的或理想的**。否则，会导致信号的幅度或延时失真。图 12-2 所示为电话信道的包络延时和幅度响应特性。可以看出，电话信道不是理想信道。假设信道输入信号的基带波形函数为 $g(t)=\mathrm{sinc}(t/T)$，图 12-3 所示为 $s_1(t)$ 通过理想信道后的波形和 $s_1(t)$ 通过电话信道后的波形。可以看出，理想信道的输出信号在周期时间间隔 $\pm T,\pm 2T$ 等点上出现零点，因此输出信号不存在 ISI。然而，当输入信号通过非理想电话信道时，接收信号的零交点不再是周期间隔的。因此，脉冲信号的样值将相互混叠，导致发生 ISI。本章只讨论带限信道的线性时不变滤波器的模型，对于非线性和时变模型则不再讨论。在这种情况下，相比信道中的信息传输速率，信道随着时间发生的变化比较缓慢。

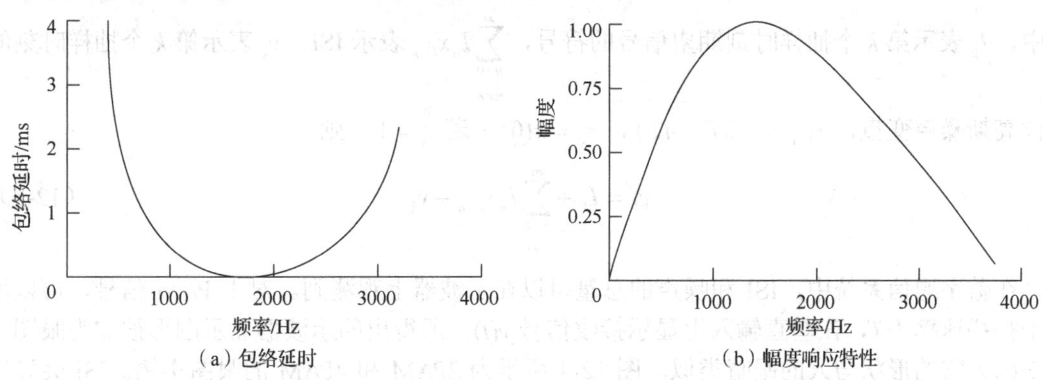

（a）包络延时　（b）幅度响应特性

图 12-2　电话信道的包络延时和幅度响应特性

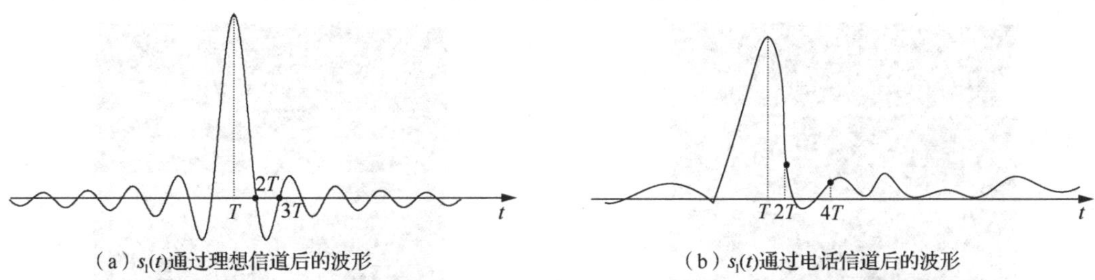

（a）$s_1(t)$通过理想信道后的波形　（b）$s_1(t)$通过电话信道后的波形

图 12-3　$s_1(t)$ 通过理想信道后的波形和 $s_1(t)$ 通过电话信道后的波形

12.2 理想带限信道的信号设计

考虑式（12-1）相应的数字基带信号 $g(t)$ 具有带限的频率响应特性 $G(f)$，即当 $|f|>W$ 时，$G(f)=0$。这个信号通过信道传输，信道的频率响应 $H_1(f)$ 也限于 $|f|\leqslant W$。将式（12-1）代入式（12-2），接收信号 $r_1(t)$ 可以表示为

$$r_1(t)=\sum_{n=0}^{\infty}I_n q(t-nT)+z(t) \tag{12-5}$$

式中，$q(t)=\int_{-\infty}^{\infty}g(\tau)h_1(t-\tau)\mathrm{d}\tau$。假设接收信号首先通过一个频率响应为 $Q^*(f)$ 的接收滤波器，然后以 $1/T$（单位为符号/s）的符号速率抽样（后面将证明，最佳滤波器是接收信号的匹配滤波器）。接收滤波器的输出为

$$y(t)=\sum_{n=0}^{\infty}I_n x(t-nT)+v(t) \tag{12-6}$$

式中，$x(t)$ 为 $q(t)$ 和接收滤波器冲激响应的卷积；$v(t)$ 为 $z(t)$ 和接收滤波器冲激响应的卷积。在时刻 $t=kT$（$k=0,1,\cdots$）对 $y(t)$ 进行抽样，其样值可以表示为

$$y_k=\sum_{n=0}^{\infty}I_n x_{k-n}+v_k=x_0 I_k+\sum_{\substack{n=0\\n\neq k}}^{\infty}I_n x_{k-n}+v_k \tag{12-7}$$

其中，I_k 表示第 k 个抽样时刻期望信号的符号，$\sum\limits_{\substack{n=0\\n\neq k}}^{\infty}I_n x_{k-n}$ 表示 ISI，v_k 表示第 k 个抽样时刻的加性高斯噪声变量，$x_{k-n}=x(kT-nT)$，$x_0=x(0)$。若 $x_0=1$，则

$$y_k=I_k+\sum_{\substack{n=0\\n\neq k}}^{\infty}I_n x_{k-n}+v_k \tag{12-8}$$

在数字通信系统中，ISI 和噪声的总量可以在示波器上观测到。对于 PAM 信号，可以用水平扫描速率 1/*T*，在垂直输入上显示接收信号 $y(t)$，所得出的示波器显示图形被称为眼图，这是因为它的形状与人的眼睛类似。图 12-4 所示为 2PAM 和 4PAM 的眼图实例。ISI 会导致眼图开启度减小，使加性噪声引起差错的边际减少，同时使系统对同步误差更敏感。

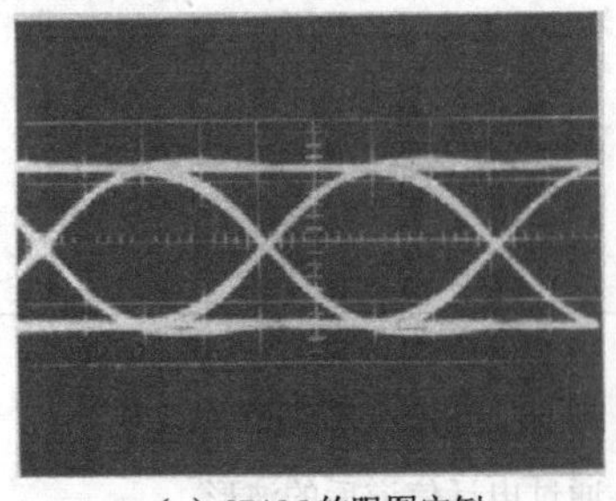

（a）2PAM 的眼图实例

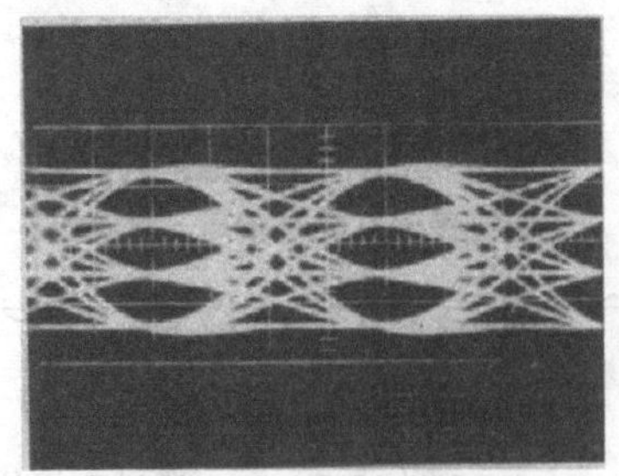

（b）4PAM 的眼图实例

图 12-4 2PAM 和 4PAM 的眼图实例

12.2.1 无 ISI 的带限信号设计

在本节和 12.2.2 节的讨论中，假定带限信道具有理想频率响应特性，即当$|f| \leqslant W$时，$H_1(f)=1$；当$|f|>W$时，$H_1(f)=0$。因此，当$|f| \leqslant W$时，脉冲$x(t)$的频谱函数$X(f)=|G(f)|^2$，其中，$G(f)$为基带波形函数$g(t)$的傅里叶变换。

由式（12-8）可以看出，对第k个符号而言，完全无 ISI 的条件是

$$x_{k-n}=\begin{cases}1, & k=n \\ 0, & k \neq n\end{cases} \tag{12-9}$$

下面推导使$x(t)$满足式（12-9）的要求的充要条件。这个条件被称为**奈奎斯特脉冲成形准则或零 ISI 奈奎斯特条件**。

定理 12.1（奈奎斯特脉冲成形准则）　使$x(t)$的样值满足式（12-9）的要求的充要条件是其傅里叶变换$X(f)$满足条件

$$\sum_{m=-\infty}^{\infty} X(f+m/T)=T \tag{12-10}$$

证明：$x(t)$是$X(f)$的傅里叶逆变换，因此$x(t)=\int_{-\infty}^{\infty} X(f)\mathrm{e}^{\mathrm{j}2\pi ft}\mathrm{d}f$，在抽样时刻$t=nT$，该式变为$x(nT)=\int_{-\infty}^{\infty} X(f)\mathrm{e}^{\mathrm{j}2\pi fnT}\,\mathrm{d}f$。将其积分区域分解为若干积分区间长度为 $1/T$ 的积分段，可得

$$\begin{aligned}x(nT)&=\sum_{m=-\infty}^{\infty}\int_{\frac{2m-1}{2T}}^{\frac{2m+1}{2T}} X(f)\mathrm{e}^{\mathrm{j}2\pi fnT}\,\mathrm{d}f=\sum_{m=-\infty}^{\infty}\int_{-1/2T}^{1/2T} X(f+m/T)\mathrm{e}^{\mathrm{j}2\pi fnT}\,\mathrm{d}f \\ &=\int_{-1/2T}^{1/2T}\left[\sum_{m=-\infty}^{\infty} X(f+m/T)\right]\mathrm{e}^{\mathrm{j}2\pi fnT}\,\mathrm{d}f=\int_{-1/2T}^{1/2T} B(f)\mathrm{e}^{\mathrm{j}2\pi fnT}\,\mathrm{d}f\end{aligned} \tag{12-11}$$

式中，$B(f)=\sum_{m=-\infty}^{\infty} X(f+m/T)$。显然，$B(f)$是周期为 $1/T$ 的周期函数，因此它可以用傅里叶级数展开成$B(f)=\sum_{n=-\infty}^{\infty} b_n\mathrm{e}^{\mathrm{j}2\pi fnT}$，其中，$b_n=T\int_{-1/2T}^{1/2T} B(f)\mathrm{e}^{-\mathrm{j}2\pi fnT}\,\mathrm{d}f$。

比较式（12-11）和b_n的表达式，可以看出，$b_n=Tx(-nT)$。因此，当$x(t)$的样值满足式（12-9）的要求时，$b_n=\begin{cases}T, & n=0 \\ 0, & n\neq 0\end{cases}$，则$B(f)=T$，或者等价为$\sum_{m=-\infty}^{\infty} X(f+m/T)=T$。

既然$X(f)$的频率范围为$[-W,W]$，奈奎斯特脉冲成形准则给出了保证无 ISI 的符号周期和信号带宽间的关系，即$\frac{1}{T}\leqslant 2W$，那么当符号周期为T时，要实现无 ISI 传输，信道带宽W至少为$\frac{1}{2T}$。反之，当$\frac{1}{T}>2W$时，$B(f)=\sum_{m=-\infty}^{\infty} X(f+m/T)$由$X(f)$的、非重叠的、间隔 $1/T$ 的重复谱组成。在这种情况下，无法设计一个无 ISI 的系统。$\frac{1}{T}=2W$被称为奈奎斯特速率。

当$T=1/2W$时，只有一个$X(f)$能满足式（12-10）的要求，即

$$X(f)=\begin{cases}T, & |f|<W \\ 0, & \text{其他}\end{cases} \tag{12-12}$$

其相应的时域脉冲为

$$x(t)=\frac{\sin(\pi t/T)}{\pi t/T}\equiv\sin c\left[\left(\frac{\pi t}{T}\right)\right] \tag{12-13}$$

实现这种 $x(t)$ 的第一个困难在于它是非因果的，并且是不可实现的。为了能实现它，通常采用它的延时形式，即 $\sin\{c[\pi(t-t_0)/T]\}$，并且选择 t_0，使当 $t<t_0$ 时，$\sin\{c[\pi(t-t_0)T]\}\approx 0$。当然，选择这样的 $x(t)$ 时，抽样时刻也必须平移至 $mT+t_0$。实现这种 $x(t)$ 的第二个困难是它收敛到 0 的速度是缓慢的。$x(t)$ 的拖尾按 $1/t$ 的速率衰减，因此在解调器中对匹配滤波器的输出进行抽样时，一个小的定时偏差就会产生一系列的 ISI 分量。由于脉冲衰减的速率为 $1/t$，因此所产生的 ISI 的总和是不收敛的。

当 $T>1/2W$ 时，$B(f)$ 由 $X(f)$ 的、间隔为 $1/T$ 的、相互重叠的谱组成，如图 12-5 所示。在这种情况下，有无数种 $X(f)$ 可以使式（12-10）成立。具有期望谱特性并在实践中广泛采用的谱是升余弦谱。

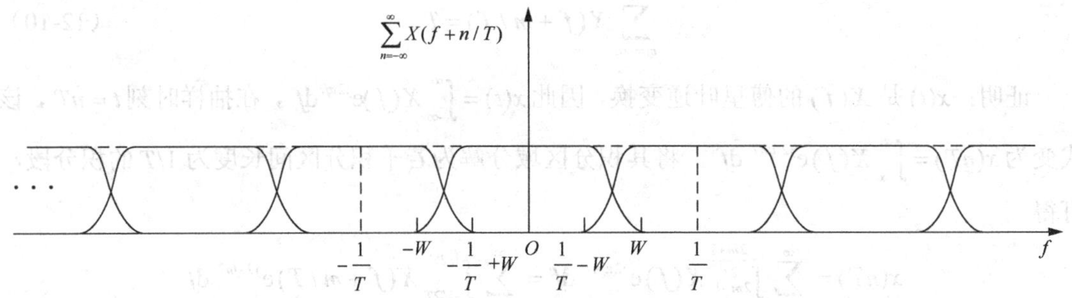

图 12-5 $T>1/2W$ 情况下的 $B(f)$

升余弦谱的频率特性为

$$X_{\mathrm{rc}}(f)=\begin{cases}T, & 0\leqslant|f|<\dfrac{1-\beta}{2T}\\[2ex] \dfrac{T}{2}\left\{1+\cos\left[\dfrac{\pi T}{\beta}\left(|f|-\dfrac{1-\beta}{2T}\right)\right]\right\}, & \dfrac{1-\beta}{2T}\leqslant|f|\leqslant\dfrac{1+\beta}{2T}\\[2ex] 0, & |f|>\dfrac{1+\beta}{2T}\end{cases} \tag{12-14}$$

式中，β 为**滚降**因子，$0\leqslant\beta\leqslant 1$。信号超出奈奎斯特频谱 $1/2T$ 以外的带宽被称为过剩带宽，通常将它表示为奈奎斯特频率的百分数。例如，当 $\beta=1/2$ 时，过剩带宽为 50%；当 $\beta=1$ 时，过剩带宽为 100%。具有升余弦谱的脉冲 $x(t)$ 为

$$x(t)=\frac{\sin(\pi t/T)}{\pi t/T}\frac{\cos(\pi\beta t/T)}{1-4\beta^2t^2/T^2}=\sin[c(\pi t/T)]\frac{\cos(\pi\beta t/T)}{1-4\beta^2t^2/T^2} \tag{12-15}$$

图 12-6 所示为 $\beta=0,0.5,1$ 时具有升余弦谱的脉冲的时域和频域特性。当 $\beta=0$ 时，脉冲简化为 $x(t)=\sin[c(\pi t/T)]$，数字基带信号带宽 $W=\dfrac{1}{2T}$，带通信号带宽为 $\dfrac{1}{T}$，若发送符号为 M 进制调制符号，则信号传输的频谱利用率为 $\log_2 M$ bit/（s · Hz）；当 $\beta=1$ 时，带通信号带宽为 $\dfrac{2}{T}$，信号传输的频谱利用率为 $\dfrac{\log_2 M}{2}$ bit/（s · Hz）；当 $0<\beta<1$ 时，带通信号带宽为 $\dfrac{1+\beta}{T}$，信

号传输的频谱利用率为$\dfrac{\log_2 M}{1+\beta}$bit/（s · Hz）。因此，选取$\beta > 0$的升余弦脉冲相比矩形脉冲会增大带通信号带宽，降低频谱利用率，但好处是当$\beta > 0$时，$x(t)$尾部按$1/t^3$的速率衰减，这样抽样定时偏差所产生的 ISI 分量将收敛于一个有限的值。

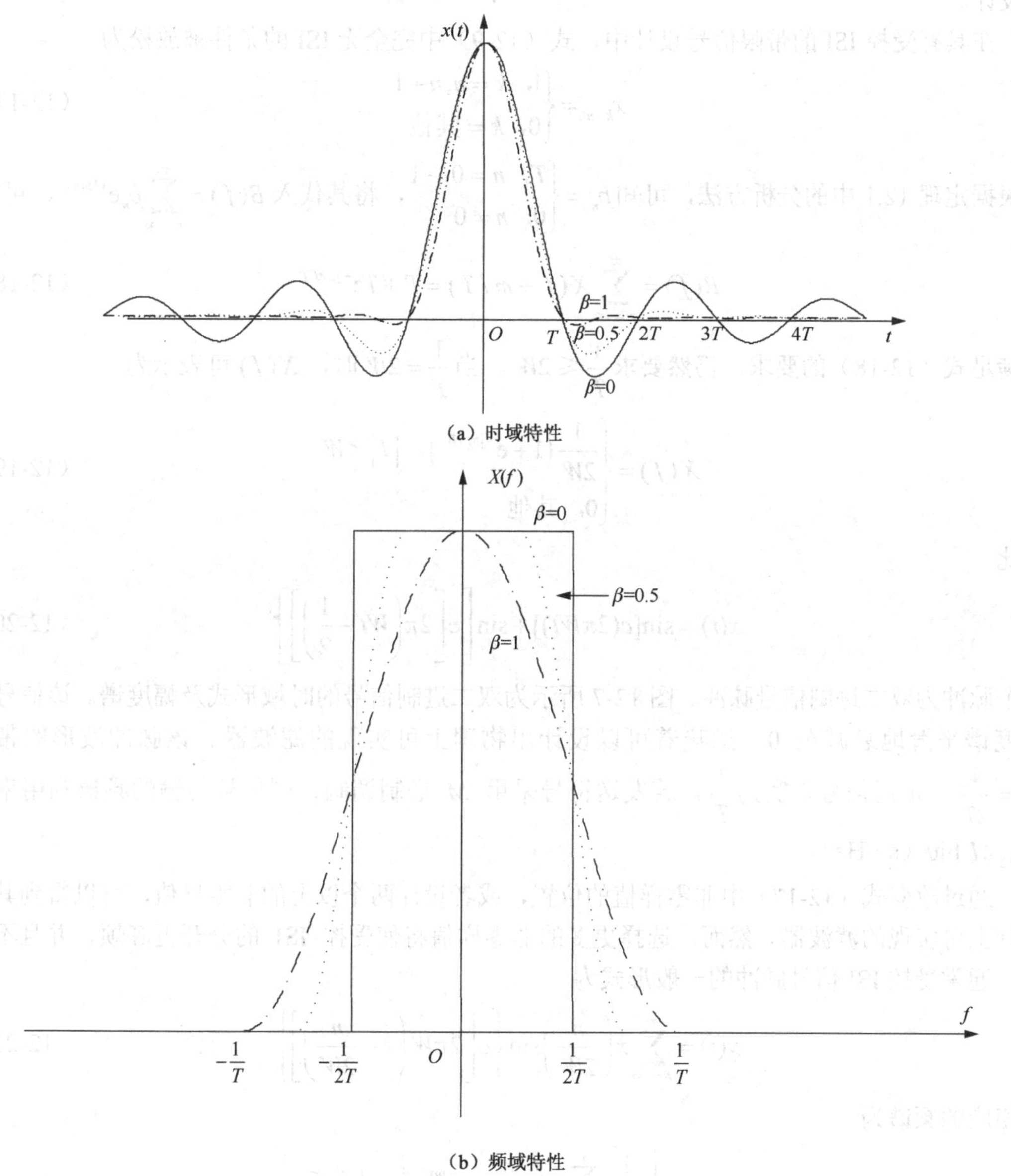

图 12-6　$\beta = 0,0.5,1$ 时具有升余弦谱的脉冲的时域和频域特性

在信道为理想信道的情况下，若接收滤波器与发送滤波器相匹配，则$X(f) = |G(f)|^2$。当$X(f)$为式（12-14）所示的升余弦谱时，发送波形的频谱函数为

$$G(f) = \sqrt{|X_{\mathrm{rc}}(f)|}\mathrm{e}^{-\mathrm{j}2\pi f t_0} \tag{12-16}$$

其中，t_0是某标称时延，用来保证该滤波器的物理可实现性。

12.2.2 具有受控 ISI 的带限信号设计

从无 ISI 的带限信号设计中可以看出，物理上可实现且拖尾快速衰减的基带波形的形成将以降低频谱利用率为代价。为使频谱利用率达到最大值，本节将介绍具有受控 ISI 的带限信号设计。

在具有受控 ISI 的带限信号设计中，式（12-9）中完全无 ISI 的条件被放松为

$$x_{k-n}=\begin{cases}1, & k=n,n+1\\0, & k=\text{其他}\end{cases} \tag{12-17}$$

则根据定理 12.1 中的分析方法，可知 $b_n=\begin{cases}T, & n=0,-1\\0, & n\neq 0\end{cases}$，将其代入 $B(f)=\sum\limits_{n=-\infty}^{\infty}b_n \mathrm{e}^{\mathrm{j}2\pi fnT}$，可得

$$B(f)=\sum_{m=-\infty}^{\infty}X(f+m/T)=T+T\mathrm{e}^{-\mathrm{j}2\pi fT} \tag{12-18}$$

为满足式（12-18）的要求，仍然要求 $\frac{1}{T}\leqslant 2W$。当 $\frac{1}{T}=2W$ 时，$X(f)$ 可表示为

$$X(f)=\begin{cases}\dfrac{1}{2W}\left(1+\mathrm{e}^{-\mathrm{j}\pi f/W}\right), & |f|<W\\0, & \text{其他}\end{cases} \tag{12-19}$$

因此

$$x(t)=\sin[c(2\pi Wt)]+\sin\left[c\left[2\pi\left(Wt-\frac{1}{2}\right)\right]\right] \tag{12-20}$$

这个脉冲为双二进制信号脉冲。图 12-7 所示为双二进制信号的时域形式及幅度谱。该信号的幅度谱平滑地衰减至 0，意味着可以设计出物理上可实现的滤波器。该脉冲波形的带宽 $W=\frac{1}{2T}$，带通信号带宽为 $\frac{1}{T}$，若发送符号采用 M 进制调制，则信号传输的频谱利用率为 $\log_2 M$ bit/（s · Hz）。

通过改变式（12-17）中非零样值的位置，或者设计两个以上的非零样值，可以得到其他物理上可实现的滤波器。然而，选择更多的非零样值将使受控 ISI 的分开更麻烦，并且不实用。通常受控 ISI 信号脉冲的一般形式为

$$x(t)=\sum_{n=-\infty}^{\infty}x\left(\frac{n}{2W}\right)\sin\left\{c\left[2\pi W\left(t-\frac{n}{2W}\right)\right]\right\} \tag{12-21}$$

其相应的频谱为

$$X(f)=\begin{cases}\dfrac{1}{2W}\sum\limits_{n=-\infty}^{\infty}x\left(\dfrac{n}{2W}\right)\mathrm{e}^{-\mathrm{j}n\pi f/W}, & |f|\leqslant\dfrac{1}{2T}\\0, & |f|>\dfrac{1}{2T}\end{cases} \tag{12-22}$$

当在集合 $\left\{x\left(\frac{n}{2W}\right)\right\}$ 中选择两个或更多非零样值来有目的地引入受控 ISI 时，该带限信号被称为部分响应信号。该类信号的频谱利用率为 $\log_2 M$ bit/（s · Hz）（M 为调制阶数）。

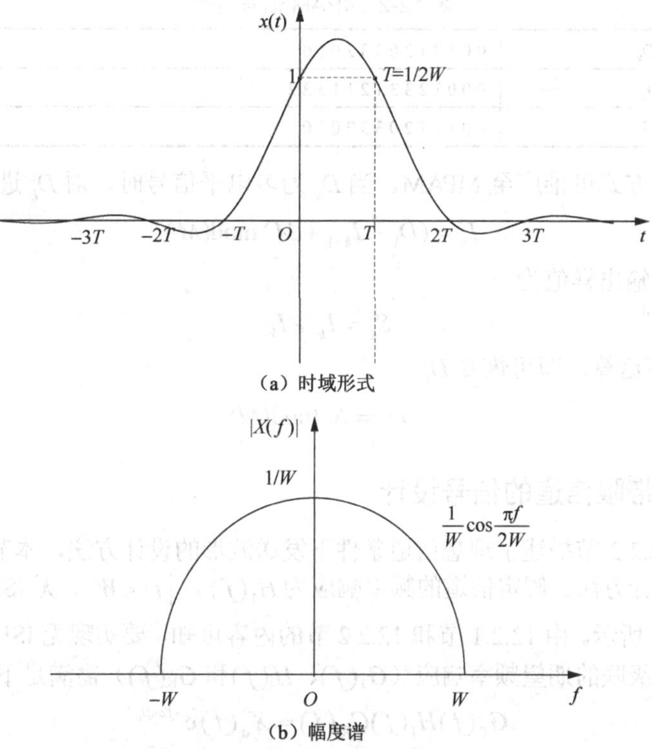

图 12-7　双二进制信号的时域形式及幅度谱

下面讨论在受控 ISI 存在的情况下接收符号的检测算法。对于二进制信号脉冲，基带波形样值满足式（12-17）的要求，因此接收滤波器的输出信号根据式（12-8）可以表示为

$$y_k = I_k + I_{k-1} + v_k = S_k + v_k \tag{12-23}$$

其中，S_k为接收滤波器的输出样值。考虑 2PAM 信号，即 $I_k = 0,1$，则 S_k 可能的值为 0、1、2。由式（12-23）可以看出，由于存在 ISI，对 I_k 的检测将受到 I_{k-1} 的影响。为了避免 I_{k-1} 的检测错误对 I_k 的影响，需要在发送端调制前对数据进行预编码处理。令 D_k 表示进入调制器的数据序列。当 D_k 为二进制比特流时，对 D_k 进行如下预编码。

$$I_k = I_{k-1} \oplus D_k \tag{12-24}$$

其中，$\oplus$ 为模二加运算符号。在不考虑噪声的情况下，接收滤波器的输出样值为

$$S_k = I_k + I_{k-1} \tag{12-25}$$

对 S_k 进行模二处理，即可恢复 D_k 。

2PAM 信号传输如表 12-1 所示。4PAM 信号传输如表 12-2 所示。

表 12-1　2PAM 信号传输

数据序列 D_k	11101001011
发送序列 I_k	010110001101
接收序列 S_k	11101001011

表 12-2 4PAM 信号传输

数据序列 D_k	0 0 1 3 1 2 0 3 3 2 0 1 0
发送序列 I_k	0 0 0 1 2 3 3 1 2 1 1 3 2 2
接收序列 S_k	0 0 1 3 1 2 0 3 3 2 0 1 0

将上述预编码方式可推广至 MPAM。当 D_k 为多电平信号时，对 D_k 进行如下预编码。

$$I_k = (D_k - I_{k-1} + M)\,\mathrm{mod}(M) \tag{12-26}$$

接收滤波器的输出样值为

$$S_k = I_k + I_{k-1} \tag{12-27}$$

对 S_k 进行如下运算，即可恢复 D_k。

$$D_k = S_k\,\mathrm{mod}(M) \tag{12-28}$$

12.2.3 有失真带限信道的信号设计

12.2.1 节和 12.2.2 节描述了理想信道条件下发送波形的设计方法，本节将介绍一般信道条件下发送波形的设计方法。假定信道的频率响应为 $H_1(f)$，$|f| < W$。无 ISI 的调制解调滤波器设计框图如图 12-8 所示。由 12.2.1 节和 12.2.2 节的内容可知，要实现无 ISI 传输，调制滤波器、信道和解调滤波器级联的期望频率响应（$G_T(f)$、$H_l(f)$和 $G_R(f)$）需满足下式的要求。

$$G_T(f)H_1(f)G_R(f) = X_d(f)\mathrm{e}^{-\mathrm{j}2\pi f t_0} \tag{12-29}$$

其中，$X_d(f)$ 为在抽样时刻产生零 ISI 或受控 ISI 的期望频率响应，比如升余弦谱。

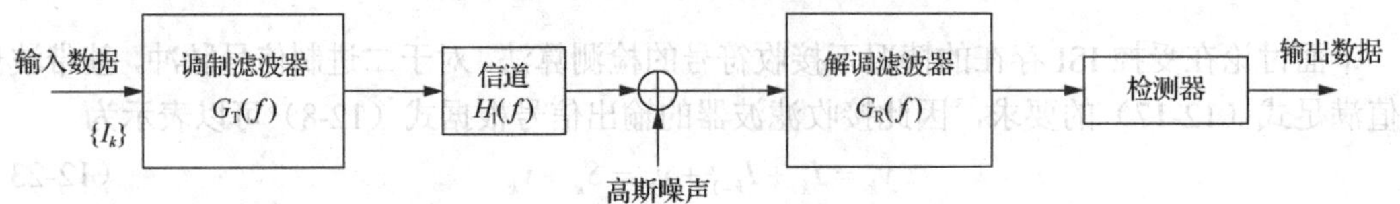

图 12-8 无 ISI 的调制解调滤波器设计框图

当图 12-8 中的系统级联特性满足式（12-29）的要求时，解调滤波器的输出信号为

$$y_k = I_k + v_k \tag{12-30}$$

其中，v_k 是均值为 0、方差为 $\sigma_v^2 = \dfrac{N_0}{2}\int_{-\infty}^{+\infty} |G_R(f)|^2 \,\mathrm{d}f$ 的高斯噪声。显然，式（12-30）中的信号不存在 ISI。因此，在检测器中，可用 11.2 节中的方法对滤波器的输出信号进行检测。若采用 2PSK 数字调制技术，则 $I_k = \pm A$。令 $\mathrm{SNR} = \dfrac{A^2}{\sigma_v^2}$ 表示信噪比，根据式（11-28），信息符号的检测错误概率为

$$P_E = Q\left(\sqrt{\mathrm{SNR}}\right) \tag{12-31}$$

从图 12-8 中可以看出，信号的发送功率和调制滤波器的冲激响应相关，噪声功率和解调滤波器的冲激响应相关。一种可使式（12-29）成立的调制解调器的设计方法为

$$|G_T(f)| = |G_R(f)| = \frac{\sqrt{X_{rc}(f)}}{|H_1(f)|^{1/2}} \tag{12-32}$$

在这种情况下，平均发送功率为

$$P_{\text{av}} = \frac{E\left(I_k^2\right)}{T}\int_{-\infty}^{\infty} g_{\text{T}}^2(t)\text{d}t = \frac{A^2}{T}\int_{-W}^{W}\left|G_{\text{T}}(f)\right|^2 \text{d}f = \frac{A^2}{T}\int_{-W}^{W}\frac{X_{\text{rc}}(f)}{\left|H_1(f)\right|}\text{d}f \tag{12-33}$$

其中，$g_{\text{T}}(t)$ 为调制滤波器的冲激响应。

噪声方差为

$$\sigma_v^2 = \frac{N_0}{2}\int_{-W}^{W}\frac{X_{\text{rc}}(f)}{\left|H_1(f)\right|}\text{d}f$$

因此，在这种调制解调器的设计方法下，检测器的输入信噪比可以进一步表示为

$$\text{SNR} = \frac{A^2}{\sigma_v^2} = \frac{2P_{\text{av}}T}{N_0}\left[\int_{-W}^{W}\frac{X_{\text{rc}}(f)}{\left|H_1(f)\right|}\text{d}f\right]^{-2} \tag{12-34}$$

由上式可以看出，当$|f|\leqslant W$，$H_1(f)=1$ 时，信道是理想的，并且$\int_{-W}^{W}X_{\text{rc}}(f)=1$，信噪比没有损失。当信道在$|f|\leqslant W$ 的频率范围内有幅度失真时，$|H_1(f)|<1$，会导致信噪比损失和检测错误概率增大。

12.3 存在 ISI 的 AWGN 信道的接收机设计

在 12.2 节中，我们从完全消除 ISI 的角度研究了调制解调滤波器的设计方法。然而，在同时存在 ISI 和加性噪声的信道中，12.2.3 节中的解调和检测方法并不是具有最佳检测性能的方法。本节中首先研究在非理想、带限且具有 AWGN 的信道中，基于最大似然的最佳相干接收机的设计方法；然后介绍次优的低复杂度均衡器（迫零均衡器）的设计方法。

12.3.1 基于最大似然的最佳相干接收机的设计方法

在式（12-5）中，在给定发送符号序列$\{I_n\}$的条件下，$r_1(t)$为高斯随机过程。因此，基于式（11-6）的最大似然译码准则等同于如下判决准则。

$$\begin{aligned}\{I_n\} &= \arg\max\left\{-\int_{-\infty}^{+\infty}\left|r_1(t)-\sum_n I_n q(t-nT)\right|^2 \text{d}t\right\} \\ &= \arg\max\left\{-\int_{-\infty}^{+\infty}\left|r_1(t)\right|^2 \text{d}t + 2\,\text{Re}\left[\sum_n I_n^*\int_{-\infty}^{+\infty} r_1(t)q^*(t-nT)\text{d}t\right] - \right. \\ &\quad \left.\sum_n\sum_m I_n^* I_m \int_{-\infty}^{+\infty} q^*(t-nT)q(t-mT)\text{d}t\right\}\end{aligned} \tag{12-35}$$

在上式中，第一项不影响判决结果，可以去掉；令第二项中的$\int_{-\infty}^{+\infty} r_1(t)q^*(t-nT)\text{d}t = y_n$，可以看出 y_n 是使$r_1(t)$通过冲激响应为$q^*(-t)$的匹配滤波器，再以$1/T$的符号速率进行抽样得到的信号；令第三项中的$\int_{-\infty}^{+\infty} q^*(t-nT)q(t-mT)\text{d}t = x_{n-m}$，它表示$q(t)$的自相关函数。基于上述定义，上述判决准则可以简化为

$$\{I_n\} = \arg\max\left\{2\,\text{Re}\left(\sum_n I_n^* y_n\right) - \sum_n\sum_m I_n^* I_m x_{n-m}\right\} \tag{12-36}$$

根据式（12-36），可以设计出图 12-9 所示的最佳相干接收机。该接收机的工作原理为：先使接收的数字基带信号通过冲激响应为$q^*(-t)$的匹配滤波器；然后以$1/T$的符号速率对匹配滤波器的输出信号进行抽样，得到$\{y_n\}$。利用维特比算法，选择令式（12-36）的结果最大的序列$\{I_n\}$作为输出序列。

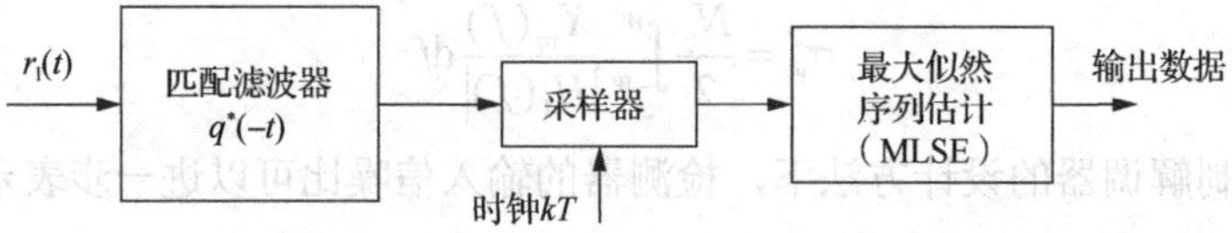

图 12-9 存在 ISI 的 AWGN 信道的最佳相干接收机设计

因为在时刻nT的样值和时刻nT及其之前的若干发送信号相关，所以需要对采样器的输出信号进行序列检测。最优序列检测方法为 MLSE 方法。该方法可通过维特比算法来实现。根据（12-5），图 12-9 中采样器的输出序列可以表示为

$$y_n = \int_{-\infty}^{+\infty} r_1(t)q^*(t-nT)\mathrm{d}t = \sum_m I_m x_{n-m} + w_n \tag{12-37}$$

其中，$x_{n-m} = \int_{-\infty}^{+\infty} q(t-mT)q^*(t-nT)\mathrm{d}t$，$w_n = \int_{-\infty}^{+\infty} z(t)q^*(t-nT)\mathrm{d}t$。由于噪声序列$\{w_n\}$在时域上具有相关性，所含噪声均为非理想白噪声，因此为了方便后面的均衡器设计，往往需要先使$\{y_n\}$通过一个噪声白化滤波器。噪声白化滤波器的输出可以表示为

$$v_n = \sum_{m=0}^{L} f_m I_{n-m} + \eta_n \tag{12-38}$$

其中，$\{f_m\}$是发送滤波器、信道、匹配滤波器、采样器和噪声白化滤波器级联的等效离散时间横向滤波器的抽头系数，η_n是白高斯噪声。

从样值$v_1, v_2, \cdots, v_{L+1}$入手，计算$M^{L+1}$（$M$表示信息符号的调制阶数）个度量$\sum_{k=1}^{L+1}\ln p\left(v_k \mid I_k, I_{k-1}, \cdots, I_{k-L}\right)$。由$I_{L+1}, I_L, \cdots, I_1$组成的$M^{L+1}$个可能的序列被分成$M^L$组，对应$I_{L+1}, I_L \cdots, I_2$的$M^L$个状态，每个状态对应$M$个$I_1$取值不同的序列。对于每个状态，可根据以下公式确定$I_1$。

$$\mathrm{CM}_1(\boldsymbol{I}_{L+1}) = \mathrm{CM}_1(I_{L+1}, I_L, \cdots, I_2) = \max_{I_1} \sum_{k=1}^{L+1} \ln p\left(v_k \mid I_k, I_{k-1}, \cdots, I_{k-L}\right)$$

当接收到v_{L+2}时，度量变为$\sum_{k=1}^{L+2}\ln p\left(v_k \mid I_k, I_{k-1}, \cdots, I_{k-L}\right)$。由于该度量中的新增概率$p\left(v_{L+2} \mid I_{L+2}, I_{L+1}, \cdots, I_2\right)$和$I_1$无关，因此在$\mathrm{CM}_1(\boldsymbol{I}_{L+1})$已知的基础上，可根据以下公式确定$I_2$。

$$\mathrm{CM}_2(\boldsymbol{I}_{L+2}) = \mathrm{CM}_2(I_{L+2}, I_L, \cdots, I_3) = \max_{I_2}\left[\ln p\left(v_{L+2} \mid I_{L+2}, I_{L+1}, \cdots, I_2\right) + \mathrm{CM}_1(\boldsymbol{I}_{L+1})\right]$$

以此类推，可根据以下公式确定I_n。

$$\begin{aligned}\mathrm{CM}_n(\boldsymbol{I}_{L+n}) &= \max_{I_n}\left[\ln p\left(v_{n+L} \mid I_{n+L}, I_{n+L-1}, \cdots, I_n\right) + \mathrm{CM}_{n-1}(\boldsymbol{I}_{L+n-1})\right] \\ &= \max_{I_n}\left[-\left(v_{n+L} - \sum_{m=0}^{L} f_m I_{n+L-m}\right)^2 + \mathrm{CM}_{n-1}(\boldsymbol{I}_{L+n-1})\right]\end{aligned} \tag{12-39}$$

下面通过一个例子来说明维特比算法的原理。

例 12-1　假设系统采用 2PSK 数字调制技术。接收信号在经过匹配滤波器和采样器后的输出形式为

$$v_n = I_n + I_{n-1} + z_n$$

则根据式（12-39），$\mathrm{CM}_1\left(\{I_1,I_2\}\right)=\min\limits_{I_1}\left[\left(v_1-I_1\right)^2+\left(v_2-\sum\limits_{m=0}^{1}I_{2-m}\right)^2\right]$。在图 12-10 所示的维特比解调图中，$\{I_1,I_2\}$ 一共对应 4 条路径。先搜索 $I_2=1$ 对应的幸存路径，即 $\mathrm{CM}_1\left(\{I_1,I_2=1\}\right)=\min\limits_{I_1}\left\{\left(v_1-I_1\right)^2+\left[v_2-\left(I_1+1\right)\right]^2\right\}$；再搜索 $I_2=-1$ 对应的幸存路径，即 $\mathrm{CM}_2\left(\{I_1,I_2=-1\}\right)=\min\limits_{I_1}\left\{\left(v_1-I_1\right)^2+\left[v_2-(I_1-1)\right]^2\right\}$。保留这两条幸存路径，去除其余两条路径。图 12-10 中的两条幸存路径分别是 $\{I_1=1,I_2=1\}$ 和 $\{I_1=-1,I_2=-1\}$。后续符号的解码将以幸存节点为起点。利用 $\mathrm{CM}_2\left(\{I_2,I_3\}\right)=\min\limits_{I_2}\left[\mathrm{CM}_1\left(\{I_1,I_2\}\right)+\left(v_3-\sum\limits_{m=0}^{1}I_{3-m}\right)^2\right]$，搜索 $I_3=\pm1$ 对应的幸存路径，即 $\mathrm{CM}_2\left(\{I_2,I_3=1\}\right)=\min\limits_{I_2}\left\{\mathrm{CM}_1\left(\{I_1,I_2\}\right)+\left[v_3-\left(1+I_2\right)\right]^2\right\}$（先分别计算 $I_2=\pm1$ 时 $\mathrm{CM}_2\left(\{I_2,I_3=1\}\right)$ 的值，然后取最小值），$\mathrm{CM}_2\left(\{I_2,I_3=-1\}\right)=\min\limits_{I_2}\left\{\mathrm{CM}_1\left(\{I_1,I_2\}\right)+\left[v_3-\left(I_2-1\right)\right]^2\right\}$（先分别计算 $I_2=\pm1$ 时 $\mathrm{CM}_2\left(\{I_2,I_3=-1\}\right)$ 的值，然后取最小值）。保留幸存路径，去除其余路径。图 12-10 中的两条幸存路径分别是 $\{I_1=1,I_2=1,I_3=1\}$ 和 $\{I_1=-1,I_2=-1,I_3=-1\}$。以此类推，对后续符号进行解码。

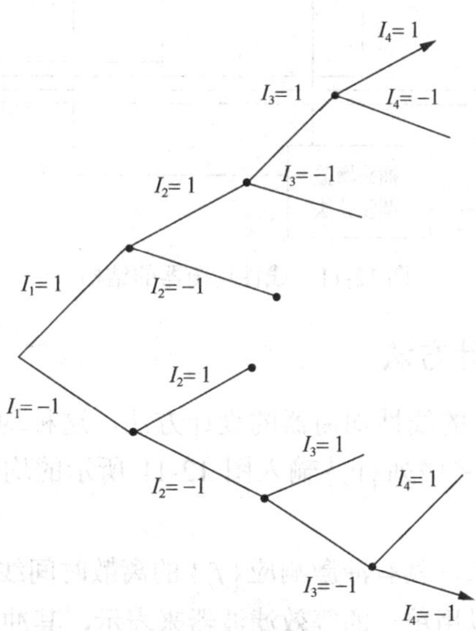

图 12-10　维特比解码图

在例 12-1 中，$L=1$，所以在时刻 nT，仅根据 I_{n+1} 的取值来区分幸存路径，每次保留两条幸存路径；如果 $L=2$，则在时刻 nT，应根据 $\{I_{n+1},I_{n+2}\}$ 的组合取值来区分幸存路径，幸存路径的条数将增大为 4。

由例 12-1 可以看出，有 ISI 信道的 MLSE 的计算复杂性随着 ISI 的长度的增大而呈指数

提高。如果符号数是 M，造成 ISI 的干扰符号数是 L，那么维特比算法对每个新的接收符号要计算 M^L 个度量。这样高的计算复杂性导致大多数实际信道实现起来过于昂贵。因此，接下来将介绍次优信道均衡方法，以补偿 ISI。

最常用于均衡的线性滤波器是图 12-11 所示的线性均衡器。在图 12-11 中，z^{-1} 表示滤波器的抽头时延，C_{-2}、C_{-1}、C_0、C_{+1}、C_{+2} 表示滤波器的抽头系数。在实施线性均衡的接收机中，图 12-9 中的 MLSE 模块将被图 12-11 所示的线性均衡器替代。

将噪声序列 $\{v_n\}$ 作为线性均衡器的输入信号，线性均衡器的输出是信息序列 $\{I_n\}$ 的估计值。假设线性均衡器有(2K+1)个抽头，第 n 个符号的估计值可以表示为

$$\hat{I}_n = \sum_{j=-K}^{K} c_j v_{n-j} \tag{12-40}$$

式中，$\{c_j\}$ 是该均衡器的(2K+1)个复抽头系数。均衡器的输出信号 $\hat{I}_n$ 为连续信号，为获得符号判决信息，通常将估计值 $\hat{I}_n$ 判决为在星座图上与其距离最接近的信息符号，以形成判决信号 $\tilde{I}_n$。具体来讲，可以计算 $\hat{I}_n$ 和星座图上各点之间的距离，和哪个星座点的距离最小，就将其判决为哪个符号。如果 $\tilde{I}_n$ 与发送信息符号不同，则会发生判决错误。设计线性均衡器的关键是设计滤波器的抽头系数。设计准则不同，滤波器的抽头系数也不同。

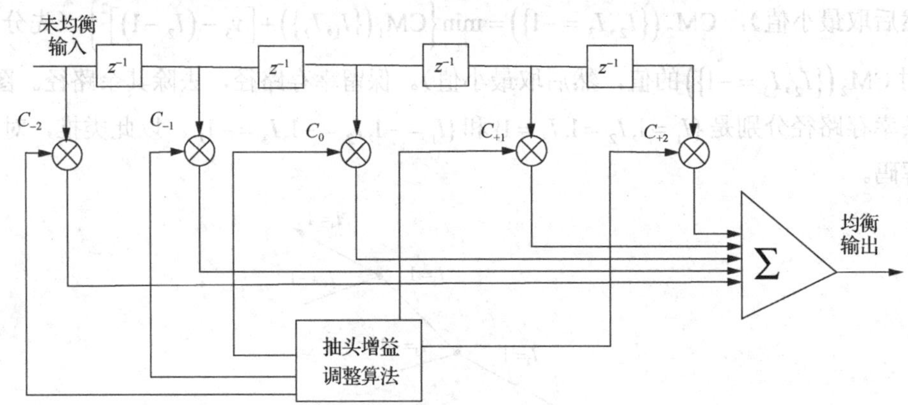

图 12-11 线性均衡器的结构

12.3.2 迫零均衡器的设计方法

首先考虑能完全消除 ISI 的线性均衡器的设计方法，这种均衡器也被称为迫零均衡器。为了从 $\{v_n\}$ 中恢复出 $\{I_n\}$，将序列 $\{v_n\}$ 输入图 12-11 所示的均衡器，均衡器的输出表达式为式（12-37）。

假定均衡器有无限个抽头。具有冲激响应 $\{f_n\}$ 的离散时间线性滤波器模型与具有冲激响应 $\{c_n\}$ 的均衡器级联结构可以用单一的等效滤波器来表示，其冲激响应为

$$h_n = \sum_{j=-\infty}^{\infty} c_j f_{n-j} \tag{12-41}$$

其中，$\{h_n\}$ 是 $\{c_n\}$ 与 $\{f_n\}$ 卷积之后的结果。在第 k 个抽样时刻，其输出可以表示成如下形式。

$$\hat{I}_k = h_0 I_k + \sum_{n \neq k} I_n h_{k-n} + \sum_{j=-\infty}^{\infty} c_j \eta_{k-j} \tag{12-42}$$

为了方便，将 h_0 归一化成 1。式（12-40）中的第二项是 ISI，当采用有无限个抽头的均衡器时，有可能选择令 $h_{k-n}=0$（$\forall k\neq n$）的抽头权值。也就是说，ISI 可以被完全消除。实现这个目标的抽头系数由下列条件决定。

$$h_n=\sum_{j=-\infty}^{\infty}c_j f_{n-j}=\begin{cases}1, & n=0\\ 0, & n\neq 0\end{cases} \tag{12-43}$$

对式（12-43）进行 z 变换，得到

$$H(z)=C(z)F(z)=1 \tag{12-44}$$

或

$$C(z)=\frac{1}{F(z)} \tag{12-45}$$

式中，$H(z)$ 为 $\{h_n\}$ 的 z 变换，$C(z)$ 表示 $\{c_j\}$ 的 z 变换，$F(z)$ 为 $\{f_j\}$ 的 z 变换。注意，具有传递函数 $C(z)$ 的均衡器就是线性滤波器模型 $F(z)$ 的逆滤波器。这种传递函数为 $\dfrac{1}{F(z)}$ 的滤波器便是前面所说的迫零均衡器。图 12-12 所示的方框图说明了由发送滤波器、信道、匹配滤波器、采样器和噪声白化滤波器级联的等效离散时间横向滤波器和迫零均衡器的关系。

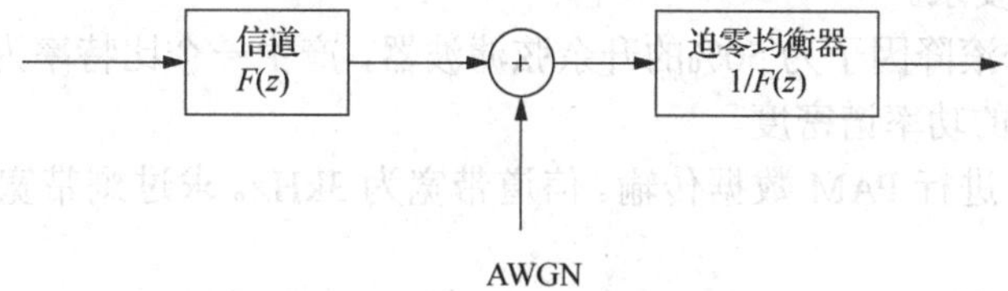

图 12-12　带有迫零均衡器的信道方框图

12.3.3 MSE 均衡器的设计

图 12-11 所示的线性均衡器的抽头系数也可以按照最小 MSE 的准则来设计。在 MSE 准则中，设计均衡器的(2K+1)个复抽头系数 $\{c_j\}$，以使 $\varepsilon_n=I_n-\hat{I}_n$ 的均方值最小。其中，I_n 是第 n 个发送信号；$\hat{I}_n$ 是均衡器的输出信号，由式（12-40）定义。具有$(2K+1)$个抽头的均衡器的 MSE 为

$$J=E\left\{\left|\varepsilon_n\right|^2\right\}=E\left\{\left|I_n-\sum_{j=-K}^{K}c_j v_{n-j}\right|^2\right\}=E\left\{\left|I_n-\boldsymbol{c}^{\mathrm{H}}\boldsymbol{v}_n\right|^2\right\} \tag{12-46}$$

其中，$\boldsymbol{c}=\begin{bmatrix}c_{-K} & c_{-K+1} & \cdots & c_K\end{bmatrix}$，为抽头系数向量；$\boldsymbol{v}_n=\begin{bmatrix}v_{n+K} & v_{n+K-1} & \cdots & v_{n-K}\end{bmatrix}$。显然，$J$ 是 $\boldsymbol{c}$ 的二次函数。为最小化 J，令 J 对 $\boldsymbol{c}$ 求导，并令导数等于 0，即令 $\dfrac{\partial J}{\partial \boldsymbol{c}}=0$，可得

$$\boldsymbol{Rc}=\boldsymbol{d} \tag{12-47}$$

其中，$\boldsymbol{R}=E\left\{\boldsymbol{v}_n\boldsymbol{v}_n^{\mathrm{H}}\right\}$，$\boldsymbol{d}=E\left\{\boldsymbol{v}_n I_n^*\right\}$。因此，有

$$\boldsymbol{c}=\boldsymbol{R}^{-1}\boldsymbol{d} \tag{12-48}$$

习题

1. 假设一数字通信系统采用高斯脉冲

$$x(t)=\exp\left(-\pi a^2 t^2\right)$$

为减小 ISI，要求$x(T)=0.01$，其中 T 为符号周期。将脉冲 $x(t)$ 的带宽定义为令 $X(W)/X(0)=0.01$的 W 值，$X(W)$为$x(t)$的傅里叶变换。求$x(t)$的带宽，并将其与具有相同符号周期的、滚降因子为 100%的升余弦谱的带宽做比较。

2. 在 4kHz 的带通信道上传输采用 2PAM、传输速率为 9600kbit/s 的数据。采用的信号脉冲是滚降因子为 50%的升余弦谱。如果信道中的加性零均值高斯噪声的谱密度为$N_0/2=10^{-10}\,\mathrm{W/Hz}$，那么请计算达到误比特率为$10^{-5}$时的信号平均功率。

3. 一个带通信道的带宽为 4kHz。假设发送脉冲的谱是滚降因子为 50%的升余弦谱，试求在下面几种调制方式下，信道传输的比特率：①2PAM；②4PSK；③16QAM。

4. 有一电话信道，可以通过 300～3300Hz 频带的所有频率。要求设计一个调制解调器，其符号传输速率为 2400 符号/s，比特传输速率是 9600bit/s。试选择一个合适的 QAM 信号星座图，合适的载频，以及具有升余弦谱的滚降因子（升余弦谱要利用整个频带），以满足在上述频带内的传输速率要求。

5. 通过激励一个滚降因子为 50%的升余弦滤波器，产生一个比特率为 2400bit/s 的 2PAM 信号，计算已调信号的功率谱密度。

6. 在电话信道上进行 PAM 数据传输。信道带宽为 3kHz。求过剩带宽为信道带宽的 25%时的符号速率。

7. 4PAM 用于传输速率为 9600bit/s 的信号传输，信道的频率响应为

$$C(f)=\frac{1}{1+\mathrm{j}\left(f/2400\right)}$$

式中，$|f|\leqslant 2400\,\mathrm{Hz}$。当$f$为其他值时，$C(f)=0$。加性噪声是功率谱密度为$N_0/2$的零均值高斯白噪声。试求最佳发送滤波器和接收滤波器的频率响应特性。

8. 题图 12-1 所示为一脉冲及其升余弦谱的特性。该脉冲用于在带限信道上以$1/T$的符号速率传输信息。

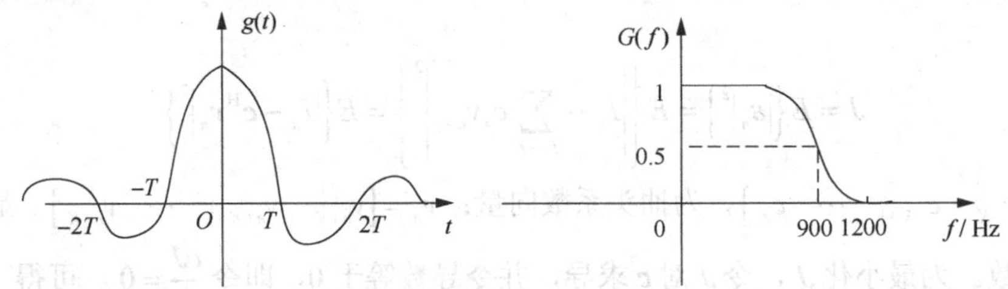

题图 12-1

（1）求滚降因子。

（2）求脉冲速率。

第 13 章　复用与多址技术

复用技术［频分复用（FDM）与时分复用（TDM）］和多址技术［频分多址（FDMA）、时分多址（TDMA）与码分多址（CDMA）］都是现代通信技术中重要且基本的概念。它们的基本原理相近，但应用场景不同，复用技术主要用于有线网或无线网中多路信号的集中传输，而多址技术主要用于无线通信的多用户系统中。本章将介绍一些常用的复用技术和多址技术。由于扩频技术是实现 CDMA 的主要技术手段，本章还将对扩频技术的基本原理和 m 序列进行介绍。

13.1　复用技术

复用是指把多路信号复合在一起进行传输的技术。在发送端将信号综合在一起的过程叫作复接，在接收端把信号分开的过程叫作分接。信号的复用不是把信号简单地混合在一起，而是要求各路信号在被复合之后仍保持各自的独立性，以便接收端有效地将其分开。在通信网中，常用的复用技术包括 FDM 和 TDM。

13.1.1　FDM

FDM 指各信号同时使用相同的信道，只是占用不同的频段。实现 FDM 的方法是通过多载波调制技术，将信号的频谱搬移到不同的频段内。分接是一个相反的过程，通过解调过程中频谱的反向搬移和滤波，将发送信号提取出来。FDM 的优点是信道利用率高，主要用于卫星通信、微波通信和有线广播电视系统中。FDM 的缺点是各路信号间会产生串扰。产生串扰的原因之一是已调信号的高频分量泄漏到通带以外，从而产生对邻近频带的干扰；原因之二是器件的非线性特性产生的新频率分量对邻道的干扰。解决串扰的方法主要包括改善系统的非线性特性和在复接过程中保持一定的缓冲带。图 13-1 所示为一个采用 FDM 的两级复接、分接原理图。下面介绍一个 FDM 的应用实例。

例 13-1　有线载波传输系统组群方案。

在语音多载波传输系统中，一路语音信号的带宽为 300～3400Hz。考虑到相邻信号间的保护间隔，ITU-T 规定，先取 4kHz 作为一路语音信号的标准带宽，然后进行多级调制，组成大容量复用系统。表 13-1 所示为多载波传输系统的组群方案。组群方案图如图 13-2 所示，12 个话路构成一个带宽为 48kHz 的集群模块，5 个集群复接成一个超群，5 个超群复接成一个主群。上述频谱的安排和分群可以适应不同传输带宽的信道。

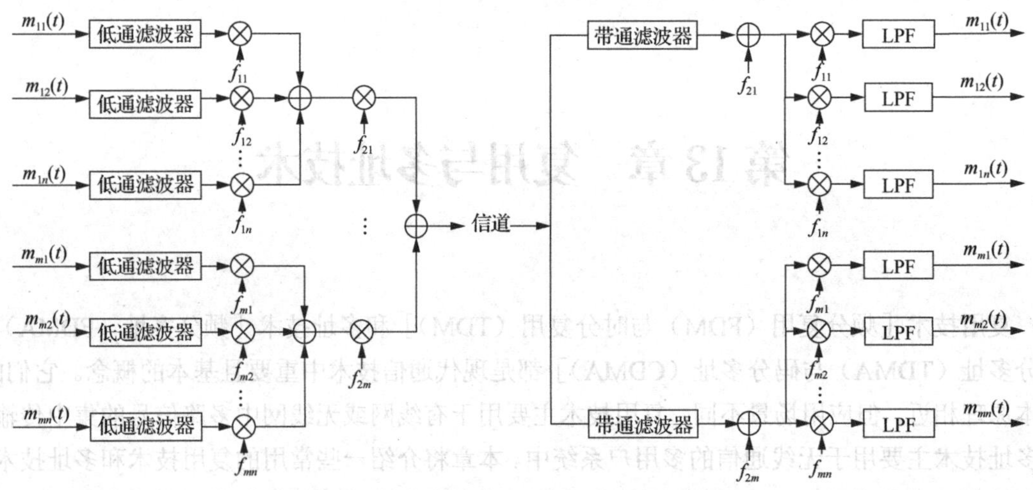

图 13-1 一个采用 FDM 的两级复接、分接原理图

表 13-1 多载波传输系统的组群方案

分群等级	容量（路数）	带宽	工作频带/kHz
基群	12	48kHz	60～108
超群	60=5×12	240kHz	312～552
主群	300=5×60	1200kHz	812～2044
超主群	900=3×300	3600kHz	8516～12388
12MHz	2700=3×900	10.8MHz	
60MHz	10800=12×900	43.2MHz	

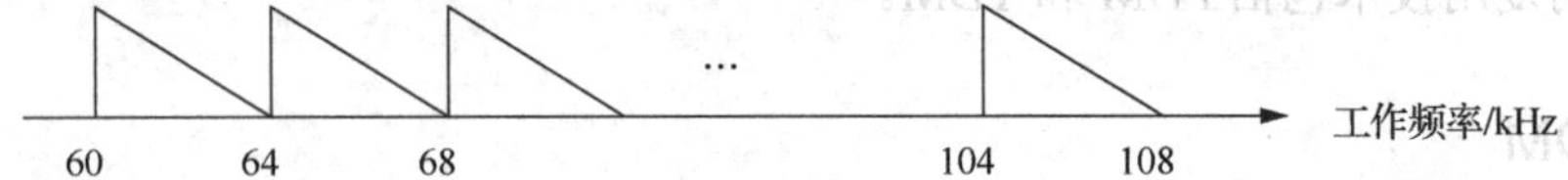

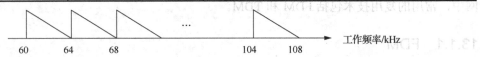

（a）基群频谱

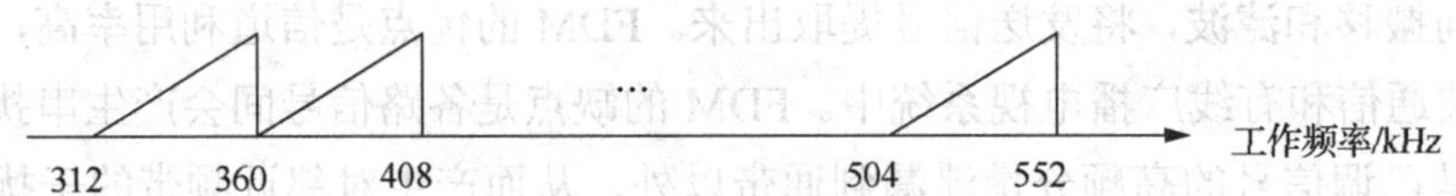

（b）5个基群复接成一个超群

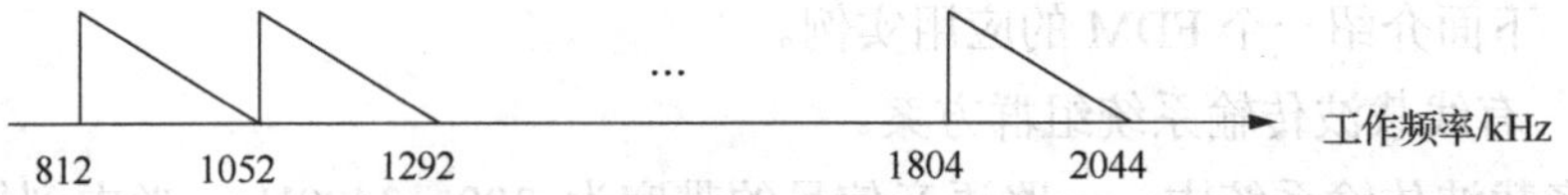

（c）5个超群复接成一个主群

图 13-2 组群方案图

13.1.2　OFDM

1）OFDM 的发展与基本原理

正交频分复用（OFDM）是一种基于多载波的 FDM 传输方式，也可以把它看作是一种调制技术。OFDM 诞生于 20 世纪 50 年代，并在 60 年代用于并行的数据传输系统中。但是，OFDM 系统的结构复杂，从而限制了它的应用。直到 70 年代，人们采用离散傅里叶变换来实现多个载波的调制，使得 OFDM 技术趋于实用化。80 年代以来，人们开始研究如何将 OFDM 技术用于高速调整、数字广播等领域。1995 年，欧洲电信标准组织（ETSI）首先在其提出的数字音频广播（DAB）方案中采用了 OFDM 技术，从而开始在现代通信技术领域，特别是在无线通信中广泛使用 OFDM 技术。目前，OFDM 技术应用领域包括 DAB、数字视频广播（DVB）、高清晰度电视（HDTV）、无线局域网（WLAN）和下一代移动通信系统等。OFDM 具有更高的频谱利用率和良好的抗多径干扰能力，不仅可以增大系统容量，还可以更好地满足多媒体通信要求，特别是在无线通信领域的通信要求。

在通信中，实际的传输信道并非总是恒参、线性的系统，与理想信道相比，它要复杂得多，特别是无线衰落信道。当无线信道的多径时延大于符号周期时，会发生频率选择性衰落，出现 ISI。虽然接收机可以采用信道均衡的办法来减小或消除 ISI，但是当多径时延较大且传输数据率较高时，时域均衡的复杂度很高。OFDM 先利用多载波调制技术，将符号周期为 T 的信息符号调制到 N 个正交子载波上，再利用子载波间的正交性消除 OFDM 符号内的干扰，最后通过增加循环前缀（CP）消除 OFDM 符号间的干扰。

传统的 FDM 将可用频段划分成若干独立的频道，它们之间不重叠。为了减少邻道干扰，相邻信道频谱间要保留一定的间隔带。OFDM 技术在频域内将给定信道分成许多正交子信道，在每个子信道上使用一个子载波进行调制，并且各子载波均被复用在一个频段中进行传输。在 OFDM 系统中，各子信道的载波信号满足相互正交的条件，因此已调信号的频谱可以相互重叠，如图 13-3 所示。根据多载波调制的基本原理，若把输入基带数字信号序列分成并行的 N 路，并分别调制到 N 个载频上，则已调信号的等效基带形式可表示为

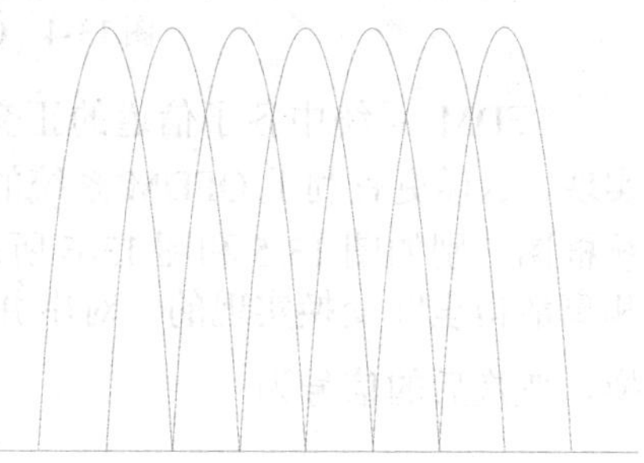

图 13-3　OFDM 信号频谱图

$$x(t)=\sum_{n=0}^{N-1}X(n)\exp(\mathrm{j}2\pi f_n t),\ 0\leqslant t\leqslant T \tag{13-1}$$

式中，$X(n)$ 为第 n 路数字基带信号；$f_n=\dfrac{n}{T}$，为子载波频率；T 为符号周期。可以看出，当载波间隔为 $\dfrac{1}{T}$ 的整数倍时，各子载波在时域上是相互正交的，即满足条件

$$\frac{1}{T}\int_0^T\exp\left(\mathrm{j}2\pi\frac{m}{T}t\right)\exp\left(-\mathrm{j}2\pi\frac{n}{T}t\right)\mathrm{d}t=\begin{cases}1, & m=n\\0, & m\neq n\end{cases} \tag{13-2}$$

从图 13-3 中可以看出，当载波间隔为 $\dfrac{1}{T}$ 时，OFDM 信号的带宽为 $B=\dfrac{N+1}{T}$。在解调过程中，如果对某一子载波进行相干解调，就可以只取出该子信道内的符号值，而不受其他子

信道的干扰。依据上述分析过程画出的 OFDM 系统发送端和接收端的模型图如图 13-4 所示。若对其中第 n 个子载波进行解调，则由关系式

$$X(n)=\frac{1}{T}\int_0^T \exp\left(-\mathrm{j}2\pi\frac{n}{T}t\right)x(t)\mathrm{d}t \tag{13-3}$$

可知，在不考虑噪声的情况下，可以从 $x(t)$ 中解调出第 n 个子载波上的数字基带信号。

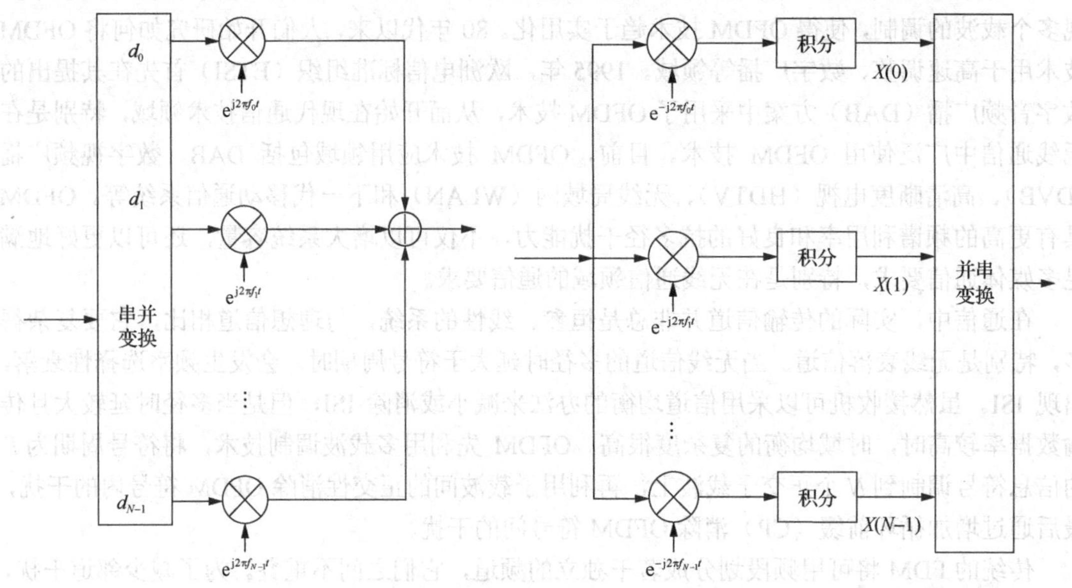

图 13-4　OFDM 系统发送端和接收端的模型图

OFDM 系统中各子信道的正交调制解调可以采用快速傅里叶逆变换和快速傅里叶变换实现，这样更有利于 OFDM 系统的应用推广。基于快速傅里叶变换的 OFDM 发送和接收系统框图分别如图 13-5 和图 13-6 所示。系统中的子载波正交调制解调是由离散傅里叶逆变换和离散傅里叶变换实现的。对串并变换后的 N 路数字基带信号 $\{X(n)\}$ 进行离散傅里叶逆变换，变换后的信号为

$$x_k = x(kT/N)=\frac{1}{\sqrt{N}}\sum_{n=0}^{N-1}X(n)\exp\left(\mathrm{j}2\pi\frac{nk}{N}\right),\quad k=0,1,\cdots,N-1 \tag{13-4}$$

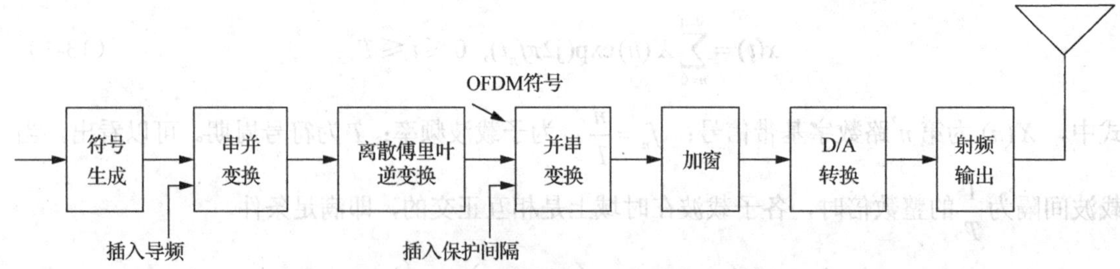

图 13-5　基于快速傅里叶变换的 OFDM 发送系统框图

经过离散傅里叶逆变换的信号可以被看作对式（13-1）中的连续多载波信号 $x(t)$ 以 T/N 间隔抽样后的样值，子载波频率 $f_n = n/T$，$n=0,1,\cdots,N-1$。在信号样值 $\{x_k\}$ 经 D/A 转换后，可以得到 OFDM 信号的连续时间波形 $x(t)$。

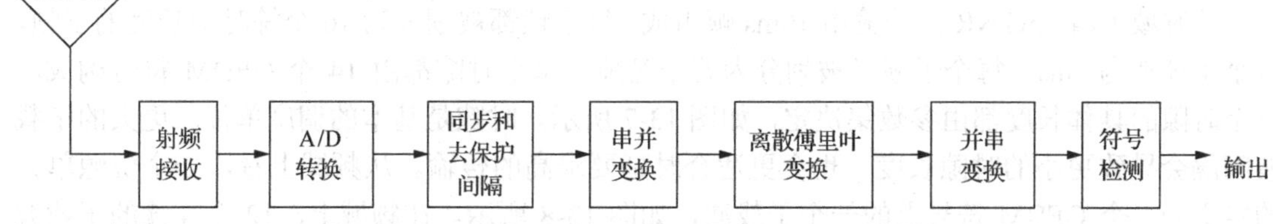

图 13-6　基于快速傅里叶变换的 OFDM 接收系统框图

在上述发送过程中，输入的数据流先经过编码、调制映射处理，生成 N 个符号 $\{X(n)\}_{n=0}^{N-1}$ 再通过串并变换，将 $\{X(n)\}_{n=0}^{N-1}$ 分配至各个子信道；最后通过离散傅里叶逆变换实现 OFDM 调制，生成 N 个时间离散信号 $\{x_k\}_{k=0}^{N-1}$。为了消除 OFDM ISI，将 $\{x_k\}_{k=0}^{N-1}$ 的后 d 个符号作为 CP，添加到 OFMD 符号前，CP 的长度一般要大于信道的最大时延扩展。为了避免基带调制后的信号因带外辐射而造成对邻道的干扰，还要对发送信号进行脉冲成形滤波，使 OFDM 信号的功率谱密度满足一定的滚降要求。在接收端，可以先通过去掉 CP，消除 OFDM ISI；然后对去除 CP 后的信号进行离散傅里叶变换，恢复各个子载波上的信号。除了可消除 ISI，OFDM 系统还可根据各个子信道的情况灵活地进行信道管理，分配发送功率和信息比特，以及在保证一定系统性能的前提下，最大化信道容量。

峰值平均功率比（PAPR）是 OFDM 系统面临的一个重要问题。PAPR 指 $\max_k\left\{|x_k|^2, k=0,1,\cdots,N-1\right\}$（N 个 $|x_k|^2$ 中的最大值）和平均功率的比值，会降低功率放大器的工作效率。要降低 OFDM 中的 PAPR，可利用信号预畸变技术，对大功率信号进行限幅、峰值加窗或峰值消除等非线性处理；可采用适当的编码方案，避免生成大峰值功率信号的编码图样；可利用不同的加扰序列对 OFDM 符号进行加扰处理，以生成 PAPR 较小的序列。

2）5G 中的 OFDM

OFDM 不但具有良好的时间色散鲁棒性，而且可以为各种物理信道和信号灵活地定义时频资源，所以 5G 接入标准（5G NR）采用 OFDM 作为上下行传输的基本机制。OFDM 设计的一个主要问题是如何选择合适的参数集，特别是如何选择子载波间隔和 CP 长度。选择较大的子载波间隔可以减小频偏和相位噪声对接收性能的影响，但子载波间隔越大，一定长度的 CP 引入的相对开销也会越大。因此，在选择子载波间隔时，需要综合考虑 CP 的开销、频偏和相位噪声产生的影响。5G NR 在不同的频段上采用了不同的配置方式。对于几吉赫内的低频载波，NR 将子载波间隔设置为 15kHz 或 30kHz。对于高频毫米波载波，相位噪声的影响会更加明显，因此需要更大的子载波间隔，可配置的子载波间隔有 60kHz、120kHz 和 240kHz。由于高频信号的传播特性，小区半径一般比较小，时延扩展也会比较小，因此在高频应用场景下，需要配置大的子载波间隔和短 CP。5G NR 支持的参数集配置列表如表 13-2 所示。

表 13-2　5G NR 支持的参数集配置列表

子载波间隔/kHz	有用符号的长度/μs	CP 的长度/μs
15	66.7	4.7
30	33.3	2.3
60	16.7	1.2
120	8.33	0.59
240	4.17	0.29

从时域上看，5G NR 的传输由 10ms 帧组成。每个帧都被划分为 10 个等时间长度的子帧，每个子帧都为 1ms。每个子帧又被划分为若干时隙，每个时隙都由 14 个 OFDM 符号构成。每个时隙的具体长度都由参数集决定，如图 13-7 所示。时隙是基本的调度单位。更大的子载波间隔会导致更小的时隙长度，也会更适合时延要求高的传输。从频域上看，一个资源单元的定义为一个 OFDM 符号上的一个子载波，如图 13-8 所示。在频域上，12 个连续的子载波被称为一个资源块。资源块为频域上的基本调度单元。5G NR 在一个载波上可以支持多种参数集。因此，定义了多个资源网格，每个资源网格都对应一个参数集。虽然一个资源块固定包括 12 个子载波，但由于子载波间隔不同，不同的参数集在频域上占用的实际带宽也不同。5G NR 固定不同参数集下的资源块的起始位置要保持对齐。因此，在完全相同的频率范围内，系统可以配置两个子载波间隔为 Δf 的资源块，也可以配置一个子载波间隔为 $2\Delta f$ 的资源块。

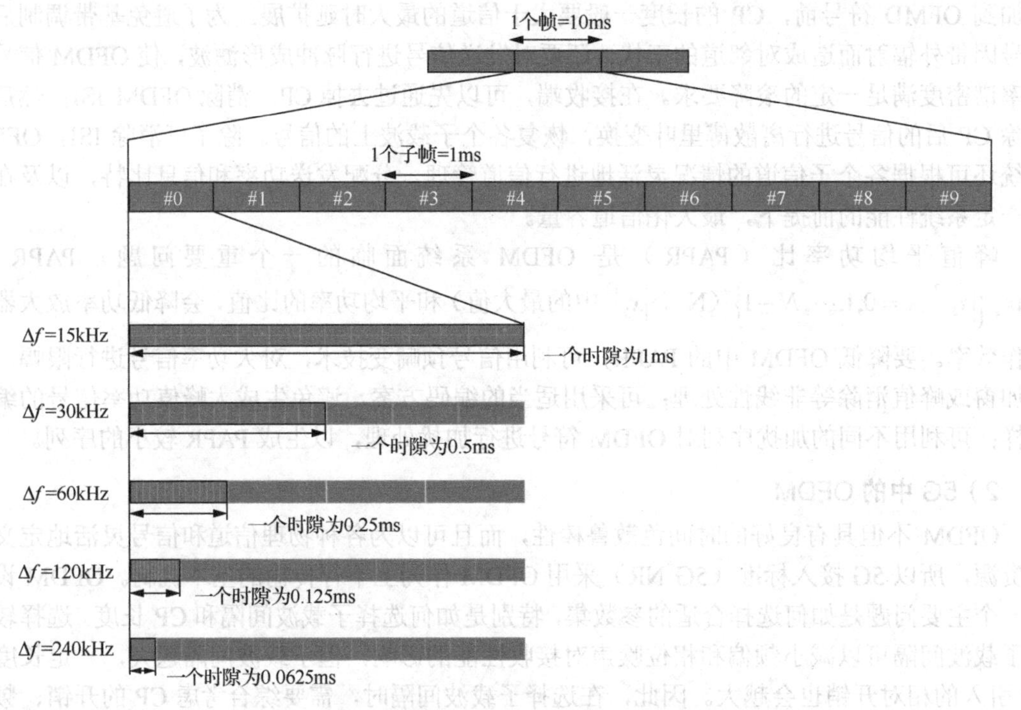

图 13-7　5G NR 中关于帧、子帧和时隙的定义

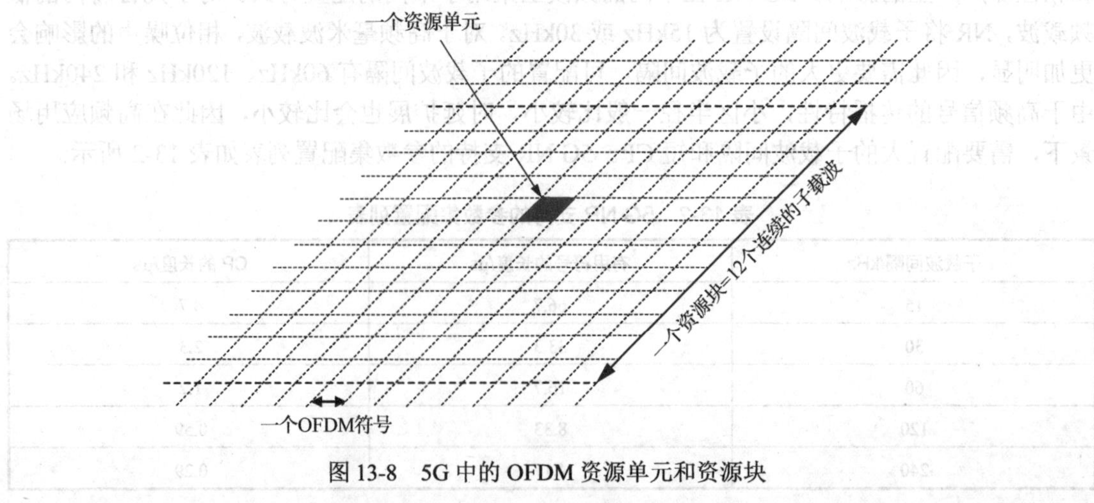

图 13-8　5G 中的 OFDM 资源单元和资源块

13.1.3 TDM

TDM 是指多路信号共用同一信道，占用相同的信道带宽，只是在不同的时隙传输。在多路数字电话通信系统中，电话信号的 TDM 首先是将其采样周期分成若干时隙并分配给各路信号的 PCM 样值，一个复用信号周期被称为一帧。帧再复接成复帧和群。PCM 数字电话系统中是按码字复接的，即为每个时隙安排一个 8bit 的 PCM 编码码组。数字信号也可以按位复接，即每个周期在每路信号中插入一个码元。增量调制电话系统中便是按位复接的。TDM 是数字通信中的基本复用技术。通过 TDM，可以将低速的数字信号汇集成高速的数字流并送到干线上传输。在 TDM 系统中，由于各路信号是严格按照时间位置插入和取出的，因此它对复接过程中的时钟频率同步及收发双方的时钟频率同步要求严格，需要可靠的同步技术保证。

数字复用设备的同步是网同步技术中的一部分，也是数字信号 TDM 的基本保证，根据同步时钟形成方式的不同，分为同步复接和异步复接。同步复接是指接入的各路信号采用同一时钟频率。在同步复接中，各路信号的时钟频率均由统一的时钟源提供，这样可保证各支路信号速率的一致，但可能会有相位差异，经过调整，就容易合路在一起。同步复接需要提供专用的时钟信号传输通道。异步复接是指各路信号具有相同的标称时钟频率，而实际上总会存在一定的容差，这时要进行码速调整，调整到一个统一的时钟频率才能进行复接。

准同步数字系列（PDH）是一种基于数字语音 PCM 信号的时分多路组群方案。它有欧洲（中国）、美国和日本三种速率等级标准。以欧洲（中国）标准为例，一次群由 32 个信道、30 个话路复接而成，比特率为 2.048Mbit/s。4 个一次群复接成比特率为 8.448Mbit/s 的二次群。由于中间插入了一些用于控制的额外比特开销，实际比特率略大于 8.448Mbit/s。4 个二次群复接成一个三次群，经多次组群后，五次群的比特率达到 565Mbit/s，共包含 7680 个数字电话信道。PDH 是一项基于数字电话 PCM 系统的多路复用方案，广泛应用于光纤、电缆、微波及卫星通信的干线传输上。PDH 之所以被称为准同步复用，是因为各国的 PDH 只有基群（比特率为 2.048Mbit/s 和 1.544Mbit/s）采用同步时钟复用方案，而高次群均采用准同步时钟复用方案。

13.2 扩频技术

扩频信号的第一个显著特征是，其带宽远大于信息速率，即 $W \gg \frac{1}{T}$，其中，W 为信号带宽，T 为符号周期。扩频信号这种特有的大冗余度，可用来克服在一些无线和卫星信道传输中所遇到的严重干扰。扩频信号的第二个显著特征是伪随机性，它使信号看上去很像随机噪声，而且使指定接收机以外的其他接收机很难解调。具体来说，扩频信号有如下用途。

（1）对抗或抑制干扰。

（2）以低功率发送信号来隐蔽信号，使监听者难以在背景噪声中检测出信号。

（3）在有其他收听者时，实现保密传输。

在存在干扰机的对抗通信环境中，如果采用常规的编码调制方式，干扰机很容易模拟出发送机所发送的信号，从而干扰接收机。为了避免这种情况，发送机可以在发送波形中引入伪随机码元，伪随机码元对于特定接收机是已知的，对于干扰机则是不可知的，从而实现保密通信。

在多址通信中，许多用户共享一个公共的信道带宽。为了避免干扰，可以为不同的用户分配不同的伪随机序列。对于特定的接收机，由于已知分配给它的伪随机图样（相当于密钥），因而能恢复发送给它的信息。这种以不同的伪随机码实现多用户通信的方式被称为 CDMA，将在 13.3 节中对其进行介绍。

13.2.1 扩频技术的基本原理

扩频数字通信系统模型如图 13-9 所示。伪随机信号和数据信号如图 13-10 所示。

图 13-9 表示了扩频数字通信系统的组成原理。系统的发送端和接收端各有一个伪随机图样发生器。该发生器产生的伪随机二进制序列在调制器中被加到发送信号上，在解调器中被从接收信号中去掉。当发送端采用 PSK 调制方式时，调制器中产生的伪随机序列和 PSK 调制符号结合在一起，使 PSK 信号的相位伪随机地偏移，这种调制信号被称为直接序列扩频信号。在图 13-10 所示的信号中，数据信号是周期为 T_b 的 2PSK 信号，伪随机信号是码片间隔为 T_c 的矩形脉冲序列。在实际系统中，$L = T_b / T_c$ 是一个整数，表示每个信息比特的码片数，也表示带宽扩展因子。使数据信号和伪随机序列相乘可以得到直接序列扩频信号。扩频后信号的带宽 $W = \dfrac{1}{T_c}$。在第 j 个符号周期内，第 i 个码元的等效低通接收信号为

$$x_{ij}(t) = c_i b_j g\left(t - jT_c\right) + z(t), \qquad jT_c \leqslant t \leqslant (j+1)T_c \tag{13-5}$$

其中，$c_i = \pm 1$，为数据信号；$b_j = \pm 1$，为码片；$g\left(t\right)$ 为脉冲宽度为 T_c 的矩形脉冲；$z(t)$ 为均值为 0、功率谱密度为 N_0 的等效低通噪声。当 $z(t)$ 为高斯噪声时，最佳解调器的框图如图 13-11 所示。其中，$g^*(T_c-t)$为匹配滤波器的冲激响应。

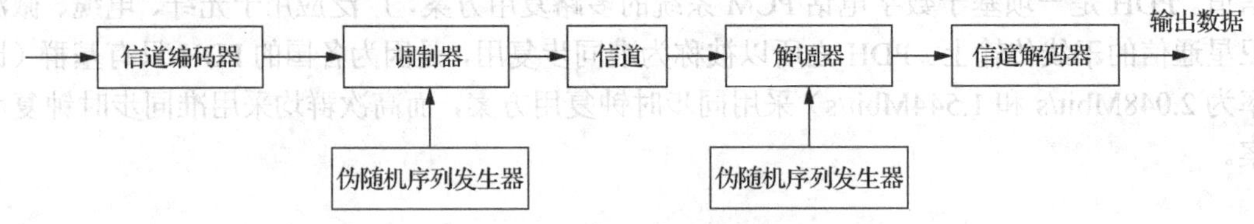

图 13-9 扩频数字通信系统模型

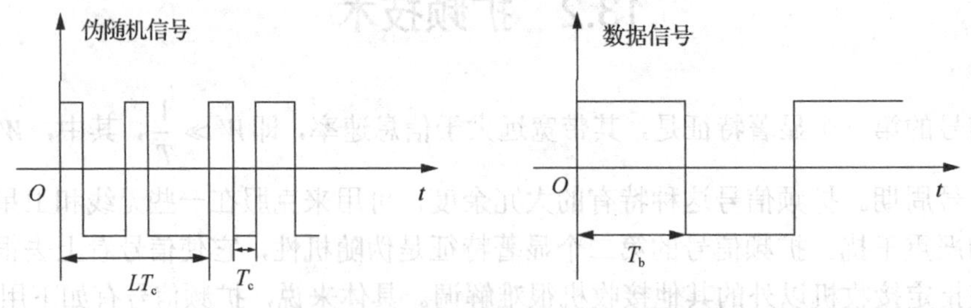

图 13-10 伪随机信号和数据信号

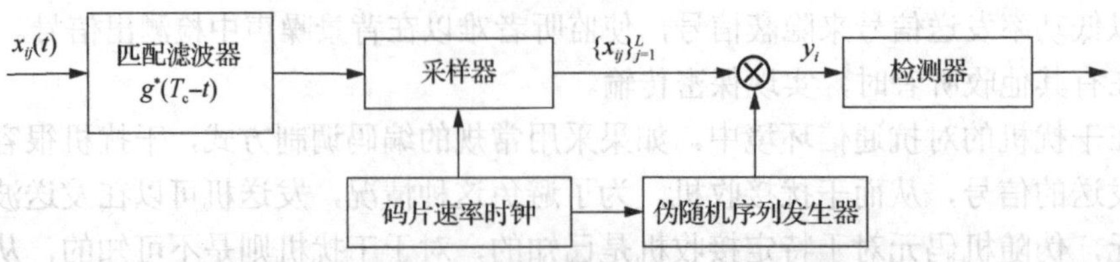

图 13-11 当 $z(t)$为高斯噪声时，最佳解调器的框图

在解调器中，先使接收信号 $x_{ij}(t)$ 通过冲激响应为 $g^*(T_c-t)$ 的匹配滤波器，然后使匹配滤波器的输出样值 $\{x_{ij}\}_{j=1}^{L}$ 乘以伪随机序列，以消除伪随机序列对数据信号的影响。图 13-11 中的输出信号为

$$y_i=\sum_{j=1}^{L}b_jx_{ij}=L\varepsilon_c c_i+\sum_{j=1}^{L}b_jz_j \tag{13-6}$$

其中，$\varepsilon_c=\int_0^{T_c}g^2(t)\mathrm{d}t$，为码片能量；$z_j=\int_0^{T_c}z[t+(j-1)T_c]g(t)\mathrm{d}t$。令 $z=\sum_{j=1}^{L}b_jz_j$，则噪声功率 $E(z^2)=LN_0\varepsilon_c$，信噪比 $\mathrm{SNR}=\dfrac{L\varepsilon_c}{N_0}$。将 y_i 输入检测器，利用 11.2.4 节中的方法对数据符号进行判决，可以得到检测错误概率，即

$$P_E=Q\left(\sqrt{\mathrm{SNR}}\right)=Q\left(\sqrt{\frac{L\varepsilon_c}{N_0}}\right) \tag{13-7}$$

在图 13-11 中，检测器前的部分实际上是在对接收信号进行解扩处理。从这个处理过程中可以看出，如果接收机不知道发送信号的伪随机序列，则无法在解扩过程中对信号能量进行有效积累，其信噪比将只有 $\dfrac{\varepsilon_c}{N_0}$。从另一个角度来看，令 P_{av} 表示信号的平均功率，则 $P_{av}=\dfrac{L\varepsilon_c}{T_b}$；令 $\sigma^2=N_0W$ 表示噪声功率，则信噪比可表示为 $\mathrm{SNR}=\dfrac{P_{av}T_b}{\sigma^2T_c}=\dfrac{LP_{av}}{\sigma^2}$。从这个信噪比的表达式中可以看出，在接收机已知伪随机序列的情况下，对扩频信号进行解扩可以获得 L 倍的扩频增益。

13.2.2 m 序列

m 序列是最长线性反馈移位寄存器序列的简称，如果移位寄存器的级数是 n，通过适当的反馈连接所能产生的最大周期为 2^n-1。m 序列的理论基础是代数编码理论。m 序列具有如下特性。

1）均衡特性

m 序列在一个周期内的“1”码个数仅比“0”码个数多 1，近似满足随机数列的均衡特性要求。当 m 序列的周期 P 很大时，可以近似认为“1”码和“0”码的个数是相等的。这样，由 m 序列扩频后的数字基带信号不会产生直流分量。

2）游程特性

游程指的是在数字码元序列中，同一码元符号连续出现，其中码元的个数被称为游程长度，即序列中连 0 或连 1 的个数。在 m 序列中，长度为 $1\leqslant k\leqslant n-1$ 的游程的数目占游程总数的 2^{-k}，即长度为 k 的游程的数目按负指数分布。在同一游程长度 k 中，“1”码和“0”码的游程各占一半。

3）移位相加特性

将 m 序列与其移位后的序列模二相加，所得到的序列仍然是 m 序列，与原 m 序列相比，仅相位不同。

4）自相关特性

根据自相关函数的定义，周期二进制数字序列的自相关函数

$$R(j)=\frac{1}{P}\sum_{i=1}^{P}x_i x_{i+j} \tag{13-8}$$

式中，$x_i=\pm1$；j 为两个码元的时间差；下标值若超过 P，则按模 P 运算。根据 m 序列的均衡特性，当 $j=0$ 时，$R(j)=1$；当 $j\neq0$ 时，$R(j)=\dfrac{-1}{P}$。由于 m 序列的周期为 P，所以自相关函数也是周期为 P 的周期函数。图 13-12 所示为 m 序列的自相关函数。图中的自相关函数是一个二值的、单峰状的图形，当 P 很大且码元宽度很小时，自相关函数近似于冲激函数，功率谱密度趋于白噪声的功率谱密度。由上面的分析可知，m 序列属于伪随机序列，可在扩频通信中用作扩频码，也可在 CDMA 技术中用作地址码。

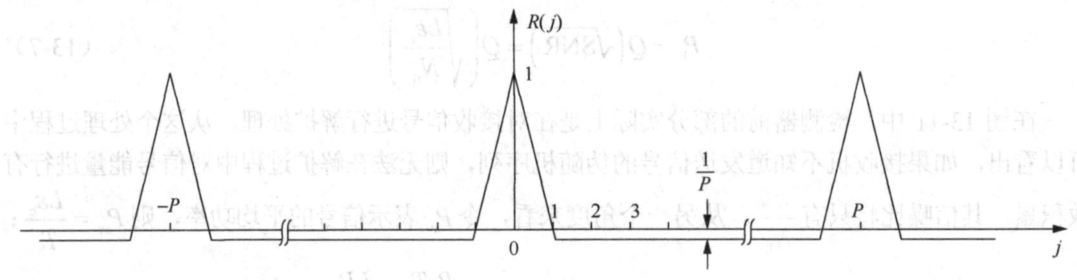

图 13-12　m 序列的自相关函数

m 序列可由带反馈的线性反馈移位寄存器产生，并且对于 n 级移位寄存器，其最大周期为 2^n-1。产生 m 序列的线性反馈移位寄存器的结构如图 13-13 所示。其中，$a_{n-1},a_{n-2},\cdots,a_1,a_0$ 表示移位寄存器的输出状态。对于图 13-13 所示结构，可以用一个 n 次线性代数多项式表示，即

$$f(x)=\sum_{i=0}^{n}c_i x^i \tag{13-9}$$

式中，c_i 对应反馈连接的值，$c_0=c_n=1$，$c_i=0$ 表示无反馈连接；x^i 表示 c_i 在移位寄存器序列中的位置，并无实际意义。式（13-9）被称为特征多项式。

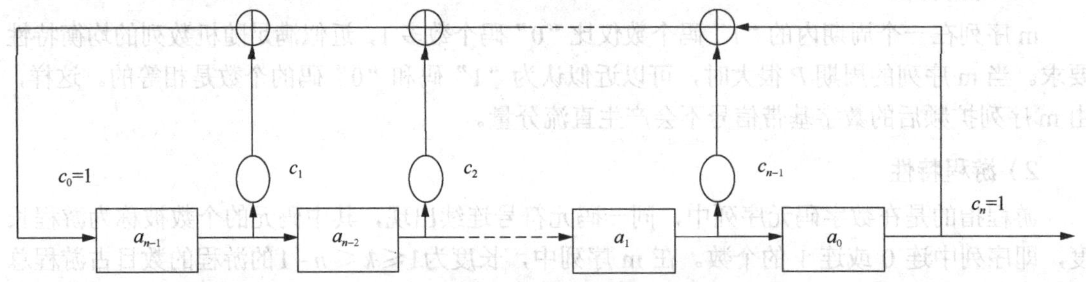

图 13-13　产生 m 序列的线性反馈移位寄存器的结构

对线性反馈移位寄存器的理论研究证明，若 n 次多项式 $f(x)$ 满足以下 3 个条件：① $f(x)$ 为既约多项式；② $f(x)$ 为 x^p+1 的一个因子，其中周期 $p=2^n-1$；③当 $q<p$ 时，$f(x)$ 不可能被 x^q+1 整除，$f(x)$ 被称为本原多项式。按本原多项式构造的线性反馈移位寄存器能产生周期为 p 的 m 序列。

例 13-2　构造一个 4 级移位寄存器的 m 序列。

由题目要求可知，移位寄存器的级数 $n=4$，则周期 $p=2^n-1=15$，首先求本原多项式 $f(x)$。由 $x^{15}+1$ 分解因子可得

$$x^{15}+1=(x^4+x+1)(x^4+x^3+1)(x^4+x^3+x^2+x+1)(x^2+x+1)(x+1)$$

其中，既约因子有 5 个，前 3 个是 4 次的，可以证明，只有前两个是本原多项式，因为 $x^4+x^3+x^2+x+1$ 还是 x^5+1 的因子。我们选择 x^4+x+1 作为反馈移位寄存器的特征方程，进行图 13-14 所示的连接，并给出所产生的 15 位 m 序列。

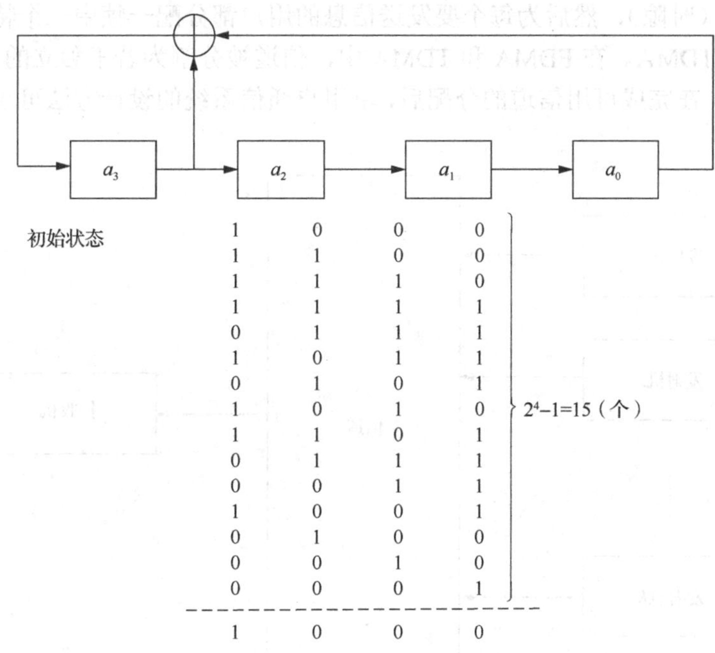

图 13-14　4 级反馈移位寄存器及 m 序列的产生

m 序列是伪随机序列中最重要的一种，具有良好的伪随机特性。m 序列的不足之处在于它的长度被限制为 2^n-1，在将 m 序列用作地址码时，可供选择的数量有限。因此，人们研究出一些实用的伪随机序列，如 gold 序列、Kasami 序列等。在 CDMA 移动通信系统 IS-95 中，大周期的 m 序列专用于频谱扩展，与沃尔什正交码组共同完成 CDMA 接入的过程。m 序列可用于 CDMA，还可用于数据加扰、保密通信等。

13.3　多址技术

在多用户系统中，为了避免用户间的相互干扰，用户通常采用正交的接入方式。基于正交原理的接入方式包括 FDMA、TDMA 和 CDMA。在 FDMA 和 TDMA 中，信道被分割为若干独立的单用户子信道，各子信道被按请求分配给每个用户。CDMA 应用直接序列扩频来达到多个用户分享一个信道的目的。在本节中，将对常用的多址技术及多址技术的容量进行介绍。

13.3.1 多址技术的分类

多址系统如图 13-15 所示。多用户通信系统中的多址技术是指系统中的大量用户分享共用信道，以便将信息传送至接收机。这个共用信道可以是卫星通信系统的上行链路，也可以是蜂窝移动通信系统中多个用户向基站发送信息所用的上行链路。一般来说，存在几种不同的方法，能使多个用户通过信道把信息传送至接收机。一种简单的方法是把可用信道划分为多个频率互不重叠的子信道，并按用户要求把信道分配给各个用户。这种方法叫作 FDMA。多址系统中用来产生多个子信道的另一种方法是先把持续时间（如一帧时间）划分为多个互不重叠的子间隔（时隙），然后为每个要发送信息的用户都分配一帧中一个特定的时隙。这种多址方式叫作 TDMA。在 FDMA 和 TDMA 中，信道被分割为若干独立的单用户子信道。从这个意义上说，在完成可用信道的分配后，单用户通信系统的设计方法可直接应用于多用户通信系统。

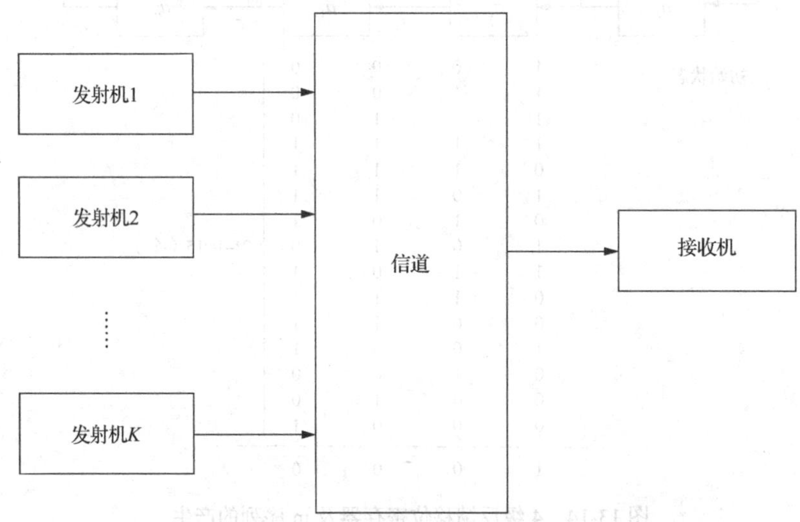

图 13-15 多址系统

在多用户通信系统中，当用户接入网络的数据具有突发特性时，会产生新的问题：来自单用户的信息传输将夹杂着没有信息传输的静默期，并且静默期可能长于传输期。在数据传输和语音信号传输中都可能存在这样的问题。在各个用户的传输是突发的和低占空率的情况下，固定分配给各个用户的频带或时隙无法有效利用频率或时间资源，造成低效传输。FDMA 和 TDMA 的一种替代方法是应用直接序列扩频来达到多个用户共享一个信道的目的。在这种方法中，为每个用户分配唯一的一个码序列或特征序列，该序列允许用户将信号扩展到整个频带上。在接收端，通过对接收信号与每个可能用户的特征序列进行互相关运算，可以分离出各用户信号。通过设计具有较小互相关系数的码序列，可使来自多个用户的接收信号在解调过程中的干扰最小。这种方法被称为 CDMA。在 CDMA 中，用户以随机的方式接入信道，从而使多用户之间的信号传输在时间和频率上完全重叠。利用伪随机序列，使每个用户信号的频谱扩展，从而使接收机可以解调和分离不同用户的信号。

13.3.2 多址技术的容量

下面将比较采用 FDMA、TDMA、CDMA 的多用户通信系统的容量。在带宽为 W 的限带

AWGN 信道中，单用户的容量为

$$C = W\log_2\left(1+\frac{P}{WN_0}\right) \tag{13-10}$$

噪声的功率谱密度为$N_0/2$。

1）FDMA 容量分析

假如有K个用户，每个用户的平均发送功率为P，系统的总带宽为W。在 FDMA 中，为每个用户分配带宽W/K，因此每个用户的容量为

$$C_k = \frac{W}{K}\log_2\left[1+\frac{P}{(W/K)N_0}\right],\ 1\leqslant k\leqslant K \tag{13-11}$$

K个用户的总容量为

$$KC_k = W\log_2\left(1+\frac{PK}{WN_0}\right) \tag{13-12}$$

可以看出，对于固定的带宽W，随着用户数K的增大，总容量趋于无穷大。另外，随着K的增大，为每个用户分配的带宽减小，所以每个用户的容量减小。

2）TDMA 容量分析

TDMA 指把帧持续时间划分为多个互不重叠的子间隔，为每个要发送信息的用户都分配一帧中的一个特定时隙。在用户数为K、总带宽为W的 TDMA 系统中，每个用户在$1/K$时间内通过带宽为W的信道以平均功率KP发送信息，因此每个用户的容量为

$$C_k = \frac{W}{K}\log_2\left(1+\frac{KP}{WN_0}\right) \tag{13-13}$$

TDMA 系统与 FDMA 系统的容量相同。从实际系统实现的角度看，当K很大时，每个用户都保持KP的发送功率是不可能的。用户的发送功率往往存在实际的限制，不可能随着用户数的增大而线性增大。

3）CDMA 容量分析

假设K个用户同步发送扩频信号，每个用户都分配到一个持续时间为T_b的特征波形$g_k(t)$，则有

$$g_k(t) = \sum_{n=0}^{L-1} b_k(n)g(t-nT_c),\ 0\leqslant t\leqslant T \tag{13-14}$$

式中，$\{b_k(n)\}_{n=0}^{L-1}$是由取值为±1的L个码片组成的伪随机序列，$g(t)$是脉冲宽度为T_c的脉冲。在第n个符号周期内，用户k的等效低通发送波形为$s_k(t)=c_k g_k(t)$，其中，$(n-1)T\leqslant t\leqslant nT$，$c_k$为用户$k$在第$n$个符号周期内的信息符号。因此，在第$n$个符号周期内，接收机收到的信号为

$$r(t) = \sum_{k=1}^{K} s_k(t) + n(t) \tag{13-15}$$

其中，$n(t)$为高斯噪声。如果不同用户的特征波形满足条件$\int_0^{T_b} g_k(t)g_l(t)\mathrm{d}t = 0$（$\forall k\neq l$），则可以通过使$r(t)$与不同用户的特征波形相关的方式，消除用户间的干扰，提取用户信息。例如，

使$r(t)$与$g_k(t)$相关，可以得到$\int_0^{T_b} r(t)g_k(t)\mathrm{d}t=\varepsilon_{g_k}c_k+n_k$（$\varepsilon_{g_k}=\int_0^{T_b} g_k^2(t)\mathrm{d}t$，$n_k=\int_0^{T_b} n(t)g_k(t)\mathrm{d}t$），相关后的信号消除了其他用户对用户$k$的干扰，可以用单用户检测方法检测用户$k$的发送信号。然而，在CDMA中，无法保证不同用户的特征波形完全正交。因此，不同于TDMA和FDMA，CDMA在解调时存在多用户干扰，需要在接收端利用多用户检测方法对所有用户信号进行联合解调和译码。

对于AWGN信道中的K个用户，在假设每个用户的发送功率P相同的情况下，可获得的K维速率区域由下列方程给出。

$$
\begin{aligned}
&R_i<W\log_2\left(1+\frac{P}{WN_0}\right),\ 1\leqslant i\leqslant K\\
&R_i+R_j<W\log_2\left(1+\frac{2P}{WN_0}\right),\ 1\leqslant i,j\leqslant K\\
&\vdots\\
&\sum_{i=1}^{K}R_i<W\log_2\left(1+\frac{KP}{WN_0}\right),\ 1\leqslant i\leqslant K
\end{aligned}
\tag{13-16}
$$

其中，第一个不等式给出了在采用多用户检测方法的CDMA系统中，每个用户的速率R_i的上限值；第二个不等式给出了任意两个用户的速率（R_i与R_j）和的上限值；最后一个不等式给出了所有用户的速率和的上限值。由最后一个不等式可以看出，在同步传输和联合检测译码的条件下，CDMA的速率和具有和TDMA、FDMA相同的形式。如果所有用户的速率都相等，则根据最后一个等式可以得出每个用户的最大速率为

$$R=\frac{W}{K}\log_2\left(1+\frac{KP}{WN_0}\right)\tag{13-17}$$

显然，这个速率满足式(13-16)中所有公式的要求。因此，当所有用户的速率都相等时，CDMA、TDMA和FDMA的多用户通信系统的容量相同。但是，如果允许用户使用不同的发送功率，则在速率区域内有可能找到一些点使得CDMA中K个用户的速率和超过TDMA与FDMA的和容量。

例 13-3 考虑CDMA系统中用户数K=2的情况。画出两用户CDMA的容量区域。

根据式（13-16），两用户的容量区域由下述不等式确定。

$$
\begin{aligned}
&R_1<W\log_2\left(1+\frac{P}{WN_0}\right)\\
&R_2<W\log_2\left(1+\frac{P}{WN_0}\right)\\
&R_1+R_2<W\log_2\left(1+\frac{2P}{WN_0}\right)
\end{aligned}
\tag{13-18}
$$

图13-16所示为两用户CDMA的容量区域。

区域内的点都是用户可以实际达到的传输速率，但只有边界上的点可以达到最大和速率$W\log_2\left(1+\frac{2P}{WN_0}\right)$，因此通常关注的是如何达到容量边界的速率。图13-16中的$C_1=$

$W\log_2\left(1+\frac{P}{WN_0}\right)$，这是用户 1 的最大发送速率。如果用户 1 以最大发送速率发送信息，则用户 2 能够达到的最大发送速率为

$$R_2'=W\log_2\left(1+\frac{2P}{WN_0}\right)-C_1=W\log_2\left(1+\frac{P}{WN_0+P}\right)\quad(13\text{-}19)$$

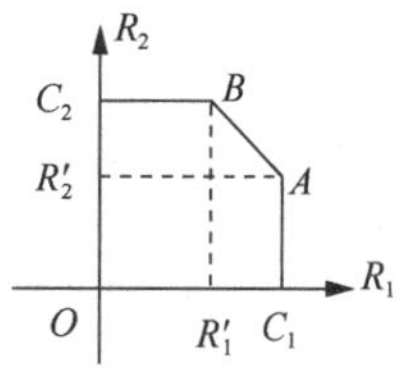

图 13-16　两用户 CDMA 的容量区域

(C_1,R_2')为图 13-16 中 A 点的坐标。对这个结果有如下解释：接收机先检测用户 2 的信号，R_2是接收机在检测用户 2 的信号时把用户 1 的信号视为噪声而得到的，在解调了用户 2 的发送信号后，检测用户 1 的信号时可消除用户 2 对它的干扰，从而获得C_1的发送速率。对图 13-16 中的 B 点也可以进行类似的解释。将 A 点和 B 点用直线连接，该直线上的任意一点都能获得最大和速率$W\log_2\left(1+\frac{2P}{WN_0}\right)$。

习题

1. 已知三级移位寄存器的特征方程为x^3+x+1，画出该移位寄存器的连接图。若原始状态为 111，试写出两个 m 序列。

2. 考虑 AWGN 信道中拥有 K=2 个用户的 FDMA 系统，系统总带宽为 W。其中，分配给用户 1 的带宽为$W_1=\alpha W$，分配给用户 2 的带宽为$W_2=(1-\alpha)W$，$0\leqslant\alpha\leqslant1$。令$P_1$和$P_2$表示两个用户的功率。

（1）求两个用户的容量C_1和C_2，以及它们的容量和与α的函数关系式。

（2）试求$\frac{P_1}{\alpha}=\frac{P_2}{1-\alpha}=P_1+P_2$时的总容量 C，以及当$\frac{\alpha}{1-\alpha}=\frac{P_1}{P_2}=\frac{W_1}{W_2}$时可获得的最大速率。

3. 考虑 AWGN 信道中拥有 K=2 个用户的 TDMA 系统。T 为总送时间。假设两个发送机的峰值功率受P_1和P_2限制，同时令用户 1 在αT可用时间内发送信息，用户 2 在$(1-\alpha)T$可用时间内发送信息，可用带宽为 W。

（1）求两个用户的容量C_1和C_2，以及二者之和与α的函数关系式。

（2）求令和容量最大的α值。

4. 北美洲采用 PCM24 路复用系统。每路所采用的频率$f_s=8\text{kHz}$，对每个样值进行 8bit 编码，每个帧包含 24 个时隙，另加 1bit 作为帧同步比特。求每个帧的信息传输速率。

5. 在 OFDM 系统中，若子载波的个数为 128，OFDM 的符号周期为 66.7μs，请计算信号的总带宽和符号速率。

参考文献

[1] 徐家恺．通信原理教程．北京：科学出版社，2003．

[2] 傅祖芸．信息论：基础理论与应用．北京：电子工业出版社，2001．

[3] 曹志刚，钱亚生．现代通信原理．北京：清华大学出版社，1992．

[4] 埃里克・达尔曼，斯特凡・巴克浮，约翰・舍尔德．5G NR 标准：下一代无线通信技术．朱怀松，王剑，刘阳，译．北京：机械工业出版社，2019．

[5] PROAKIS J G, SALEHI M. Digital Communications. 5th. New York: McGraw-Hill，2018.

[6] Cover T M, Thomas J A. Elements of Information Theory. New York: John Wiley & Sons, 1991.